AF882924

Strafrechtliche Verantwortlichkeit für Produktgefahren

Georg Freund / Frauke Rostalski (Hrsg.)

Strafrechtliche Verantwortlichkeit für Produktgefahren

Internationales Symposium vom 18.-20. Juli 2013 an der Philipps-Universität Marburg mit Beiträgen aus China, Deutschland, Japan, Spanien, Taiwan und der Türkei

PL ACADEMIC RESEARCH

Bibliografische Information der Deutschen Nationalbibliothek
Die Deutsche Nationalbibliothek verzeichnet diese Publikation in der Deutschen Nationalbibliografie; detaillierte bibliografische Daten sind im Internet über http://dnb.d-nb.de abrufbar.

Gedruckt auf alterungsbeständigem,
säurefreiem Papier.

ISBN 978-3-631-66089-8 (Print)
E-ISBN 978-3-653-05494-1 (E-Book)
DOI 10.3726/978-3-653-05494-1

© Peter Lang GmbH
Internationaler Verlag der Wissenschaften
Frankfurt am Main 2015
Alle Rechte vorbehalten.
PL Academic Research ist ein Imprint der Peter Lang GmbH.

Peter Lang – Frankfurt am Main · Bern · Bruxelles · New York ·
Oxford · Warszawa · Wien

Das Werk einschließlich aller seiner Teile ist urheberrechtlich geschützt. Jede Verwertung außerhalb der engen Grenzen des Urheberrechtsgesetzes ist ohne Zustimmung des Verlages unzulässig und strafbar. Das gilt insbesondere für Vervielfältigungen, Übersetzungen, Mikroverfilmungen und die Einspeicherung und Verarbeitung in elektronischen Systemen.

Diese Publikation wurde begutachtet.

www.peterlang.com

Vorwort der Herausgeber

Im Zeitraum vom 18. bis 20. Juli 2013 fand in Marburg die durch die Deutsche Forschungsgemeinschaft (DFG) geförderte Veranstaltung „Strafrechtliche Verantwortlichkeit für Produktgefahren“ statt, deren Inhalte und Ergebnisse in diesem Tagungsband zusammengestellt sind. Einleitend findet sich ein zusammenfassender Beitrag der Herausgeber zu den wesentlichen Ergebnissen der Tagung. Sodann sind in alphabetischer Reihenfolge die Landesreferate Chinas, Deutschlands, Japans, Spaniens, Taiwans und der Türkei abgedruckt. Der Tagungsband schließt mit Beiträgen von Georg Freund, Wolfgang Frisch, Yasuhiro Kanrei und Qi Xiong zu unterschiedlichen Themen, die ebenfalls im Rahmen der Veranstaltung diskutiert und durch die Autoren einer vertieften Erörterung unterzogen wurden.

Im Rahmen der Tagung ist es gelungen, eine Vielzahl von Vertretern unterschiedlicher Länder zum Diskurs über brisante Fragen strafrechtlicher Produktverantwortlichkeit zusammenzubringen. Eine Veranstaltung lebt von ihren Teilnehmern, weshalb sich die Herausgeber an dieser Stelle bei sämtlichen Referenten und Diskutanten für deren Beteiligung bedanken möchten. Dank gebührt außerdem den vielen freundlichen Helfern sowie dem Organisationsteam. Sie alle haben durch ihre Aufmerksamkeit und Mühe zum erfolgreichen Gelingen der Tagung beigetragen.

Dezember 2014 *Georg Freund und Frauke Rostalski*

Inhaltsverzeichnis

Georg Freund und Frauke Rostalski

Wesentliche Inhalte und Ergebnisse der Tagung „Strafrechtliche Verantwortlichkeit für Produktgefahren" (18.–20. Juli 2013, Marburg)

Im Zeitraum vom 18. bis 20. Juli 2013 fand in Marburg die durch die DFG geförderte Veranstaltung „Strafrechtliche Verantwortlichkeit für Produktgefahren" statt. Produktgefahren und der rechtliche Umgang mit ihnen sind nicht nur ein nationales Problem. Während in Deutschland vor allem die Stichworte Contergan, Holzschutzmittel und Lederspray an die gerade strafrechtlichen Schwierigkeiten der angemessenen Reaktion auf etwa das Inverkehrbringen gefährlicher Produkte erinnern, lassen sich vergleichbare Fallgestalten in der ganzen Welt finden. Aus jüngerer Zeit kann etwa das chinesische Beispiel bleibehafteten Kinderspielzeugs genannt werden. Die Frage nach dem strafrechtlichen Umgang mit Produktgefahren stellt sich mithin allseits mit besonderer Dringlichkeit. Von einer Antwort sind sowohl Wissenschaft als auch Gesetzgeber in den an der Veranstaltung teilnehmenden Staaten und – soweit ersichtlich – auch sonst weit entfernt. In Deutschland reicht die wissenschaftliche Debatte von der Kritik der Frankfurter Schule am „Risikostrafrecht", dem eine Entfremdung von einem rechtsstaatlichen Strafrecht vorgeworfen wird,[1] bis hin zu handfesten Vorschlägen neuer Straftatbestände, die auch abstrakte Produktgefahren fassen können. Beispielsweise wird die Einführung eines neuen § 232 StGB vorgeschlagen, der die Lebens- und Gesundheitsgefährdung durch Produkte strafrechtlich erfasst und dabei an die Verantwortung dafür anknüpft, dass ein Gegenstand in Verkehr gelangt oder bleibt oder zum Inverkehrbringen bereitgehalten wird, obwohl dieser geeignet oder dringend verdächtig ist, andere widerrechtlich an Leib oder Leben zu schädigen.[2] Gerade auch in asiatischen Staaten werden unterschiedliche Lösungsansätze zum strafrechtlichen Umgang mit Produktgefahren

---

1 S. grundsätzlich *Albrecht,* StV 1994, 265, 265 f.; *Hassemer,* ZRP 1992, 378, 379 f.; *Naucke,* KritV 1993, 135, 137; *dens.,* KritV 1990, 244, 246 ff., 250 f.

2 *Freund,* in: Münchener Kommentar zum StGB (MünchKommStGB), Band VI, Nebenstrafrecht I, 2. Aufl. 2013, Vor § 95 AMG Rn. 88; zuvor schon *ders.,* ZStW 109 (1997), 455, 478 ff.; *ders.,* ZLR 1994, 261, 297 ff. – S. dazu noch in diesem Tagungsband den Einzelbeitrag von *Freund,* Gefährdung als Straftat – Strafrechtliche Produktverantwortlichkeit de lege lata und de lege ferenda.

diskutiert. Eine Konkretisierung in Gestalt gesetzlicher Regelungen ist aber bislang (noch) nicht erfolgt.

Das Symposium hatte sich zum Ziel gesetzt, eine Sichtung der bisherigen Lösungsvorschläge zum Umgang des Strafrechts mit Produktgefahren vorzunehmen. Neben deutschen Kollegen nahmen Strafrechtswissenschaftler aus Asien sowie der Türkei und Spanien teil, was der Veranstaltung ihren internationalen Charakter verlieh. Im Rahmen von Landesreferaten informierten die Vertreter der unterschiedlichen Nationen zur Rechtslage in China, Deutschland, Japan, Spanien, Taiwan und der Türkei. Im Anschluss erfolgte stets eine ausführliche Diskussion im Plenum, in der die jeweiligen Ansätze einer kritischen Würdigung unterzogen wurden. Nach Sichtung der Rechtslage in den unterschiedlichen Teilnehmerländern wurden spezifische Problemkreise, die sich im Bereich des strafrechtlichen Umgangs mit Produktgefahren ergeben, näher erörtert. Dabei handelte es sich unter anderem um die Themen der Verkehrspflichten im Zusammenhang mit Produkten und Produktgefahren (Hersteller, andere Inverkehrbringer), Vorsatz und Fahrlässigkeit, die Unterlassungsverantwortlichkeit, den Nachweis spezifischer Fehlverhaltensfolgen („Kausalitätsprobleme“) sowie die Problematik des strafrechtlichen Ansatzpunktes: Verletzung versus abstrakte oder konkrete Gefährdung. Im Anschluss wurden die gemeinsamen Ergebnisse rekapituliert und konkrete Reformvorschläge diskutiert. Im Einzelnen können die nachfolgenden Ergebnisse festgehalten werden.

I. Richtige Verhaltensnormbildung als Lösungsansatz beim Umgang mit Produktgefahren – Fragen der Verhaltensnormkonkretisierung

Für die Frage nach der Verletzung von Verkehrspflichten im Zusammenhang mit Produkten und Produktgefahren etwa durch Hersteller oder andere Inverkehrbringer kommt es maßgeblich darauf an, die individuelle Verhaltensnorm zu konkretisieren, die sich an den jeweiligen Adressaten richtet.[3] Dabei hat die Verhaltensnormbildung im Vorfeld der strafrechtlichen Behandlung zu erfolgen. Zunächst ist zu klären, ob ein spezifisches Verhalten rechtlich ver- bzw.

3 Zur Legitimation rechtlicher Verhaltensnormen s. ausführlich *Freund,* Strafrecht Allgemeiner Teil (AT), 2. Aufl. 2009, § 2 Rn. 10 ff., 16 ff.; MünchKommStGB/*Freund,* Band VI (Fn. 2), Vor § 95 AMG Rn. 5 ff., 16 ff.; MünchKommStGB/*Freund,* Band VI (Fn. 2), § 95 AMG Rn. 31; MünchKommStGB/*Freund,* Band I, 2. Aufl. 2011, Vor § 13 Rn. 152 ff., 171 ff.; *Timm,* Gesinnung und Straftat – Besinnung auf ein rechtsstaatliches Strafrecht (Gesinnung), 2012, S. 64 ff.

geboten ist. Dabei kommt es entscheidend darauf an, ob das jeweilige Ver- oder Gebot einem legitimen Zweck dient und zu dessen Erreichung geeignet, erforderlich und angemessen ist. Erst in einem zweiten Schritt ist zu klären, ob eine solche rechtliche Verhaltensnorm mit einer Sanktionsnorm zu kombinieren ist. Hier ist wiederum entscheidend, ob die strafrechtliche Bewehrung der Norm zur Erreichung eines legitimen Zwecks (der Wiederherstellung des Rechts) geeignet, erforderlich und angemessen ist.[4] Die oftmals aus der Perspektive des Strafrechts diskutierten Probleme des Umgangs mit Produktgefahren entpuppen sich vor diesem Hintergrund in den meisten Fällen als Frage der Legitimation einer rechtlichen Verhaltensnorm.[5]

1. Notwendige Abgrenzung rechtlicher und moralischer Verhaltensnormen

In diesem Zusammenhang kommt es auf die Abgrenzung rein moralischer von rechtlichen Normen an. Vereinzelt wurde im Rahmen des Symposiums die Auffassung vertreten, dass sämtliche nicht strafrechtlichen Normen sogenannte „Sozialnormen" seien. Eine Differenzierung von Recht und Moral würde unter dieser Prämisse nicht vorgenommen. Gegen diese Position wandte sich indessen die Mehrheit der Veranstaltungsteilnehmer. Zentral ist dabei die Erwägung, dass auf diese Weise durch die Rechtsordnung nicht genau festgelegt wird, unter welchen Voraussetzungen ein Verhalten rechtlich zu missbilligen ist. Dies wird aber verfassungsrechtlichen Vorgaben im Hinblick auf die Legitimation von Eingriffen in Freiheitsinteressen des Einzelnen nicht gerecht. Der Verstoß gegen eine moralische Norm kann für sich genommen die strafrechtliche Relevanz des Verhaltens nicht begründen.[6] Moralvorstellungen können durchaus hohe Bedeutung im Leben des Individuums einnehmen. Gleichwohl handelt es sich dabei nicht um einen Bereich, der der rechtlichen Reglementierung zugängig gemacht werden darf. Dies liefe dem Anspruch eines freiheitlichen Rechtsstaats zuwider, ausschließlich solche Freiheitssphären gegeneinander abzustecken, die durch das Verhalten anderer gefährdet sind.[7] Moralvorstellungen sind aber in großer Vielzahl nebeneinander in einer Gesellschaft möglich, ohne dass freiheitsrechtliche Konfliktlagen auftreten. Dem steht nicht entgegen, dass rechtliche

---

4 Zum straftheoretischen Grundkonzept s. *Freund*, AT (Fn. 3), § 1 Rn. 5 ff.; *Timm*, Gesinnung (Fn. 3), S. 43 ff.

5 So schon MünchKommStGB/*Freund*, Band VI (Fn. 2), Vor § 95 AMG Rn. 68 ff.

6 S. zum Nachfolgenden ausführlich *Timm*, Gesinnung (Fn. 3), S. 68 ff. m. w. N.

7 *Timm*, Gesinnung (Fn. 3), S. 81 ff. m. w. N.

Verhaltensnormen regelmäßig zugleich (ethisch valide) moralische sind.[8] Aus dieser Überschneidung kann sich lediglich eine Indizfunktion eines Verstoßes gegen eine Sozialnorm für dessen rechtliche Relevanz ergeben – jedoch nicht mehr. Jedenfalls darf der oftmals viel weitere Kreis moralischer Normen nicht in jedem Fall rechtliche Reglementierung für sich in Anspruch nehmen. Insoweit bilden Verhaltensnormen eine Schnittmenge von Recht und Moral. Maßgebliches Unterscheidungskriterium ist dabei die legitime Möglichkeit staatlicher Zwangsanwendung angesichts eines Normverstoßes sowie im Vorfeld im Sinne einer Motivation zur Normeinhaltung. Rechtliche Verhaltensnormen dürfen grundsätzlich mit staatlichem Zwang ausgestattet werden. Dass nicht eine jede rechtliche Verhaltensnorm strafbewehrt ist, begründet kein abweichendes Ergebnis. Es handelt sich dabei allein um die Konsequenz aus der Erkenntnis, dass die strafrechtliche Reaktion auf ein Verhalten einen besonders intensiven Hoheitseingriff in die Rechte und Interessen des Bürgers ausmacht. Daher ist im Anschluss an die Etablierung rechtlicher Verhaltensnormen in einem zweiten Schritt die Frage der Geeignetheit, Erforderlichkeit und Angemessenheit einer Sanktionsnorm zum Schutz der jeweiligen Verhaltensnorm zu klären.[9]

2. Klarstellung: Für die Frage der Verhaltensnormbildung entfaltet der Gesetzlichkeitsgrundsatz keine Bedeutung

Der Gesetzlichkeitsgrundsatz in Art. 103 Abs. 2 GG entfaltet allein für die Frage der Legitimation einer Sanktionsnorm Geltung. Nach dieser Vorschrift kann eine Tat nur bestraft werden, wenn die Strafbarkeit gesetzlich bestimmt war, bevor die Tat begangen wurde. Dabei dürfen die Anforderungen an die Bestimmtheit einer gesetzlichen Vorschrift nicht so hoch angesetzt werden, dass die Formulierung von verfassungsgemäßen Strafgesetzen unmöglich wird. Im Gegenteil droht bei zu viel Präzisionseifer die Gefahr unübersichtlicher und vor diesem Hintergrund verfassungsrechtlich nicht haltbarer Vorschriften. Darüber hinaus steht bereits die Vielfalt denkbarer Lebenssachverhalte der realen Möglichkeit abschließender gesetzlicher Erfassung sämtlicher Einzelfälle entgegen, sodass ein Gesetz, das sich an dieser Maßgabe ausrichtet, notwendig mitunter

---

8 Vgl. auch *Kühl,* ZStW 116 (2004), 870, 886 (mit dem Hinweis auf das der Moral und dem Recht gleichermaßen anhaftende Kriterium der Verallgemeinerbarkeit); *Neumann,* ZStW 99 (1987), 567, 590; *Timm,* Gesinnung (Fn. 3), S. 70.

9 Zur Legitimation von Sanktionsnormen s. ausführlich MünchKommStGB/*Freund,* Band I (Fn. 3), Vor § 13 f Rn. 132 ff., 306 ff. sowie *Timm,* Gesinnung (Fn. 3), S. 71 ff.

relevante Tatsituationen nicht erfasst.[10] Als unproblematisch sind vor diesem Hintergrund Generalklauseln anzusehen, wie sie etwa § 222 StGB bereithält. Diese stehen mit dem Gesetzlichkeitsgrundsatz durchaus in Einklang, da für den Normadressaten ohne Schwierigkeiten ersichtlich ist, unter welchen Voraussetzungen die Straf*androhung* eingreift und eine definitive Straf*barkeit* besteht. So normiert § 222 StGB eindeutig eine Strafandrohung für den Fall des Verstoßes gegen eine auf das Vermeiden des Todes eines anderen Menschen gerichtete tatbestandsspezifische Verhaltensnorm (die verlangt, „nicht in rechtlich missbilligter Weise zu töten"). Tritt der Tod eines anderen Menschen infolge des Verstoßes gegen eine solche tatbestandsspezifische Verhaltensnorm ein, resultiert hieraus die definitive Strafbarkeit.

Für die Verhaltensnormbildung im vorstrafrechtlichen Bereich spielt der Gesetzlichkeitsgrundsatz – entgegen einem verbreiteten Missverständnis – keine Rolle. Der Gesetzgeber kann zwar bestimmte Vorgaben machen, die bei der Verhaltensnormbildung zu berücksichtigen sind, er kann aber nicht detailliert gesetzlich festschreiben, was einzelne Bürger in bestimmten Situationen zu tun oder zu lassen haben. Das wäre ein undurchführbares Unterfangen und würde die legitime Funktion von Verhaltensnormen, situationsinadäquates Verhalten zu unterbinden, mit starren gesetzlichen Vorschriften geradezu konterkarieren. Eine angemessene Verhaltensnormbildung ist daher zwingend auf die von dem jeweiligen Normadressaten individuell zu erbringende Leistung angewiesen.

Insofern wurde im Rahmen des Symposiums noch folgende Erkenntnis befördert: Die Verhaltensnormkonkretisierung ist eine Leistung des *Subjekts*. Unzutreffend ist demgegenüber die Auffassung, diese Aufgabe sei durch die Rechtsprechung zu erfüllen. Letztere kann – wie der Gesetzgeber – gar nicht im Detail festlegen, was erlaubt oder verboten ist. Die Geltung von Verhaltensnormen kann nicht an eine konkretisierende Rechtsprechung gebunden sein und ist es auch nicht. Vielmehr sind Verhaltensnormen im Hinblick auf ihre legitime Funktion der Verhaltensbeeinflussung ausschließlich situationsbezogen und unter Berücksichtigung der individuellen Verhältnisse des potentiellen Adressaten zu bilden.[11] Die gesetzliche Bestimmtheit der Sanktionsnorm leidet nicht darunter, dass es im Einzelfall schwierig sein mag, eine tatbestandsspezifische Verhaltensnorm (eine ganz bestimmte Vermeidepflicht) zu begründen. Da die für den Rechtsunterworfenen maßgeblichen Kriterien der Verhaltensnormbildung

10 Zur Lückenhaftigkeit des AMG vgl. nur MünchKommStGB/*Freund*, Band VI (Fn. 2), Vor § 95 AMG Rn. 78 ff., insb. Rn. 81.

11 Näher zum individualisierend zu bestimmenden personalen Verhaltensunrecht MünchKommStGB/*Freund*, Band I (Fn. 3), Vor § 13 Rn. 133 ff., 291.

feststehen (legitimer Zweck, Geeignetheit, Erforderlichkeit und Angemessenheit bzw. Sonderverantwortlichkeit) und dabei auch die individuellen Verhältnisse des Betreffenden Berücksichtigung finden, existiert für den Fall der folgenreichen spezifischen Vermeidepflichtverletzung eine eindeutige *gesetzliche* Strafbarkeitsanordnung. Gelingt im Einzelfall die Legitimation der Verhaltensnorm nicht, sind die insofern eindeutigen Voraussetzungen der entsprechenden Sanktionsnorm nicht erfüllt. Die Sanktionsnorm wird dadurch nicht etwa zu einer (zu) unbestimmten.

3. Kriterien fahrlässigen Verhaltens

Die Frage der Verhaltensnormbildung durch den Normadressaten betrifft unmittelbar die Kriterien für fahrlässiges Verhalten. Hier konnten im Rahmen des Symposiums erheblich voneinander abweichende gesetzliche Regelungen der Fahrlässigkeit ausgemacht werden. Beispielhaft erwähnt sein soll an dieser Stelle die türkische Vorschrift in Art. 22 des türkischen Strafgesetzbuchs, die Fahrlässigkeit als ein durch eine Sorgfaltspflichtverletzung begangenes Verhalten definiert. Demgegenüber enthält § 35 des japanischen Strafgesetzbuchs eine erheblich weitere Regelung, wonach alles verboten ist, das nicht mit Recht ausgeübt wurde. Im Hinblick auf die japanische Vorschrift bestand unter den Teilnehmern des Symposiums Einigkeit, dass sich diese im Strafrecht nicht legitimieren lässt. Sie führt zu einer schier grenzenlosen Verantwortlichkeit und implementiert eine Beweislastumkehr, wie sie aus dem Zivilrecht bekannt ist. Mit strafrechtlichen Grundsätzen – letztlich auch mit dem Grundsatz in dubio pro reo – lässt sich dies jedoch nicht in Einklang bringen. Als wenig geglückt erscheinen auch solche nationalen Regeln, die Fahrlässigkeit als Fehlen vorsätzlichen Verhaltens definieren. Hier sind erhebliche Folgeprobleme zu verzeichnen, wenn sich nicht eindeutig feststellen lässt, ob der Täter möglicherweise vorsätzlich gehandelt hat. Würden sich Vorsatz und Fahrlässigkeit gegenseitig ausschließen, wären in einem solchen Fall die Voraussetzungen fahrlässigen Verhaltens nicht sicher gegeben und dementsprechend eine eindeutige Verurteilung wegen Fahrlässigkeitstat nicht möglich.

Tatsächlich ist ein Exklusivitätsverhältnis von Vorsatz und Fahrlässigkeit in der Sache abzulehnen. Vielmehr stehen beide in einem normlogischen Stufenverhältnis, wobei der Vorsatztäter eine qualifizierte Vermeidemacht aufweist.[12] Gemeinsames Element von Vorsatz und Fahrlässigkeit ist der Verhaltensnormverstoß.

12 Zum Verhältnis von Vorsatz und Fahrlässigkeit allgemein s. *Freund*, AT (Fn. 3), § 7 Rn. 35 ff. m. w. N.

Wer nicht einmal die Voraussetzungen fahrlässigen Verhaltens erfüllt, kann nicht Vorsatztäter sein. Liegen diese aber vor, so ergibt sich die Strafbarkeit wegen Vorsatzdelikts aus einem zusätzlich relevanten subjektiven Element. Zuletzt konnte in diesem Zusammenhang das Ergebnis festgehalten werden, dass die Kriterien für fahrlässige Folgenherbeiführung unabhängig von den jeweiligen nationalen Regelungen sind. Fahrlässige Folgenherbeiführung liegt vor, wenn sich – unter Berücksichtigung der individuellen Verhältnisse des Täters – ein vorhersehbarer schadensträchtiger Verlauf ereignet hat, der (bei gegebener Sonderverantwortlichkeit) durch richtiges Verhalten hätte vermieden werden können und müssen.[13]

4. Sonderproblem: Pflicht zur Kennzeichnung gefährlicher Produkte – Stellenwert der Freiverantwortlichkeit des Subjekts

Eine spezifische Frage der Verhaltensnormbildung, die sich zunehmend im Bereich der Produktverantwortlichkeit stellt, ist die Pflicht zur Kennzeichnung gefährlicher Produkte. Diese wurde allgemein zwischen den Teilnehmern des Symposiums erörtert. Auch in diesem Bereich kennen die unterschiedlichen Rechtsordnungen erheblich voneinander abweichende Regelungen. Zentral ist hier stets der Umgang mit dem Einzelnen als eigenverantwortlichem Subjekt. Kontrovers diskutiert wurde in diesem Zusammenhang das notwendige Maß der Achtung der Verantwortlichkeit des Einzelnen.[14] Es ist als grundsätzlich eingriffsmilderes Mittel zu bewerten, diejenigen Personen, die mit einem gefährlichen Produkt in Berührung kommen, im Wege der Kennzeichnung aufzuklären. Dabei entscheidet der Grad an Gefährlichkeit des Produkts darüber, ob die Kennzeichnung als Schutz des Individuums vor Verletzungen seiner Güter und Interessen hinreicht. Bei zu erheblichen Gefahren, die von einem Produkt ausgehen, ist die reine Kennzeichnung zum Schutz des Konsumenten nicht mehr ausreichend. Zu denken ist etwa an Drogen im Sinne des BtMG, die jedenfalls

13 Zur Definition s. *Freund,* AT (Fn. 3), § 5 Rn. 87c.

14 Zu den Kriterien der Freiverantwortlichkeit i.S.d. §§ 19, 20, 35 StGB vgl. *Bottke,* GA 1983, 22, 30 ff.; *Dannecker/Stoffers,* StV 1993, 642, 644; *Hirsch,* JR 1979, 429 ff.; *Jakobs,* AT, 2. Aufl. 1991, 21/98; *Roxin,* FS Dreher, 1977, S. 343, 343 ff.; *dens.,* NStZ 1984, 70, 71. – Zur Bestimmung der Freiverantwortlichkeit anhand der Kriterien einer wirksamen Einwilligung bzw. in Orientierung an § 216 StGB vgl. Schönke/Schröder/*Eser,* StGB, 29. Aufl. 2014, Vor § 211 Rn. 36; *Freund,* AT (Fn. 3), § 5 Rn. 75 ff.; § 6 Rn. 40; *Herzberg,* JZ 1974, 374, 379; *dens.,* Täterschaft und Teilnahme, 1977, S. 39 ff.; SK-StGB/*Horn,* 133. Lfg. (Stand Juni 2012), § 212 Rn. 15; Schönke/Schröder/*Sternberg-Lieben,* § 15 Rn. 167; vertiefend *Frisch,* NStZ 1991, 1, 1 ff.; *Renzikowski,* HRRS 2009, 347, 347 ff.

in Deutschland als so gefährlich erachtet werden, dass dem Einzelnen der Umgang damit weitestgehend verboten wird. Im Verlauf der Diskussion zeigten sich deutliche Unterschiede zwischen einer mehr paternalistischen gegenüber einer erheblich freiheitsrechtlich orientierten Sichtweise der Tagungsteilnehmer. Wer Paternalismus ablehnt, stellt maßgeblich auf die Steuerbarkeit eines Risikos für das Individuum ab. Solange diese gegeben ist, muss dem Einzelnen rechtlich die Möglichkeit eingeräumt werden, sich selbst zu gefährden. Insoweit hat der Einzelne sogar ein „Recht zur Unvernunft".

5. Ingerenzverantwortlichkeit bei pflichtgemäßem Vorverhalten – Gedanke der bedingten Gestattung riskanter Tätigkeiten

Im Kontext der Rückrufpflichten wurde die relevante Frage diskutiert, ob eine Unterlassungsverantwortlichkeit desjenigen begründet werden kann, der das Produkt in den Verkehr gebracht hat und bei nachträglicher Erkenntnis seiner Gefährlichkeit den Rückruf unterlässt. Im Raum steht also die Berechtigung einer Garantenstellung aus Ingerenz auch bei pflichtgemäßen Vorverhalten – muss doch das Inverkehrbringen des bis dahin unerkannt gefährlichen Produkts als rechtlich erlaubt eingestuft werden. Von Seiten der deutschen Teilnehmer des Symposiums wurde in diesem Zusammenhang die Lösung des BGH in entsprechenden Fällen kritisiert. Etwa im Lederspray-Fall sei es dem BGH nur unter fiktiver Annahme eines pflichtwidrigen Vorverhaltens gelungen, eine Garantenstellung zu begründen. Alternativ wird vorgeschlagen, eine Garantenstellung des Inverkehrbringers zum Rückruf des Produkts aus dem Gedanken normativer Sachherrschaft herzuleiten.[15] Gestützt ist dies auf die Idee, dass der Hersteller letztlich die Möglichkeit zum Rückruf habe, woraus seine Herrschaft über die Sache abzuleiten sei. Aus diesem Grund könne dann ein Ende der Verantwortlichkeit an den Fabriktoren gerade nicht angenommen werden. Allerdings ist auch eine entsprechende Konstruktion gewichtigen Gegenargumenten ausgesetzt und vor diesem Hintergrund zuletzt nicht tragfähig. Zunächst steht dem entgegen, dass der Begriff der Sachherrschaft nur schwer zu konkretisieren ist. Wichtiger ist aber, dass es bei der Frage der Garantenstellung nicht um die

---

15 Vgl. zur (Überwachungs-)Garantenstellung aufgrund einer mit rechtlichen Verfügungsverhältnissen verbundenen „Sachherrschaft" über – pflichtgemäß – in Verkehr gebrachte Produkte etwa *Brammsen,* GA 1993, 97, 97 ff.; *Kühl,* JuS 2007, 497, 502; *dens.,* AT, 7. Aufl. 2012, § 18 Rn. 110; *Stratenwerth/Kuhlen,* AT, 6. Aufl. 2011, § 13 Rn. 33, 49; *Heinrich,* AT, 3. Aufl. 2012, Rn. 968; kritisch dazu etwa *Roxin,* AT II, 2003, § 32 Rn. 208 f.

Herrschaft über eine Sache, sondern um die Verantwortlichkeit für eine Gefahr geht. Wer nicht in der Lage dazu ist, etwas zu beherrschen, der kann auch nicht gegen eine Verhaltensnorm verstoßen. Darüber hinaus ist die Herrschaft für sich genommen nicht geeignet, eine Sonderverantwortlichkeit zu begründen. Erforderlich ist vielmehr der Verstoß gegen eine rechtlich legitimierte Verhaltensnorm. Vorzugswürdig zur Lösung der in Rede stehenden Konstellation ist daher die dogmatische Figur der Ingerenzverantwortlichkeit auch in bestimmten Fällen des erlaubten Vorverhaltens.[16] So kann beim Inverkehrbringen von Produkten nicht von einem uneingeschränkt erlaubten Verhalten ausgegangen werden. Vielmehr steht die Erlaubnis zum Inverkehrbringen des Produkts unter dem Vorbehalt, dass sich dieses nicht als ein zu gefährliches herausstellt. Ergibt sich später ein solcher Zustand, trifft den Inverkehrbringer eine rechtliche Sonderverantwortlichkeit, das Produkt zurückzurufen. Dem liegt die Überlegung zugrunde, dass bereits das Inverkehrbringen eines Produkts eine Ausübung von Freiheit ist, die dem Einzelnen nur unter der Voraussetzung zusteht, dass die Rechte und Interessen anderer nicht gefährdet werden. Insofern wird dem Umstand Rechnung getragen, dass bei vielen Produkten ein Verletzungsrisiko mit letzter Sicherheit zumeist nicht ausgeschlossen werden kann. Um dem Produzenten gleichwohl die Möglichkeit einzuräumen, auch solche Gegenstände dem freien Warenverkehr zugänglich zu machen, steht die Erlaubnis seines Verhaltens unter dem Vorbehalt, dass sich das Produkt nicht später als zu gefährlich herausstellt. Die Ingerenzverantwortlichkeit ist in diesem Fall die Kehrseite der Ausübung einer Freiheit, die bereits mit potentiellen, wenngleich nicht sicher feststehenden Gefahren für die Interessen anderer belastet ist.[17] Freilich sind mitunter immanente Grenzen dieses Sachgedankens der nur bedingten Gestattung spezifisch gefährlicher Verhaltensweisen etwa in arbeitsteiligen Bereichen in Rechnung zu stellen. Je nach bisherigem Verhältnis etwa zwischen Zulieferer und Hersteller einer Ware kann dann eine Sonderverantwortlichkeit des Erstgenannten abgelehnt werden. Die Frage muss aber im Einzelfall gemessen an den jeweiligen Umständen beantwortet werden.

---

16 Vgl. *Beulke/Bachmann*, JuS 1992, 737, 740; MünchKommStGB/*Freund*, Band I (Fn. 3), § 13 Rn. 121 ff. Kritisch dazu, jedoch für die Fälle der Produktverantwortlichkeit zustimmend *Wessels/Beulke/Satzger*, AT, 43. Aufl. 2013, Rn. 726 f., 728.

17 Zum Sachgedanken der bedingten Gestattung spezifisch gefährlicher Verhaltensweisen s. bereits MünchKommStGB/*Freund*, Band I (Fn. 3), § 13 Rn. 122 ff.

II. Spezifische Probleme auf der Ebene der Sanktionsnorm

1. Strafbarkeit des Unterlassens in den Regelungswerken der unterschiedlichen Teilnehmerrechtsordnungen

Einhergehend mit der Frage nach der rechtlichen Sonderverantwortlichkeit beim Inverkehrbringen von Produkten wurden die Regeln zur Unterlassungsstrafbarkeit in den jeweiligen Rechtsordnungen der Teilnehmer besprochen. Dabei fielen wiederum deutliche Unterschiede auf, die teilweise besonders kritisch gesehen wurden. Etwa in der Türkei bereitet die Frage nach der Strafbarkeit des Unterlassens erhebliche Schwierigkeiten. Eine dem § 13 StGB vergleichbare Norm fehlt. Dagegen sehen einzelne Vorschriften des Besonderen Teils des türkischen Strafgesetzbuchs eine gesonderte Unterlassungsstrafbarkeit vor. Hieraus ergibt sich das Dilemma, dass die fehlende Normierung der Strafbarkeit des Unterlassens in anderen Deliktstatbeständen im Wege der Auslegung unter Umständen als Entscheidung des Gesetzes gegen eine solche zu bewerten ist.[18] Aus diesem Grund sei zum Beispiel eine fahrlässige Tötung durch (begehungsgleiches) Unterlassen nicht strafbar, was in der Türkei deutlicher Kritik ausgesetzt ist. Weiter wurde die deutsche Vorschrift des § 13 Abs. 2 StGB erörtert. Es bestand Einigkeit zwischen den Tagungsteilnehmern, dass eine kategorische Milderbestrafung der Tatbestandsverwirklichung durch Unterlassen sachlich nicht gerechtfertigt ist.[19] Aktives Tun und Unterlassen sind lediglich äußere Erscheinungsformen eines Verhaltensnormverstoßes. Über dessen Gewicht sagt dies prinzipiell noch nichts aus. Immerhin lässt sich nicht die allgemeine Aussage treffen, dass Fälle des strafbaren Unterlassens stets einen geringeren Unrechtsgehalt aufweisen als Fälle des aktiven Tuns. Vorzugswürdig erschien den Teilnehmern des Symposiums daher insoweit eine Gesetzeslage, wie sie in China, Japan und Taiwan vorherrscht: Dort werden Begehungs- und (begehungsgleiche) Unterlassungsdelikte grundsätzlich gleich bestraft. Vertreten wird von einem Teil der deutschen Tagungsteilnehmer daher eine Streichung der Vorschrift des § 13 StGB. Insofern ginge nach der gegenwärtigen deutschen Gesetzeslage auch nichts verloren: § 13 StGB kommt für die Strafbarkeit begehungsgleichen Unterlassens ohnehin nur klarstellende Funktion zu – sachlich ist eine Unterlassungsstrafbarkeit bereits durch die

18 Vgl. zum sog. „beredten Schweigen" des Gesetzgebers, das gerade keine Regelungslücke, sondern eine ausdrückliche Nicht-Regelung der Sachmaterie darstellt, *Larenz,* Methodenlehre der Rechtswissenschaft, 3. Aufl. 1995, S. 354 f.; *Röhl/Röhl,* Allgemeine Rechtslehre, 3. Aufl. 2008, S. 633.

19 Näher dazu schon MünchKommStGB/*Freund,* Band I (Fn. 3), § 13 Rn. 32.

Deliktstatbestände des Besonderen Teils des deutschen StGB gerechtfertigt.[20] Sofern es sachliche Gründe für eine Milderbeurteilung gibt, sind diese unabhängig von der Verhaltensform zu berücksichtigen.

2. Abstrakte Gefährdungsdelikte als zentrales Regelungsinstrument im Bereich der strafrechtlichen Produktverantwortlichkeit

Abschließend wurde eine spezifische Regelungsmaterie im Bereich der Produktverantwortlichkeit in Gestalt der Gefährdungsdelikte diskutiert. Entsprechende Vorschriften dieses Deliktstyps finden sich in jeder der durch die Tagungsteilnehmer vertretenen Rechtsordnungen. Einigkeit wurde dahingehend erzielt, dass grundsätzlich keine Bedenken gegen die Implementierung – auch abstrakter – Gefährdungsdelikte in die nationalen Regelungssysteme bestehen.[21] Legitimationsschwierigkeiten ergeben sich nicht etwa daraus, dass abstrakte Gefährdungsdelikte kein spezifisches Erfolgsunrecht voraussetzen. Fehlverhaltensfolgen sind keine zwingende Voraussetzung für das Eingreifen von Strafe. Wesentliches straftatkonstituierendes Element ist das personale Verhaltensunrecht. Das Erfolgsunrecht macht hingegen die äußere Manifestation des Verhaltensunrechts aus, weshalb es sich um eine davon abgeleitete Kategorie handelt, die auf das Ob und Wie der Bestrafung Einfluss nehmen kann.[22] Aus diesem Grund fällt auch die ex post erzielte Erkenntnis, dass es trotz des gefährlichen Verhaltens nicht zu einer konkreten Gefährdung des Schutzguts gekommen ist, bei der Verhaltensbewertung nicht weiter ins Gewicht. Das Ausbleiben einer Verletzung bzw. konkreten Gefährdung wirkt sich nicht auf die Beurteilung eines Verhaltens als unerlaubtes aus. In der Folge bleibt es bei der dem abstrakten Gefährdungsdelikt zugrunde liegenden rechtlichen Verhaltensnorm, die ein spezifisches Verhalten vorschreibt. An der Verfassungsmäßigkeit so verstandener abstrakter Gefährdungsdelikte vermögen nachträgliche Tatsachenumstände nicht zu rütteln.[23]

---

20 Vgl. zur lediglich klarstellenden Bedeutung des § 13 StGB MünchKommStGB/*Freund*, Band I (Fn. 3), § 13 Rn. 14.

21 Vgl. ausführlich zu den gegen die Tendenzen eines Risikostrafrechts erhobenen Einwänden *Timm*, Gesinnung (Fn. 3), S. 224 ff, 230 ff. m. w. N. S. dort auch zu dem nachfolgend im Text benannten legitimen Anwendungsrahmen (abstrakter) Gefährdungsdelikte.

22 *Timm*, Gesinnung (Fn. 3), S. 74 ff. Zum Stellenwert von Fehlverhaltensfolgen s. *Freund*, AT (Fn. 3), § 2 Rn. 45 ff.

23 *Reus*, Das Recht in der Risikogesellschaft – Der Beitrag des Strafrechts zum Schutz vor modernen Produktgefahren (Risikogesellschaft), 2010, S. 133 ff.

Im Bereich der strafrechtlichen Produktverantwortlichkeit können Gefährdungsdelikte die Strafbarkeitslücken schließen, die heute oftmals angesichts auftretender Schwierigkeiten beim Kausalitätsnachweis aufreißen. Diese Probleme sind aus sämtlichen Rechtsordnungen der Tagungsteilnehmer bekannt. Etwa in China werden die im Zusammenhang mit gefährlichen Produkten stets auftretenden strafrechtlichen Probleme des Kausalitätsnachweises durch die Herabsetzung der Kausalitätsanforderungen gelöst. So sollen hohe Wahrscheinlichkeiten hinreichen, um den Kausalitätsnachweis zu erbringen. Diese Rechtslage ähnelt der früheren Vorgehensweise der deutschen Rechtsprechung im Contergan-Fall, in dem ebenfalls abweichende Beweisanforderungen aufgestellt wurden, um dem Kausalitätserfordernis zumindest dem Anschein nach gerecht zu werden.[24] Indessen hat sich in Deutschland und in anderen teilnehmenden Nationen die mehrheitliche Rechtsauffassung herausgebildet, dass die Strafbarkeit wegen eines Verletzungsdelikts einen eindeutigen Kausalitätsnachweis erforderlich macht. Bloße – auch hohe – Wahrscheinlichkeiten werden den Anforderungen des Gesetzlichkeitsgrundsatzes nicht gerecht.[25] Vor diesem Hintergrund erfüllen Gefährdungsdelikte eine wichtige Funktion, um rechtlich missbilligtes Verhalten strafrechtlich ahnden zu können. Den Sanktionsnormen in der Regelungsgestalt abstrakter Gefährdungsdelikte liegen Verhaltensnormen zugrunde, die die Vermeidung bestimmter Gefahren intendieren. Dabei kann die Schwierigkeit auftreten, einen Schwellenwert für das rechtlich noch akzeptable Maß an Gefährlichkeit für Rechte und Interessen Dritter zu bestimmen. Vor diesem Hintergrund wurde im Kreis der Tagungsteilnehmer angeregt, Kriterien für die Festlegung eines spezifischen Schwellenwerts noch tolerabler Risiken zu entwickeln. Anderenfalls könne eine zu weitgehende Inkriminierung von Verhalten die Folge sein, die aber die Freiheit der in diesem Bereich auftretenden Akteure in einem verfassungsrechtlich nicht mehr haltbaren Umfang einschränkte. Als ein entsprechendes Kriterium wurde bereits im Rahmen der Diskussion der Vorschlag unterbreitet, auf die Eignung bzw. den dringenden Verdacht der Gefährlichkeit eines Produkts abzustellen. Diese müssten nachgewiesen werden, um die Strafbarkeit wegen des abstrakten Gefährdungsdelikts zu begründen. Auf Strafzumessungsebene ist dann dem Grad der Gefährlichkeit des jeweiligen Produkts

---

24 Vgl. die Darstellung bei *Reus,* Risikogesellschaft (Fn. 23), S. 109 ff.

25 Vgl. zur Kausalität bei Unterlassungsdelikten (die nicht anhand bloßer Wahrscheinlichkeiten zu bestimmen sein soll) Schönke/Schröder/*Stree/Bosch* (Fn. 14), § 13 Rn. 61 ff.; Kindhäuser/Neumann/Paeffgen/*Wohlers/Gaede,* 4. Aufl. 2013, § 13 Rn. 14 ff. Allgemein zur Kausalität s. auch Kindhäuser/Neumann/Paeffgen/*Puppe,* Vor § 13 Rn. 83 ff.

unbedingt Rechnung zu tragen. Je entfernter die Gefahr ist, desto geringer muss die Strafe ausfallen. Dies stützt sich auf die Erwägung, dass ein erhöhtes Risiko zugleich eine größere Wahrscheinlichkeit des Erfolgseintritts impliziert. Hierin liegt aber ein gesteigerter Unwertgehalt gegenüber einem weniger gefährlichen Produkt. Das Ausmaß an Abstraktheit der Gefährdung entscheidet über den Grad der Freiheitsanmaßung des Betreffenden, der sich im jeweiligen Strafmaß als Ausgleich des Verhaltensnormverstoßes wiederspiegelt.

III. Strafrechtliche Verantwortlichkeit von Unternehmen

Die Strafbarkeit von Unternehmen im Sinne einer Verbandsstrafe ist etwa in Japan seit Langem in Gesetzesform gegossen. Demgegenüber gehört Deutschland nach wie vor zu den Ländern, in denen die Bestrafung juristischer Personen nicht erfolgt. Gleichwohl ist ein aktueller Gesetzesvorschlag der Landesregierung Nordrhein-Westfalen auf die gesetzliche Implementierung der Unternehmensstrafe im deutschen Strafrecht gerichtet.[26] Die damit einhergehenden Legitimations- und faktischen Umsetzungsschwierigkeiten treten auch in Japan auf, sodass aus der dortigen Gesetzeslage wichtige Rückschlüsse für den Umgang mit dem genannten Gesetzesvorschlag in Deutschland gezogen werden konnten. In diesem Tagungsband findet sich eine umfassende Auseinandersetzung mit dem Themenkomplex der strafrechtlichen Verantwortlichkeit von juristischen Personen durch *Wolfgang Frisch*. An dieser Stelle soll daher allein die weitgehende Einigkeit der Teilnehmer des Symposiums in der Ablehnung einer solchen Konstruktion, die mit dem Schuldgrundsatz nicht in Einklang steht, mitgeteilt werden.

IV. Resümee und Ausblick

Das Symposium wird seitens der Veranstalter und Teilnehmer als Erfolg bewertet. Erfreulicherweise ist es gelungen, eine solche Vielzahl unterschiedlicher Nationen zur Diskussion des strafrechtlichen Umgangs mit Produktgefahren an einem Tisch zu vereinen. Sowohl Unterschiede als auch Gemeinsamkeiten im rechtlichen Umgang mit der aufgeworfenen Fragestellung konnten auf diese Weise optimal herausgearbeitet werden. Diverse Problemlösungsansätze wurden dargestellt und auf ihre Haltbarkeit hinterfragt. Für sämtliche Teilnehmer sowie deren heimische Rechtssysteme ließen sich aus den Ergebnissen der Veranstaltung fruchtbare Rückschlüsse für den künftigen Umgang des Strafrechts mit Produktgefahren erzielen. Fragen nach dem angemessenen Umgang des

---

26 Vgl. die kritische Darstellung bei *Zieschang*, GA 2014, 91, 91 ff.

Strafrechts mit Produktgefahren sind nicht zuletzt eine Aufgabe der Rechtswissenschaft unserer Zeit. Durch das Symposium sollte der Blick über die nationalen Grenzen hinaus geweitet werden, um neue Denkansätze zu einer gemeinsamen Lösung zu wagen. Der Tagungsband leitete ein mit einer kurzen Erörterung der Schwerpunkte und gemeinsamen Ergebnisse des Symposiums. Im Weiteren wird nunmehr auch möglichen Unterschieden bereits in der Darstellung Raum geboten: Durch den Abdruck der jeweiligen Landesberichte soll sich der Leser selbst einen Eindruck von den nationalen Besonderheiten verschaffen können. Die Berichte verfolgen dabei – wiederum im Interesse der Anwenderfreundlichkeit – in der Regel eine einheitliche Struktur (Vorhandene Straftatbestände als gesetzliche Grundlagen; Allgemeine Grundlagen (straf-)rechtlicher Verantwortlichkeit; Rechtsprechung zur strafrechtlichen Produktverantwortlichkeit; Spezielle Probleme strafrechtlicher Produktverantwortlichkeit; Reformbestrebungen und Ausblick). Im Anschluss soll einzelnen Teilnehmern des Symposiums zu spezifischen Fragen des strafrechtlichen Umgangs mit Produktgefahren das Wort erteilt werden.

Landesreferate

Qi Xiong und Dehua Tong

Landesreferat zum Thema des strafrechtlichen Umgangs mit Produktgefahren in der Volksrepublik China

I. Vorhandene Straftatbestände als gesetzliche Grundlagen – Gesetzgebungstechnik bezüglich der allgemeinen Produktverantwortlichkeit im chinesischen Strafrecht

Auf den ersten Blick lässt sich erkennen, dass sich das chinesische Strafrecht im Bereich der Produktverantwortung dadurch auszeichnet, dass die Produktverantwortung und der Verbraucherschutz im Gesetzestext des cnStGB wörtlich erwähnt werden. Im chinesischen Kernstrafrecht gibt es folglich eine Serie von eigenständigen Tatbeständen, die Handlungsformen wie die Herstellung bzw. das Inverkehrbringen bestimmter Waren als wesentliche Tatbestandsmerkmale beinhalten.

Im Besonderen Teil des chinesischen StGB existiert ein spezielles Kapitel mit der Überschrift „Straftaten, die die Ordnung der sozialistischen Marktwirtschaft schädigen", dessen erster Abschnitt „Straftaten, die die Herstellung oder den Absatz gefälschter und minderwertiger Waren betreffen," behandelt. In diesem Abschnitt werden die einschlägigen strafbewehrten Verbote niedergelegt: Von Art. 140 cnStGB (Herstellung bzw. Inverkehrbringen minderwertiger Produkte) bis Art. 148 cnStGB (Herstellung bzw. Feilhalten von Kosmetika von unzulänglicher Qualität) betreffen insgesamt neun Paragraphen unmittelbar die Produktverantwortung. In diesem Abschnitt findet sich eine Vielzahl an Handlungsobjekten: Erfasst werden beispielsweise falsche oder verfälschte Arzneimittel (Art. 141, 142 cnStGB), giftige oder gesundheitsschädliche Lebensmittel (Art. 143, 144 cnStGB), medizinische Instrumente von unzulänglicher Qualität (Art. 145 cnStGB), Elektrogeräte, Druckbehälter, entzündliche oder explosive Produkte von unzulänglicher Qualität (Art. 146 cnStGB), falsche oder gefälschte Pestizide, falsche oder gefälschte Arzneimittel der Veterinärmedizin oder chemische Düngemittel (Art. 147 cnStGB) sowie Kosmetika, die den Gesundheitsstandards nicht entsprechen (Art. 148 cnStGB). Andere Produkte, die den rechtlichen Standards nicht entsprechen, kommen als weitere Handlungsobjekte der Straftaten dieses Abschnitts (Art. 140 cnStGB) in Betracht.

Es kann damit festgehalten werden: Die Probleme der strafrechtlichen Produktverantwortung werden im chinesischen Kernstrafrecht als eine eigenständige Gruppe von Delikten behandelt. Sie werden weder im Nebenstrafrecht (wie im Arzneimittelrecht und im Lebensmittelrecht in Deutschland) geregelt noch werden sie in die „normalen" Vorschriften des Kernstrafrechts bezugnehmend auf die persönlichen Rechte (wie bei den Delikten des Totschlags, der Körperverletzung usw. im deutschen StGB) „integriert". Daher werden im chinesischen Kernstrafrecht die „Produktverantwortungsdelikte" als eigenständige Deliktsgruppe angesehen und im Besonderen Teils des chinesischen Strafgesetzbuchs im 1. Abschnitt des 3. Kapitels behandelt.[1]

II. Theoretische Analyse der gesetzlichen Vorschriften

1. „Besonderer Tatbestand" für die allgemeine strafrechtliche Produktverantwortlichkeit

Im chinesischen Strafgesetzbuch gibt es keinen „Besonderen Tatbestand" für eine allgemeine Produktverantwortlichkeit. Allerdings wäre es missverständlich, davon auszugehen, die Vorschriften zur Produktverantwortlichkeit im chinesischen Strafrecht wiesen keine Besonderheiten auf. Unter einem „Besonderen Tatbestand" für die allgemeine strafrechtliche Produktverantwortlichkeit wird hier eine Vorschrift verstanden, für die die allgemeinen Regeln des Strafrechts keine Geltung entfalten würden. So verhält es sich im chinesischen Strafrecht indes nicht. Vielmehr finden auf die Vorschriften zur Produktverantwortlichkeit sämtliche Prinzipien Anwendung, die allgemein im Strafrecht gelten. Mit anderen Worten: Die strafrechtliche Produktverantwortung gehört im chinesischen Strafrecht wie im deutschen Strafrecht vor allem gleichzeitig zur AT- und BT-Materie.[2]

Nach der in China vorherrschenden Tatbestandslehre gehören zur Tatbestandsmäßigkeit vier Hauptelemente, und zwar das Verbrechensobjekt, der objektive Umstand, das Verbrechenssubjekt und schließlich der subjektive Umstand.[3] Da die strafrechtliche Produktverantwortung zunächst eine AT-Materie ist, werden wie bei jedem anderen Delikt auch alle vier Elemente geprüft.[4] Das

---

1 Zu den einzelnen Vorschriften vgl. den Anhang zu diesem Beitrag.

2 Vgl. *Kühl*, Strafrecht Allgemeiner Teil (AT), 7. Aufl. 2012, § 5 Rn. 2.

3 S. z. B. *Ma Kechang*, Grundriss der Verbrechenslehre (Grundriss), (Fanzui Tonglun), 3. Aufl. 1999, S. 87 ff.; eingehend (auf Deutsch) s. auch *Qi Xiong*, Massenmedien und Strafurteil, 2012, S. 97 ff., insbes. 102 ff.

4 S. z. B. *Xiao Zhonghua*, Handbuch der Rechtspraxis im Bereich der Delikte der Herstellung und Feilbietung der verfälschten Waren (Handbuch der Rechtspraxis),

besondere Erfordernis bei den vier Elementen, nämlich die BT-Materie, wird demgemäß jeweils unterschiedlich im Gesetz geregelt. Beispielsweise stellt das Verbrechenssubjekt ein allgemeines Problem für sämtliche Delikte dar und ist daher keine Sonderregelung für die Delikte in unserem thematischen Bereich. Ob es sich aber beim Verbrechenssubjekt eines Delikts um eine natürliche Person oder um eine „Einheit" (juristische Person) handelt, muss jeweils anhand der konkreten Gesetzesvorschrift überprüft werden. Hier handelt es sich zwar um eine BT-Materie, aber im Vergleich zu anderen Delikten ist das Delikt bezüglich der Produktverantwortung nicht besonders geartet. Gleichwohl weist der Abschnitt zu den Vorschriften über die Produktverantwortlichkeit Besonderheiten auf, die sich aus dem spezifischen Regelungsgegenstand ergeben.

Ein noch wichtigerer Punkt ist zu erwähnen: Gerade weil im chinesischen Strafrecht die besondere Gesetzgebungstechnik Anwendung findet, das heißt die Straftatbestände in Bezug auf die Produktverantwortung eine eigenständige Tatbestandsgruppe im Kernstrafrecht bilden, existiert in China das spezielle Phänomen, dass man in der chinesischen Rechtspraxis hauptsächlich oder sogar ausschließlich diese Tatbestandsgruppe (Art. 140–148 cnStGB) heranzieht, um die einschlägigen Fälle zu lösen, auch wenn theoretisch eine andere Möglichkeit besteht oder bestehen sollte, da man mit den nicht speziell für die Produktverantwortung vorgesehenen Tatbeständen (wie z. B. die „normalen" Körperverletzungsdelikte oder Tötungsdelikte) solche Fälle ebenfalls lösen könnte. Nennt man die Lösungsmöglichkeit mit der eigenständigen Tatbestandsgruppe „Modell 1" und die Lösungsmöglichkeit mit der „normalen" Tatbestandsgruppe „Modell 2", könnte von einem „Monopol des Modells 1" im chinesischen Strafrecht gesprochen werden.

2. Verletzungs- oder Gefährdungsdelikte bzw. Tätigkeitsdelikte?

Die meisten Straftatbestände im Kap. 3 Abschnitt 1 des Besonderen Teils des chinesischen Strafgesetzbuchs sind weder reine Verletzungs- noch reine Gefährdungsdelikte: Sie werden als eine Mischform beider Typen gebildet. Ihre Struktur kann wie folgt beschrieben werden: Der Grundtatbestand ist noch relativ weit von einem Verletzungserfolg entfernt. Qualifikationstatbestände nähern sich der eigentlichen Rechtsgutsverletzung graduell an, sodass sie letztlich in einen Verletzungstatbestand münden. Sofern noch darüber hinaus eine weitere

(Shengchan Xiaoshou Weilie Shangpin Zui Ban An Yibentong), 2007, S. 8 ff., 38 ff., 64 ff., passim.

Qualifikationsstufe gegeben ist, liegt hierin ein (schwerer) Verletzungserfolg. Dies ist für die Strafzumessung von Bedeutung.

Als Beispiel soll Art. 144 cnStGB (Herstellung und Verkauf eines giftigen oder schädlichen Lebensmittels) herangezogen werden: „Wer in Lebensmittel, deren Hersteller oder Verkäufer er ist, giftige oder schädliche Rohsubstanzen mischt, die ihrer Natur nach keine Lebensmittel sind, oder wer Lebensmittel feilhält in Kenntnis des Umstands, dass sie mit giftigen oder schädlichen Rohsubstanzen vermischt sind, die ihrer Natur nach keine Lebensmittel sind, wird mit zeitiger Freiheitsstrafe bis zu fünf Jahren oder mit Gewahrsam bestraft, zugleich wird er mit Geldstrafe belegt". Bei der Vorschrift handelt es sich um den Grundtatbestand dieses Delikts. Das Gesetz hat dabei nur die Verhaltensweise und die damit verbundenen täterpsychischen Merkmale beschrieben, ohne irgendeinen Hinweis darauf zu geben, dass das durch diese Gesetzesvorschrift geschützte Rechtsgut verletzt[5] oder einer unmittelbaren Gefahr ausgesetzt wird. In China wird der Tatbestand daher mehrheitlich als „abstraktes Gefährdungsdelikt" eingestuft.[6] Vereinzelt wird freilich vertreten, dass es sich bei der Vorschrift um ein „Tätigkeitsdelikt" handelt.[7] Diese unterschiedliche Einordnung bedeutet jedoch nicht, dass man in China unterschiedliche Stellungnahmen zur Eigenschaft der Deliktsform dieses Grundtatbestands abgegeben hat. Hingegen ist dies eher eine Bezeichnungsalternative zum „abstrakten Gefährdungsdelikt", denn im chinesischen Verständnis sind die Bezeichnungen „Tätigkeitsdelikt" und „abstraktes Gefährdungsdelikt" deckungsgleich.

Sowohl in Deutschland als auch in China wird unter einem „(schlichten) Tätigkeitsdelikt" ein Delikt verstanden, dessen Tatbestand durch die Vornahme einer Handlung bereits erfüllt wird. Unter „Erfolgsdelikt" wird ein Delikt verstanden, dessen Tatbestand erst durch eine von der Handlung räumlich und zeitlich getrennte Wirkung (Erfolg) verwirklicht werden kann.[8] Der Unterschied wird deutlich, wenn über die Beziehung vom Erfolg zum Rechtsgut gesprochen wird. Zum Einen ist im deutschen Verständnis der Erfolg nur ein von der Handlung zeitlich und räumlich zu trennendes Phänomen, das mit der

---

5 Vgl. *Frister*, Strafrecht Allgemeiner Teil (AT), 5. Aufl. 2011, § 8 Rn. 16, 20.

6 Vgl. nur z. B. *Ma Kechang*, Strafrechtstheorie von 100 einzelnen Delikten (Strafrechtstheorie), (Bai Zui Tonglun), 2014, S. 191; *Zhang Mingkai*, Strafrecht (Strafrecht), (Xingfaxue), 4. Aufl. 2011, S. 653.

7 S. z. B. *Xiao Zhonghua*, Handbuch der Rechtspraxis (Fn. 4), S. 150.

8 Zum deutschen Recht vgl. z. B. *Frister*, AT (Fn. 5), § 8 Rn. 16 f., *Roxin*, Strafrecht Allgemeiner Teil I (AT I), 4. Aufl. 2006, § 10 Rn. 102 ff.; zum chinesischen Recht vgl. z. B. *Zhang Mingkai*, Strafrecht (Fn. 6), S. 168.

Rechtsgutsverletzung in Verbindung stehen kann, aber nicht immer muss, denn es ist möglich, dass die Rechtsgutsbeeinträchtigung bereits durch die Handlung selbst, d. h. nicht erst durch den Eintritt eines bestimmtes Erfolges herbeigeführt wird. Hingegen wird nach chinesischem Verständnis angenommen, dass der Erfolg mit der Rechtsgutsverletzung in gewissem Maße gleichgestellt werden sollte, so dass das Tätigkeitsdelikt als rechtspolitisch „gefährlich" betrachtet wird: Da dieses Delikt für die Tatbestandsverwirklichung keinen Erfolgseintritt voraussetzt, sei die Rechtsgutsbeeinträchtigung dementsprechend entbehrlich, was dazu führen könne, die Bestrafungsmöglichkeit erheblich zu erweitern.[9] Zum anderen wird in Deutschland unter einem „Gefährdungsdelikt" ein Delikt verstanden, bei dem die Tat nur eine mehr oder weniger intensive Bedrohung des Handlungsobjekts (hier besser: Rechtsgutsobjektes[10]) darstellt.[11] Diese Bedrohung kann etwas mit dem oben erwähnten von der Handlung zeitlich und räumlich trennbaren Erfolg zu tun haben, dies muss aber nicht immer der Fall sein. Folglich kann der Eintritt eines bestimmten Erfolgs normalerweise eine Verletzung, d. h. eine reale Beeinträchtigung des Rechtsgutsobjekts, mit sich bringen. Denkbar ist allerdings auch, dass unter einem Erfolg bereits die reine Bedrohung eines Handlungsobjekts verstanden wird. Vor diesem Hintergrund kann sogar ein (abstraktes) Gefährdungsdelikt als Erfolgsdelikt eingestuft werden.[12] Umgekehrt kann ein Verletzungsdelikt nach deutschem Verständnis zugleich ein schlichtes Tätigkeitsdelikt sein, indem der Tatbestand schon durch die Handlung selbst erfüllt wird (Ohrfeige), aber das Rechtsgut nicht nur gefährdet, sondern bereits verletzt wird (Körperverletzung).[13]

Die letzten zwei Möglichkeiten sind nach chinesischem Verständnis undenkbar, da man in China dazu tendiert, die Rechtsgutsverletzung auf die Handlung bzw. den Erfolg zu beziehen. In China wird unter einem „abstrakten Gefährdungsdelikt" Folgendes verstanden: Sobald die tatbestandliche Handlung vorgenommen wird, entsteht ein abstrakter Gefährdungszustand und der Tatbestand wird auch verwirklicht.[14] Daher wird die Möglichkeit, das Vorliegen eines Gefährdungsdelikts zu bejahen, sehr weit eingeschränkt. Einerseits erfolgt dies durch die Einschränkung der Definition des Tätigkeitsdelikts, andererseits durch die Definition des (abstrakten) Gefährdungsdelikts. Aus diesem Grund

9 *Zhang Mingkai,* Strafrecht (Fn. 6), S. 168–169.
10 Zutreffend *Frister,* AT (Fn. 5), § 8 Rn. 20.
11 *Roxin,* AT I (Fn. 8), § 10 Rn. 123.
12 *Frister,* AT (Fn. 5), § 8 Rn. 20.
13 Vgl. *Roxin,* AT I (Fn. 8), § 10 Rn. 104.
14 *Ma Kechang,* Grundriss (Fn. 3), S. 201 f.

sind beide Deliktsarten im chinesischen Kontext häufig deckungsgleich. Konsequenterweise nimmt man in China oft an, dass sowohl beim Tätigkeitsdelikt als auch beim (abstrakten) Gefährdungsdelikt keine Versuchsstrafbarkeit denkbar sei.[15] Bezüglich des Themas der Produktverantwortlichkeit könnte man „auf deutsche Weise" sagen: Es handelt sich bei Art. 144 cnStGB um ein schlichtes Tätigkeitsdelikt und um ein abstraktes Gefährdungsdelikt.

Erwähnenswert ist in diesem Zusammenhang ferner, dass Art. 141 cnStGB (Herstellung und Verkauf des falschen Arzneimittels) erst seit 2012 ein abstraktes Gefährdungsdelikt darstellt. Die 8. Novelle zum chinesischen Strafgesetzbuch hat im Jahre 2012 den Grundtatbestand dieses Artikels geändert. Der alten Fassung nach war dieses Delikt tendenziell eher ein konkretes Gefährdungsdelikt, denn die alte Fassung verlangte, dass das falsche oder verfälschte Arzneimittel geeignet sein muss, die menschliche Gesundheit in ernster und schwerwiegender Weise zu beeinträchtigen. In der neuen Fassung wird diese Regelung verworfen.

Darüber hinaus ist zu beachten, dass im chinesischen Strafrecht eine weitere Deliktsart existiert, nämlich das Quantitätsdelikt. Dabei werden die quantitativen Merkmale auch als Tatbestandsmerkmale angesehen, wie z. B. bei Art. 140 cnStGB, bei dem die quantitative Grenze des Verkaufserlöses bei 50.000 Yuan liegt. Erst wenn der Verkaufserlös über diese Grenze hinausgeht, kommt es in Betracht, dass die Straftat, und zwar der Grundtatbestand dieser Straftat, vollendet wird. Wenn der Verkaufserlös unter dieser Grenze bleibt, ist umstritten, ob dies Straflosigkeit oder aber Versuchsstrafbarkeit zur Folge hat.[16] Nach dem Höchsten Volksgericht und der Höchsten Volksstaatsanwaltschaft in China soll es als Versuchsdelikt bestraft werden, wenn man die verfälschten Produkte noch nicht in Verkehr bringt, aber der zu erzielende Verkaufserlös die Grenze um das Dreifache übersteigt. Dieser offiziellen Interpretation ist insoweit zuzustimmen, als diese berücksichtigt, dass es sich bei den Delikten dieser Gruppe häufig um Gefährdungsdelikte handelt. Das hat zur Folge, dass nicht nur die Verletzung des Rechtsguts, sondern bereits dessen Bedrohung von Bedeutung ist. In der heutigen chinesischen Rechtspraxis tendiert man nach und nach dazu, nicht mehr die vollkommene Straflosigkeit eines Verhaltens anzunehmen, wenn lediglich eine quantitative Grenze nicht erreicht wird.

---

15 *Tu Longke,* Zusammenfassende Themen zu Delikten der Herstellung und des Absatzes der gefälschten und minderwertigen Produkte (Shengchan Xiaoshou Weilie Shangpinzui Zongzhengli), 2010, S. 30 f.

16 Vgl. *Wang Zuofu,* Forschung zur Praxis des Besonderen Teils des Strafrechts (Forschung), (Xingfa Fenze Shiwu Yanjiu), 5. Aufl. 2013, S. 194; dagegen *Zhang Mingkai,* Strafrecht (Fn. 6), S. 647 f.

3. Die durch die Tatbestände beschriebenen Verhaltensweisen: Herstellen und Inverkehrbringen – Problem des Inverkehrbelassens

Nach der vorherrschenden Lehre in China werden vier „Typen" der Unrechtsgehaltsbeschreibung unterschieden: die ausführliche, die einfache, die zitierende und schließlich die Blankettbeschreibung.[17] Die im Kap. 3 Abschnitt 1 des Besonderen Teils des cnStGB vorgesehenen Vorschriften enthalten vorwiegend ausführliche Beschreibungen, denn sowohl die objektive (darunter vor allem die Verhaltensweisen) als auch die subjektive Seite der Straftat werden dort eindeutig bestimmt. Exemplarisch sind etwa Art. 144 und Art. 148 cnStGB, die die Herstellung giftiger Lebensmittel bzw. Kosmetika sowie deren Verkauf eindeutig definieren und unter Strafe stellen. Ebenso eindeutige Formulierungen finden sich in den anderen Artikeln dieses Abschnitts. Der Begriff des *„Herstellens"* ist daher nicht auslegungsbedürftig.

Anders liegt es bei dem – im chinesischen Strafrecht so nicht verwendeten – Begriff des *„Inverkehrbringens"*: Stattdessen wird der Begriff „销售*(Xiāoshòu)*" (Verkauf bzw. Feilhalten, mit der ähnlichen Bedeutung) benutzt. Fraglich ist, inwieweit dieser im chinesischen Strafrecht geläufige Ausdruck der Bedeutung des deutschen „Inverkehrbringens" entspricht. Da dessen Auslegung auch im deutschen Recht nicht unumstritten ist,[18] ist die Beantwortung dieser Frage nicht ganz einfach. Im deutschen Strafrecht ist bei der Auslegung insbesondere der jeweilige Kontext zu berücksichtigen, wie etwa bei der „Sunset Clause" des deutschen Arzneimittelgesetzes (§ 31 Abs. 1 Satz 1 Nr. 1 dAMG). Das Inverkehrbringen in diesem Sinne setzt voraus, dass „sowohl ein wirksamer Zulassungsbescheid als auch eine verkehrsfähige Charge" vorliegen.[19] Diese Bedeutung weicht von der des chinesischen Rechtsverständnisses ab.

Das Wort „Inverkehrbringen" wird in § 4 Abs. 17 dAMG legaldefiniert: „Das Inverkehrbringen ist das Vorrätighalten zum Verkauf oder zu sonstiger Abgabe, das Feilhalten, das Feilbieten und die Abgabe an andere." Der Begriff beschränkt sich nicht auf den eigentlichen Abgabevorgang, er umfasst drei vorgelagerte Stadien bzw. Verhaltensweisen: das Vorrätighalten zum Verkauf oder zu sonstiger Abgabe, das Feilhalten und das Feilbieten.[20]

---

17 *Guo Mingxuan/Ma Kechang,* Strafrecht (StR), (Xingfaxue), 5. Aufl. 2011, S. 321 ff.

18 *Horn,* NJW 1977, 2329, 2329 f.

19 *Sickmüller/Knauer/Sander,* PharmR 2009, 60, 62.

20 *Freund,* in: Münchener Kommentar zum StGB (MünchKommStGB), Band VI, Nebenstrafrecht I, 2. Aufl. 2013, § 4 AMG Rn. 22.

Wenn man die deutsche Legaldefinition mit dem chinesischen Ausdruck im Hinblick auf deren Wortlaut vergleicht, scheint dort lediglich die bloße Abgabe erfasst zu sein. Dies bestätigt auch das chinesische Schrifttum, das den Verkauf als Abgabe eines Produkts – unabhängig von dessen Einordnung in Groß- oder Einzelhandel – definiert.[21] Dieser Auslegung stehen jedoch die von dem chinesischen Höchsten Volksgericht und der Höchsten Volksstaatsanwaltschaft erlassenen „offiziellen Interpretationen für Gesetzanwendung" entgegen: Danach ist nicht bloß der Verkaufserlös, sondern auch der Warenwert heranzuziehen,[22] sodass das *„Vorrätighalten"* zum Verkauf theoretisch auch als strafbare Handlung von den Art. 140–148 cnStGB erfasst wäre. Das einfache „Vorrätighalten" ist danach ebenfalls als „Verkauf" zu verstehen, soweit die Bedingungen der Quantitätsgrenze erfüllt werden. Dies hat auch die jüngste Rechtsprechung bestätigt, indem sie bereits das in Wiederverkaufsabsicht[23] erfolgte Lagern nicht unbedenklicher Produkte als Versuch gewertet hat.[24] Ob dies noch dem Grundsatz nulla poena sine lege stricta entspricht, ist zweifelhaft; eine eingehende Untersuchung dieser Thematik liegt jedoch nicht im Fokus dieses Beitrags.

Auch die chinesische Bedeutung des Begriffs *„Feilhalten"* weicht von der deutschen i.S.d. § 4 Abs. 17 dAMG ab. Die wörtliche Übersetzung des Worts „销售*(Xiāoshòu)*", „etwas absetzen, vertreiben, verkaufen"[25] lässt erkennen, dass es sich beim „Feilhalten" um ein Synonym zum „Verkauf" handelt. Ein über den des „Verkaufs" hinausgehender Sinn kann – im Gegensatz zum deutschen Recht – nicht bestätigt werden. Dort bedeutet „Feilhalten" ein „nach außen erkennbares Bereitstellen zum Verkauf", also eine dem Vorrätighalten zeitlich nachfolgende Phase, oder eine „erkennbare Bereitschaft zum Verkauf".[26]

Auch im chinesischen Recht können beide Definitionen von Bedeutung sein: Bereits das „Vorrätighalten" kann in China als Versuch bestraft werden. Eine Straflosigkeit des „Feilhaltens" als dem „Vorrätighalten" sogar nachgeordnete Phase wäre demnach sachwidrig. Für eine Strafbewehrung spricht zudem, dass in China grundsätzlich auch Vorbereitungshandlungen strafbar sind. Eine mangelnde Ahndung ist nur der schwierigen Nachweisbarkeit in einer solch frühen Phase geschuldet. Das „Feilhalten" unter Verzicht auf ein körperliches

---

21 *Liu Mingxiang*, Forschung zu Delikten der verfälschten Produkte (Forschung zu Delikten), (Jiamao Weilie Shangpin Fanzui Yanjiu), 2000, S. 21, 59.

22 *Ma Kechang*, Strafrechtstheorie (Fn. 6), S. 180.

23 Ähnlich *Linse/Porstner*, PharmR 2005, 420, 421.

24 *Ma Kechang*, Strafrechtstheorie (Fn. 6), S. 180 f.

25 *Fuchsenberger*, Chinesisch-Deutsches Universalwörterbuch, 2001, S. 1134.

26 MünchKommStGB/*Freund*, Band VI (Fn. 20), § 4 AMG Rn. 28 f.

Bereitstellen[27] als „nach außen erkennbare Bereitschaft zum Verkauf" kann in China somit auch als Vorbereitungshandlung geahndet werden.

Dementsprechend ist auch das „*Feilbieten*" als eine dem „Verkauf" vorgelagerte Stufe eindeutig von den chinesischen Strafnormen erfasst. Der Verkauf ist das entgeltliche Anbieten;[28] er setzt aber nicht voraus, dass die Produkte tatsächlich übergeben werden. Dies bedeutet jedoch nicht, dass jede Phase vor der Abgabe im chinesischen Strafrecht nur als Versuch oder Vorbereitung geahndet werden kann. Sobald ein Kaufvertrag geschlossen und die Bezahlung geleistet wurde, besteht die Möglichkeit der Bestrafung wegen einer Vollendungstat.[29]

Schließlich stellt sich die Frage, ob auch das „*Inverkehrbelassen*", etwa das Nichterfüllen einer bestehenden Rückrufpflicht, von den chinesischen Straftatbeständen erfasst ist. Der Wortlaut von „Verkauf" lässt eine Einbeziehung des „Inverkehrbelassens" nicht zu, sodass diese Fallgruppe – anders als im deutschen Recht (in dem die Problematik allerdings umstritten ist) – im chinesischen Recht zur Produktverantwortung nahezu keine Rolle spielt. Dieser gravierende Unterschied zwischen den beiden Rechtsordnungen gewinnt insbesondere im Rahmen der Unterlassungsdelikte an Bedeutung: Die Tatbestände des zweiten und dritten Kapitels des Besonderen Teils des chinesischen Strafgesetzbuchs schließen das „Inverkehrbelassen" – und daher eine allgemeine Unterlassensstrafbarkeit – völlig aus. Da ein Verhalten i.S.d. Art. 144 cnStGB auch nicht als Tötungs- und/oder Körperverletzungsunrecht aufgefasst werden kann, besteht hier eine erhebliche Strafbarkeitslücke, die es noch zu schließen gilt.

4. Vorsatz und Fahrlässigkeit bei der Produktverantwortung

In Art. 14 cnStGB wird der Vorsatzbegriff legaldefiniert: Eine vorsätzliche Straftat liegt vor, „wenn der Täter wissentlich eine Straftat in der Kenntnis begeht, dass das eigene Handeln für die Gesellschaft schädliche Folgen herbeizuführen vermag, und er den Eintritt dieser Folgen wünscht oder in Kauf nimmt".[30] In Bezug auf die Verantwortung für ein gefährliches Produkt ist demnach jedenfalls ein „In-Kauf-nehmen" vonnöten. Der Vorsatz muss sich – abhängig vom Deliktstyp – auf die konkrete Verletzung bzw. die (konkrete oder abstrakte)

---

27 MünchKommStGB/*Freund*, Band VI (Fn. 20), § 4 AMG Rn. 30.

28 S. z. B. *Li Hong*, Strafrecht (Strafrecht), (Xingfaxue), 2012, S. 493; *Zhang Mingkai*, Strafrecht (Fn. 6), S. 650.

29 *Wang Zuofu*, Forschung (Fn. 16), S. 190 f.

30 Übersetzung nach *Strupp*, Das neue Strafgesetzbuch der VR China (Strafgesetzbuch), 1998, S. 107 f.

Gefährdung beziehen. Dass sich der Vorsatz nach Art. 14 cnStGB auf die „Folgen" beziehen muss, ist demnach weit zu verstehen. Der Vorsatz muss sich auf *alle* Tatbestandsvoraussetzungen beziehen. Der Vorsatz des Täters i.S.d. Art. 140 cnStGB muss sich demnach auf das Herstellen oder Verkaufen minderwertiger Produkte erstrecken. Im Rahmen eines Verletzungsdelikts muss sich der Vorsatz konsequenterweise auch auf den Erfolg beziehen. Wer ein minderwertiges Arzneimittel i.S.d. Art. 142 cnStGB herstellt oder verkauft, muss auch mit erheblichen Gesundheitsschäden rechnen um entsprechend strafbar zu sein. Gleiches gilt für die Verwirklichung eines Qualifikationstatbestands.[31]

Das chinesische Strafrecht unterscheidet zwischen direktem und indirektem Vorsatz. Nach der gesetzlichen Definition liegt direkter Vorsatz vor, wenn der Täter in der Kenntnis eine Straftat begeht, dass das eigene Handeln für die Gesellschaft schädliche Folgen herbeizuführen vermag, und er den Eintritt dieser Folgen „wünscht". Indirekter Vorsatz liegt vor, wenn der Täter eine Straftat in der Kenntnis begeht, dass das eigene Handeln für die Gesellschaft schädliche Folgen herbeizuführen vermag, und er den Eintritt dieser Folgen „in Kauf nimmt". Die Vorsatzformen unterscheiden sich hauptsächlich durch eine unterschiedliche Ausprägung des voluntativen Elements.[32] Ein Grundtatbestand kann in der Regel durch beide Vorsatzformen verwirklicht werden. Im Hinblick auf die strafrechtliche Produktverantwortlichkeit wird zumeist direkter Vorsatz nachgewiesen. Es kann aber nicht ausgeschlossen werden, dass der Täter etwaige Folgen – insbesondere die Störung der Ordnung der sozialen Marktwirtschaft – bloß in Kauf nimmt.[33]

Strittig ist, ob auch bei qualifizierenden Tatbeständen beide Vorsatzformen in Betracht kommen. Es könnte vielleicht angeführt werden, dass der Täter etwa schwerwiegende Beeinträchtigungen der menschlichen Gesundheit i.S.d. Art. 144 cnStGB nur in Kauf nehmen, nicht aber wünschen könne. In letzterem Fall handele es sich dann nicht mehr um einen Fall der Produktverantwortlichkeit, sondern um einen Fall der Gefährdung der öffentlichen Sicherheit, genauer: der gemeingefährlichen Vergiftung.[34] Indessen erscheint dies zweifelhaft, da

---

31 Vgl. *Zhang Mingkai,* Strafrecht (Fn. 6), S. 653.

32 Zutreffend z. B. *Gao Mingxuan,* Theorie des Strafrechts (Xingfaxue Yuanli) Band II, 2005, S. 51 ff.; dagegen z. B. *Gao Mingxuan/Ma Kechang,* StR (Fn. 17), S. 108 ff.

33 Vgl. *Zhang Mingkai,* Strafrecht (Fn. 6), S. 648.

34 Z. B. *Liu Mingxiang,* Forschung zu Delikten (Fn. 21), S. 182–183; *Xiao Zhonghua,* Handbuch der Rechtspraxis (Fn. 4), S. 131.

Art. 144 cnStGB keine bestimmte Vorsatzform verlangt. Daher können beide Delikte – in Idealkonkurrenz zueinander stehend – verwirklicht werden.[35]

Im Rahmen der strafrechtlichen Produktverantwortung existieren im chinesischen Recht ausschließlich Vorsatzdelikte. Eine Fahrlässigkeitsbestrafung fehlt in diesem Bereich gänzlich.[36] Es besteht jedoch die Möglichkeit, Verhaltensweisen gegen die Produktverantwortung unter die Tatbestände der fahrlässigen Tötung und Körperverletzung zu fassen. Aufgrund der bereits dargestellten Gesetzgebungstechnik und des darauf beruhenden „Monopols" des ersten Modells findet die potentielle Auffangeigenschaft der Tötungs- und Körperverletzungsdelikte indessen nur wenig Beachtung. Bedingt durch die Charakteristik des chinesischen Straftatsystems und der jeweiligen Strafnormen ist eine auf diese Weise an sich mögliche Schließung von erheblichen Strafbarkeitslücken kaum zu erwarten.

Zuletzt ist zu erwähnen, dass ein in China häufig angewendeter Fachausdruck, das „Wissen-Sollen", oft zu der falschen Schlussfolgerung führt, dass ein „Zwischenstatus" zwischen Vorsatz und Fahrlässigkeit existiert. Eine im Jahr 2010 erlassene offizielle Interpretation des Höchsten Volksgerichts und der Höchsten Volksstaatsanwaltschaft zeigt, dass derjenige, der weiß oder *wissen soll*, dass ein anderer ein Delikt i.S.d. Art. 140 begeht, und ihm trotzdem Hilfe leistet, als Mittäter (oder Gehilfe) zu bestrafen ist. Infolgedessen stehen „Wissen" und „Wissen-Sollen" auf einer Stufe. Die – auch in vielen anderen Ländern übliche – Gegenüberstellung von Vorsatz und Fahrlässigkeit deutet zunächst darauf hin, dass sich ein i.S.d. Art. 140 cnStGB Handelnder fahrlässig verhalten kann, wenn er wissen *sollte*, dass eine rechtswidrige (Haupt-)Tat durch einen anderen begangen wird. Diese Einschätzung entbehrt jedoch jeder rechtlichen Grundlage. Eine fahrlässige Verantwortung ist nach Art. 15 Abs. 2 cnStGB nur dann möglich, wenn es das Gesetz ausdrücklich vorsieht. Deshalb könnte im Fall eines „Wissen-Sollens" doch von einem Zwischenstatus zwischen Vorsatz und Fahrlässigkeit ausgegangen werden. Es ist jedoch fraglich, ob diese Einordnung nicht gegen den Gesetzlichkeitsgrundsatz, insbesondere das Gebot der Gewaltenteilung verstößt. Schließlich handelt es sich bei dem Höchsten Volksgericht und der Höchsten Volksstaatsanwaltschaft nicht um Legislativorgane. Ein Einklang mit diesen verfassungsrechtlich höchsten Grundsätzen ist daher nur möglich, wenn das „Wissen-Sollen" auf die beweisrechtliche Einschätzung des zuständigen Richters zu beziehen wäre. Der Täter muss demnach – entsprechend beiden

35 Vgl. *Zhang Mingkai*, Strafrecht (Fn. 6), S. 653.

36 Vgl. nur *Liu Mingxiang*, Forschung zu Delikten (Fn. 21), S. 29 f.

Vorsatzformen – alle Tatumstände kennen; im Hinblick auf das „Wissen sollen" muss der Rechtsanwender es für ausreichend wahrscheinlich halten, dass der Täter die Umstände kennt. Es kann niemals bedeuten, dass der Täter etwas nicht weiß, es aber wissen sollte.[37]

III. Zwei spezielle Probleme strafrechtlicher Produktverantwortlichkeit im chinesischen Strafrecht

1. Juristische Person (Einheit) als Täter

a. Voraussetzungen der durch eine Einheit begangenen Straftat

Alle Tatbestände in Kap. 3 Abschnitt 1 des chinesischen Strafgesetzbuchs sind Allgemeindelikte und können von jedermann begangen werden. Daher orientieren sich die Voraussetzungen der Täterqualität nur an dem Alter (mindestens 16 Jahre) und am psychischen Zustand.[38] Die Besonderheit im chinesischen Strafrecht hinsichtlich der Täterqualität ist, dass die juristische Person, die im chinesischen Strafgesetzbuch als „Einheit" bezeichnet wird, auch als Täter bestraft werden kann. Art. 30 cnStGB sieht den Umfang der strafrechtlichen Verantwortung der Einheit vor: „Handelsgesellschaften, Unternehmen, institutionelle Einheiten, Behörden und Körperschaften sind für die von ihnen vorgenommenen gesellschaftlich schädlichen Handlungen strafrechtlich verantwortlich, soweit diese nach den gesetzlichen Bestimmungen als Straftaten gelten, die von Einheiten begangen werden können".[39] Art. 31 cnStGB sieht die Bestrafung der von Einheiten begangenen Straftaten vor: „Im Falle von Straftaten, die von einer Einheit begangen werden, wird gegen die Einheit Geldstrafe verhängt, während gegen die für die betreffende Einheit unmittelbar verantwortlichen leitenden Personalangehörigen und gegen sonstige unmittelbar verantwortliche Personalangehörige (Kriminal-)Strafe verhängt wird. Falls im vorliegenden Gesetz und in sonstigen Gesetzen anderweitige Bestimmungen vorgesehen sind, wird gemäß der Bestimmung verfahren."[40] Die erste Voraussetzung der Bestrafung der Einheit ist dementsprechend, dass es überhaupt eine solche gesetzliche Bestimmung gibt, die dies erlaubt. Für den Bereich der Produktverantwortung ist klar, dass

---

37 Zutreffend *Zhang Mingkai,* Strafrecht (Fn. 6), S. 649, 654.

38 In der herrschenden Strafrechtstheorie in China wird die Schuldfähigkeit als ein Problem der Täterqualität betrachtet. Die Schuld bildet keine selbständige Stufe bei der Prüfung der Strafbarkeit.

39 Übersetzung nach *Strupp,* Strafgesetzbuch (Fn. 30), S. 111 f.

40 Übersetzung nach *Strupp,* Strafgesetzbuch (Fn. 30), S. 112.

diese Voraussetzung erfüllt ist, denn Art. 150 cnStGB bestimmt, dass die Einheit eine der im vorliegenden Abschnitt in den Art. 140–148 cnStGB bestimmten Straftaten begehen kann.

Es gelten darüber hinaus andere Voraussetzungen für das Verhalten der Einheit. Einerseits wird der Umfang der Straftat der Einheit dadurch eingeschränkt, dass eine Einheit die folgenden Eigenschaften aufweisen muss: Sie muss zunächst ordnungsgemäß gegründet werden und grundsätzlich ein gewisses Vermögen besitzen, es sei denn, sie besteht als innere Organisation oder Zweigstelle bzw. Filiale und besitzt deshalb keine zur Verfügung stehenden eigenständigen Finanzmittel.[41] Die Anforderungen werden auch durch das chinesische Strafgesetzbuch beschränkt, so dass nur Handelsgesellschaften, Unternehmen, institutionelle Einheiten, Behörden und Körperschaften als mögliche Täter in Frage kommen können. Eine weitere Bedingung ist, dass die Einheit nicht gegründet werden darf in der Absicht, Straftaten zu begehen. Ebenso darf eine geeignete Einheit auch nicht hauptsächlich die Begehung von Straftaten anstreben, nachdem sie rechtmäßig gegründet worden ist, sonst würde keine Straftat der Einheit vorliegen, stattdessen läge eine in Mittäterschaft oder anderen Beteiligungsformen begangene Straftat vor.[42] Andererseits wird das Verhalten der Einheit auch stark eingeschränkt, indem durch das verbrecherische Verhalten des tatsächlich Handelnden der Wille der Einheit – und nicht der Wille des Handelnden – verkörpert werden muss.[43] Sonst handelte es sich nicht um eine Straftat der Einheit, sondern um eine „normale" – durch die natürliche Person begangene – Straftat. In der Rechtspraxis wird dieses Merkmal oft dadurch gekennzeichnet, dass das erzielte Interesse der Einheit und nicht dem Handelnden selbst anhaftet.

In der heutigen Rechtspraxis in China wird eine große Anzahl von Fällen im Bereich der Produktverantwortung durch Einheiten begangen, besonders wenn die Straftaten bezüglich der Produktverantwortung im Verhältnis von Idealkonkurrenz oder Gesetzeskonkurrenz mit den Straftaten der Verfälschung eines Warenzeichens oder der Vortäuschung eines Patents stehen. Solche Handlungen setzen nämlich oft voraus, dass hohe Finanzkräfte oder bestimmte Techniken zur Verfügung stehen.[44]

41 Vgl. *Lin Yagang,* Strafrechtsdogmatik (Xingfaxue Jiaoyi) (Strafrechtsdogmatik), 2014, S. 138 f.; dagegen *Zhang Mingkai,* Strafrecht (Fn. 6), S. 141 f.

42 *Zhang Mingkai,* Strafrecht (Fn. 6), S. 142.

43 Vgl. *Lin Yagang,* Strafrechtsdogmatik (Fn. 41), S. 140 f.

44 *Liu Mingxiang,* Forschung zu Delikten (Fn. 21), S. 27.

b. Die Bestrafung (der Straftat) der Einheit

Das oben angeführte Bestrafungsmodell des Art. 31 cnStGB der Unterteilung der durch die Einheit begangenen Straftat hinsichtlich der Bestrafung wird „Modell der doppelten Bestrafung“ (双罚制 Shuāngfá Zhì) genannt, denn nicht nur die Einheit selbst wird bestraft, sondern auch die natürlichen Personen, die die Einheit leiten oder für sie verantwortlich sind. Erst in diesem Zusammenhang wird deutlich, warum das chinesische Strafrecht sehr hohe Anforderungen an die Geeignetheit der Einheit stellt oder stellen muss: Durch das Modell der doppelten Bestrafung wird die strafrechtliche Verantwortung der natürlichen Personen – relativ gesehen – „gemildert“. Viele Gesetzesvorschriften im Besonderen Teil des chinesischen Strafgesetzbuchs haben dies verifiziert. Z. B. ist die Höchststrafe in Form der Todesstrafe für passive Bestechung (Art. 385, 386 cnStGB) vorgesehen, während die Höchststrafe für die betreffende natürliche Person bei der durch die Einheit begangenen passiven Bestechung (Art. 387 cnStGB) nur eine Freiheitsstrafe bis zu fünf Jahren ist.[45]

Zudem sieht Art. 31 cnStGB daneben noch ein weiteres Modell der Bestrafung vor: „Falls im vorliegenden Gesetz und in sonstigen Gesetzen anderweitige Bestimmungen vorgesehen sind, wird gemäß der Bestimmung verfahren“. In der Praxis weisen solche „anderweitigen Bestimmungen“ nur auf ein Bestrafungsmodell hin, nämlich dass beim Vorliegen einer durch die Einheit begangenen Straftat nur die natürlichen Personen bestraft werden, während die Einheit selbst ungestraft bleibt. Dieses Modell wird als „Modell der Einzelbestrafung“ (单罚制 Dānfá Zhì) bezeichnet. Es bedarf der besonderen Aufmerksamkeit, denn es bedeutet nicht, dass die natürliche Person allein der Täter ist, nur weil sie allein bestraft wird. In diesem Zusammenhang zeigt sich ein spezielles Phänomen, durch welches das Prinzip der Eigenverantwortlichkeit oder sogar das Schuldprinzip ausgehebelt werden könnte,[46] denn der Nichttäter (natürliche Person) soll für die Straftat des Täters (der Einheit) strafrechtlich belangt werden. Hinsichtlich der Produktverantwortung ist freilich nur das Modell der doppelten Bestrafung von Bedeutung, denn das Modell der Einzelbestrafung wird in diesem Abschnitt im cnStGB nicht verwendet.

---

45 *Lin Yagang*, Strafrechtsdogmatik (Fn. 41), S. 144.

46 *Li Hong*, Strafrecht (Fn. 28), S. 124.

2. Die einzelnen Probleme des Delikts der Herstellung und des Feilbietens der verfälschten und minderwertigen Produkte (Art. 140 cnStGB)

a. Das Verhältnis von Art. 140 cnStGB zu Art. 141–148 cnStGB

In Art. 140 cnStGB werden die Herstellung und der Verkauf der problematischen, also gefälschten und minderwertigen allgemeinen Produkte geregelt. Allgemein, weil alle Arten von Produkten, seien es Arzneimittel oder Lebensmittel usw., etwas mit Art. 140 cnStGB zu tun haben können, während die Art. 141–142 cnStGB nur Arzneimittel, die Art. 143–144 cnStGB ausschließlich Lebensmittel, Art. 145 cnStGB nur medizinische Instrumente, Art. 146 cnStGB nur Elektrogeräte usw., Art. 147 cnStGB nur Pestizide usw. und schließlich Art. 148 cnStGB nur Kosmetika betreffen. In dieser Hinsicht könnten die Art. 141–148 cnStGB in gewissem Maße als *leges speciales* gegenüber Art. 140 cnStGB angesehen werden. Jedoch ist Art. 140 cnStGB in diesem Abschnitt kein Auffangtatbestand, denn es können nicht alle Fälle, in denen die Art. 141–148 cnStGB keine Anwendung finden, unter Art. 140 cnStGB fallen.[47] Art. 140 cnStGB setzt zwar keine besondere Produktart, aber eine quantitative Schwelle (50.000 Yuan) voraus. Insofern gibt es Überschneidungen zwischen Art. 140 cnStGB und Art. 141–148 cnStGB.

b. Die einzelnen Probleme von Art. 140 cnStGB

aa. Die Kriterien der Qualitätsgerechtigkeit

Die Kriterien der Qualitätsgerechtigkeit sind Bedingungen, die im Voraus zur Feststellung des Vorliegens einer Straftat im Sinne von Art. 140 cnStGB vorliegen müssen. Im Allgemeinen wird anerkannt, dass das materielle Kriterium der Qualitätsgerechtigkeit der Produkte auf Art. 26 Abs. 2 des Gesetzes über die Qualität der Produkte verweist und das formelle Kriterium in Art. 27 des Gesetzes über die Qualität der Produkte zu finden ist. Wenn beide Kriterien nicht miteinander übereinstimmen, ist es empfehlenswert, das strengere Kriterium zu verwenden, um zu verhindern, dass ein Produkt im strafrechtlichen Sinn als „standardgerechtes Produkt" qualifiziert wird. Ein Produkt kann nämlich immer noch materiell standardgerecht sein, auch wenn es das formelle Kriterium der Qualität nicht erfüllt. Verdeutlicht werden kann dies an folgendem Beispiel: Ein Lebensmittel mit abgelaufenem Haltbarkeitsdatum könnte – materiell gesehen – vielleicht noch ungefährlich für die menschliche Gesundheit sein, aber

47 *Wang Zuofu*, Forschung (Fn. 16), S. 195.

der Verkauf bei Kenntnis des Ablaufdatums sollte gleichwohl nicht ungeahndet bleiben.

bb. Die Verhaltensweise „öffentlicher Verkauf" problematischer Produkte

Die „typischen" Verhaltensweisen von Art. 140 cnStGB müssen Merkmale der Vortäuschung beinhalten, welche im Gesetzestext aufgeführt werden: Es handelt sich hier um einen Hersteller oder Verkäufer, der verschiedenartige Produkte vermengt oder sie mit falschen Bestandteilen vermischt, der unechtes Material als echtes, Minderwertiges als Hochwertiges ausgibt oder mit nicht qualitätsnormgerechten Produkten Qualitätsnormgerechtigkeit vortäuscht. Diese Handlungsformen weisen deutliche betrügerische Eigenschaften auf.

Der „öffentliche Verkauf" solch problematischer Produkte ist eine heikle Situation, wenn alle Beteiligten ausreichend informiert sind. Auf der einen Seite handelt es sich dann nicht um betrügerisches Verhalten, da nicht nur der Verkäufer, sondern auch der Käufer weiß, dass die Produkte problematisch sind. Der Verkäufer hat dabei keinen Irrtum des Käufers erregt: Der Käufer könnte solche Produkte in Kenntnis dessen, dass sie nicht standardgerecht sind, trotzdem kaufen, etwa weil sie deutlich billiger als qualitätsgerechte Produkte sind. In dieser Hinsicht wären die vier Verhaltensweisen von Art. 140 cnStGB weniger relevant. Die verbleibende Möglichkeit wäre, jeweils die Art. 141–148 cnStGB anzuwenden. Diese erfordern keinen betrügerischen Charakter, ihre jeweiligen Voraussetzungen müssten aber erfüllt sein. Z. B. wenn man gefälschte Pestizide verkauft hat, die Produktion dabei aber keinen verhältnismäßig großen Verlust erlitten hat, ist Art. 147 cnStGB nicht heranzuziehen. Wenn dabei der Verkauf aber öffentlich durchgeführt wird, ist fraglich, wie die Situation dann rechtlich zu behandeln ist. Weder von Seiten der Rechtstheorie noch der Rechtspraxis gibt es Lösungsansätze. Falls man annimmt, dass das Hauptrechtsgut von Tatbeständen der Produktverantwortung in China die Ordnung der staatlichen Qualitätskontrolle sei,[48] worauf auch der Titel dieses Abschnitts im Strafgesetzbuch hindeutet, dann wäre folgender Lösungsansatz möglich: Die „betrügerische" Eigenschaft der Verhaltensweise des „öffentlichen Verkaufs" kann auch aus dem Blickwinkel des staatlichen Kontrolleurs festgestellt werden. Beim öffentlichen Verkauf hat der Verkäufer zwar nicht versucht, den Käufer zu täuschen, aber er hat den staatlichen Kontrolleur in die Irre geführt. Angenommen, dass hier nicht das Rechtsgut des Individuums, sondern hauptsächlich das kollektive Rechtsgut geschützt

---

48 Vgl. *Sun Guoxiang/Wei Changdong*, Forschung zum Wirtschaftsstrafrecht (Jingji Xingfa Yanjiu), 2005, S. 178.

werden soll, müsste dementsprechend akzeptiert werden, dass der öffentliche Verkauf von problematischen Produkten unter Art. 140 cnStGB fallen könnte.

Anhang: Auszug aus dem chinesischen Strafgesetzbuch[49]

Tabelle 1: Verletzungs- und Gefährdungsdelikte im Kap. 3 Abschnitt 1 des BT cnStGB

	Grundtatbestand	Qualifikation Stufe 1	Qualifikation Stufe 2
Art. 140	Quantitätsdelikt	Quantitätsdelikt	Quantitätsdelikt
Art. 141 Abs. 1	abstraktes Gefährdungsdelikt	Verletzungsdelikt	Verletzungsdelikt
Art. 142 Abs. 1	Verletzungsdelikt	Verletzungsdelikt	
Art. 143	konkretes Gefährdungsdelikt	Verletzungsdelikt	Verletzungsdelikt
Art. 144	abstraktes Gefährdungsdelikt	Verletzungsdelikt	Verletzungsdelikt
Art. 145	konkretes Gefährdungsdelikt	Verletzungsdelikt	Verletzungsdelikt
Art. 146	Verletzungsdelikt	Verletzungsdelikt	
Art. 147	Verletzungsdelikt	Verletzungsdelikt	Verletzungsdelikt
Art. 148	Verletzungsdelikt		

Art. 140 cnStGB: [Herstellen und Feilbieten verfälschter und minderwertiger Produkte]

Ein Hersteller oder Verkäufer, der verschiedenartige Produkte vermengt oder sie mit falschen Bestandteilen vermischt, der unechtes Material als echtes, Minderwertiges als Hochwertiges ausgibt oder mit nicht qualitätsnormgerechten qualitätsnormgerechte Produkte vortäuscht, wird bei einem Verkaufserlös von 50.000 Yuan bis zu 200.000 Yuan mit Freiheitsstrafe bis zu zwei Jahren oder mit Gewahrsam bestraft, zugleich oder in selbständiger Weise wird er mit Geldstrafe in Höhe von fünfzig Prozent bis zum Zweifachen des Verkaufserlöses belegt; bei einem Verkaufserlös von 200.000 Yuan bis zu 500.000 Yuan wird er mit Freiheitsstrafe von zwei Jahren bis zu sieben Jahren bestraft, zugleich wird er mit Geldstrafe in Höhe von fünfzig Prozent bis zum Zweifachen des Verkaufserlöses belegt; bei einem Verkaufserlös von 500.000 Yuan bis zu 2.000.000 Yuan wird er

49 Übersetzungen nach *Strupp*, Strafgesetzbuch (Fn. 30), S. 140 ff.

mit Freiheitsstrafe von mindestens sieben Jahren bestraft, zugleich wird er mit Geldstrafe in Höhe von fünfzig Prozent bis zum Zweifachen des Verkaufserlöses belegt; bei einem Verkaufserlös von mindestens 2.000.000 Yuan wird er mit zeitiger Freiheitsstrafe von fünfzehn Jahren oder mit lebenslanger Freiheitsstrafe bestraft, zugleich wird er mit Geldstrafe in Höhe von fünfzig Prozent bis zum Zweifachen des Verkaufserlöses oder mit Einziehung des Vermögens belegt.

Art. 141 cnStGB: [Herstellung und Verkauf eines falschen Arzneimittels]

Abs. 1: Wer ein falsches oder verfälschtes Arzneimittel herstellt oder feilhält, wird mit zeitiger Freiheitsstrafe bis zu drei Jahren oder mit Gewahrsam bestraft, zugleich wird er mit Geldstrafe belegt; ist ein ernster und schwerwiegender Schaden an der Gesundheit eines Menschen eingetreten oder liegen andere schwerwiegende Umstände vor, wird er mit zeitiger Freiheitsstrafe von drei Jahren bis zu zehn Jahren bestraft, zugleich wird er mit Geldstrafe belegt; ist der Tod eines Menschen herbeigeführt oder besonders ernste und schwerwiegende Umstände eingetreten, wird er mit zeitiger Freiheitsstrafe von mindestens zehn Jahren, mit lebenslanger Freiheitsstrafe oder mit dem Tode bestraft, zugleich wird er mit Geldstrafe oder mit Einziehung des Vermögens belegt.

Abs. 2: Mit der im vorliegenden Paragraphen verwendeten Bezeichnung „falsches oder verfälschtes Arzneimittel“ sind die im Einklang mit den Bestimmungen des „Gesetzes der Volksrepublik China über die Regelung von Arzneimitteln“ zu den falschen oder verfälschten Arzneimitteln gehörenden sowie als falsche oder verfälschte Arzneimittel zu behandelnde Medikamente und Nichtmedikamente gemeint.

Art. 142 cnStGB: [Herstellung und Verkauf eines minderwertigen Arzneimittels]

Abs. 1: Wer ein minderwertiges Arzneimittel herstellt oder feilhält, wird im Falle der Verursachung eines ernsten und schwerwiegenden Schadens an der Gesundheit eines Menschen mit Freiheitsstrafe von drei Jahren bis zu zehn Jahren bestraft, zugleich wird er mit Geldstrafe in Höhe von fünfzig Prozent bis zum Zweifachen des Verkaufserlöses belegt; sind die Folgen besonders ernst und schwerwiegend, wird er mit Freiheitsstrafe von mindestens zehn Jahren oder mit lebenslanger Freiheitsstrafe bestraft, zugleich wird er mit Geldstrafe in Höhe von fünfzig Prozent bis zum Zweifachen des Verkaufserlöses oder mit Einziehung des Vermögens belegt.

Abs. 2: Mit der im vorliegenden Paragraphen verwendeten Bezeichnung „minderwertiges Arzneimittel“ sind die im Einklang mit den Bestimmungen des „Gesetzes der Volksrepublik China über die Regelung von Arzneimitteln“ zu den minderwertigen Arzneimitteln gehörenden Medikamente gemeint.

Art. 143 cnStGB: [Herstellung und Verkauf eines den Sicherheitsstandards nicht entsprechenden Lebensmittels]

Wer ein den Sicherheitsstandards nicht entsprechendes Lebensmittel herstellt oder feilhält, das geeignet ist, ernste und schwerwiegende Unfälle durch eine Lebensmittelvergiftung oder andere ernste und schwerwiegende, durch Lebensmittel hervorgerufene Fälle von Krankheit oder Siechtum zu verursachen, wird mit Freiheitsstrafe bis zu drei Jahren oder mit Gewahrsam bestraft, zugleich wird er mit Geldstrafe belegt; ist ein ernster und schwerwiegender Schaden an der Gesundheit eines Menschen verursacht worden, wird er mit zeitiger Freiheitsstrafe von drei Jahren bis zu sieben Jahren bestraft, zugleich wird er mit Geldstrafe belegt; sind die Folgen besonders ernst und schwerwiegend, wird er mit zeitiger Freiheitsstrafe von mindestens sieben Jahren oder mit lebenslanger Freiheitsstrafe bestraft, zugleich wird er mit Geldstrafe oder Einziehung des Vermögens belegt.

Art. 144 cnStGB: [Herstellung und Verkauf eines giftigen oder schädlichen Lebensmittels]

Wer in Lebensmittel, deren Hersteller oder Verkäufer er ist, giftige oder schädliche Rohsubstanzen mischt, die ihrer Natur nach keine Lebensmittel sind, oder wer Lebensmittel feilhält in Kenntnis dessen, dass sie mit giftigen oder schädlichen Rohsubstanzen vermischt sind, die ihrer Natur nach keine Lebensmittel sind, wird mit Freiheitsstrafe bis zu fünf Jahren oder mit Gewahrsam bestraft, zugleich wird er mit Geldstrafe belegt; ist ein ernster und schwerwiegender Schaden an der Gesundheit eines Menschen oder andere schwerwiegende Umstände eingetreten, ergeht Freiheitsstrafe von fünf Jahren bis zu zehn Jahren, zugleich wird eine Geldstrafe verhängt; ist der Tod eines Menschen verursacht worden oder sind besonders schwerwiegende Umstände entstanden, ergeht die Strafe nach Maßgabe der Bestimmungen in Art. 141 des vorliegenden Gesetzes.

Art. 145 cnStGB: [Herstellung und Verkauf eines den Normen nicht entsprechenden medizinischen Instrumentes]

Wer medizinische Instrumente oder zur Verwendung in der Medizin bestimmte Materialien des Gesundheitswesens herstellt, die den staatlichen oder gewerblichen Normen zur Gewährleistung der menschlichen Gesundheit nicht entsprechen, oder wer medizinische Instrumente oder zur Verwendung in der Medizin bestimmte Materialien des Gesundheitswesens feilhält in Kenntnis dessen, dass sie den staatlichen Normen oder gewerblichen Normen zur Gewährleistung der menschlichen Gesundheit nicht entsprechen, wird mit zeitiger Freiheitsstrafe bis zu drei Jahren oder Gewahrsam bestraft, zugleich wird er mit Geldstrafe in Höhe von fünfzig Prozent bis zum Zweifachen des Verkaufserlöses belegt, wenn ein solches Verhalten dazu geeignet war, einen ernsten und schwerwiegenden Schaden an der menschlichen Gesundheit zu verursachen; falls ein ernster und schwerwiegender Schaden an der menschlichen Gesundheit verursacht wird, ergeht die zeitige Freiheitsstrafe von drei Jahren bis zu zehn Jahren, zugleich wird er mit Geldstrafe in Höhe von fünfzig Prozent bis zum Zweifachen des Verkaufserlöses belegt; sind die Folgen besonders ernst und schwerwiegend, wird er mit zeitiger Freiheitsstrafe von mindestens zehn Jahren oder mit lebenslanger Freiheitsstrafe bestraft, zugleich wird er mit Geldstrafe in Höhe von fünfzig Prozent bis zum Zweifachen des Verkaufserlöses oder mit Einziehung des Vermögens belegt.

Art. 146 cnStGB: [Herstellung und Verkauf der den Sicherheitsstandards nicht entsprechenden Produkte]

Wer Elektrogeräte, Druckbehälter, leicht entzündliche oder explosive Produkte herstellt, die den staatlichen Normen oder gewerblichen Normen zur Gewährleistung der Sicherheit von Person oder Eigentum nicht entsprechen, oder wer andere Produkte herstellt, die den staatlichen Normen oder gewerblichen Normen zur Gewährleistung der Sicherheit von Person oder Eigentum nicht entsprechen, oder wer oben erwähnte Produkte feilhält in Kenntnis dessen, dass sie den staatlichen Normen oder gewerblichen Normen zur Gewährleistung der Sicherheit von Person oder Eigentum nicht entsprechen, wird im Falle der Verursachung ernster und schwerwiegender Folgen mit zeitiger Freiheitsstrafe bis zu fünf Jahren bestraft, zugleich wird er mit Geldstrafe in Höhe von fünfzig Prozent bis zum Zweifachen des Verkaufserlöses belegt; sind die Folgen besonders ernst und schwerwiegend, wird er mit zeitiger Freiheitsstrafe von mindestens fünf Jahren bestraft, zugleich wird er mit Geldstrafe in Höhe von fünfzig Prozent bis zum Zweifachen des Verkaufserlöses belegt.

Art. 147 cnStGB: [Herstellung bzw. Verkauf von gefälschten Pestiziden, Arzneimitteln der Veterinärmedizin, chemischen Düngemitteln und Samen]

Wer falsche oder gefälschte Pestizide, Arzneimittel der Veterinärmedizin oder chemische Düngemittel herstellt, oder wer Pestizide, Arzneimittel der Veterinärmedizin, chemische Düngemittel oder Samen feilhält in Kenntnis dessen, dass sie falsch bzw. gefälscht sind oder dass sie ihre Gebrauchsfähigkeit verloren haben, oder wer als Hersteller oder Verkäufer mit nicht qualitätsnormgerechten Pestiziden, Arzneimitteln der Veterinärmedizin, chemischen Düngemitteln oder Samen qualitätsgerechte Pestizide, Arzneimittel der Veterinärmedizin, chemische Düngemittel oder Samen vortäuscht und hierdurch bewirkt, dass die Produktion einen verhältnismäßig großen Verlust erleidet, wird mit zeitiger Freiheitsstrafe bis zu drei Jahren oder mit Gewahrsam bestraft, zugleich oder in selbständiger Weise wird er mit Geldstrafe in Höhe von fünfzig Prozent bis zum Zweifachen des Verkaufserlöses belegt; wird bewirkt, dass die Produktion einen gravierenden Verlust erleidet, wird er mit zeitiger Freiheitsstrafe von drei Jahren bis zu sieben Jahren bestraft, zugleich wird er mit Geldstrafe in Höhe von fünfzig Prozent bis zum Zweifachen des Verkaufserlöses belegt; wird bewirkt, dass die Produktion einen besonders gravierenden Verlust erleidet, wird er mit zeitiger Freiheitsstrafe von mindestens sieben Jahren oder mit lebenslanger Freiheitsstrafe bestraft, zugleich wird er mit Geldstrafe in Höhe von fünfzig Prozent bis zum Zweifachen des Verkaufserlöses oder mit Einziehung des Vermögens belegt.

Art. 148 cnStGB: [Herstellung und Verkauf der den Gesundheitsstandards nicht entsprechenden Kosmetika]

Wer den Gesundheitsstandards nicht entsprechende Kosmetika herstellt oder wer Kosmetika feilhält in Kenntnis dessen, dass sie den Gesundheitsstandards nicht entsprechen, wird im Falle der Verursachung ernster und schwerwiegender Folgen mit zeitiger Freiheitsstrafe bis zu drei Jahren oder mit Gewahrsam bestraft, zugleich oder in selbständiger Weise wird er mit Geldstrafe in Höhe von fünfzig Prozent bis zum Zweifachen des Verkaufserlöses belegt.

Art. 149 cnStGB [Anwendung der Vorschriften in diesem Abschnitt]

Abs. 1: Wenn Hersteller oder Verkäufer der in den Art. 141–148 aufgeführten Produkten die in den einzelnen genannten Artikeln bestimmten Straftatbestände im konkreten Fall nicht erfüllen, der jeweils erzielte Verkaufserlös jedoch mindestens 50.000 Yuan beträgt, so werden sie nach Maßgabe der Bestimmungen in Art. 140 des vorliegenden Abschnittes verurteilt und bestraft.

Abs. 2: Wenn ein Hersteller oder Verkäufer der in den Art. 141–148 aufgeführten Produkte einen der in den einzelnen genannten Artikeln bestimmten Straftatbestände und zugleich noch einen der in Art. 140 bestimmten Straftatbestände erfüllt, wird er nach Maßgabe derjenigen Bestimmung verurteilt und bestraft, welche die, im Vergleich betrachtet, schwerere Strafe vorsieht.

Art. 150 cnStGB [Bestrafung der Einheit (juristischen Person)]

Wenn eine Einheit eine der im vorliegenden Abschnitt in den Art. 140–148 bestimmten Straftaten begeht, wird gegen die betreffende Einheit Geldstrafe verhängt, zugleich werden die für diese Einheit unmittelbar verantwortlichen leitenden Personalangehörigen und sonstige unmittelbar haftende Personalangehörige nach Maßgabe der Bestimmungen in den jeweils einschlägigen genannten Artikeln bestraft.

Eric Hilgendorf

Landesreferat zum Thema des strafrechtlichen Umgangs mit Produktgefahren in Deutschland

I. Vorhandene Straftatbestände als gesetzliche Grundlage

Da durch den Vertrieb und die Herstellung von Produkten auch strafrechtlich geschützte Rechtsgüter verletzt werden können, existiert das Bedürfnis nach einer strafrechtlichen Verantwortung für die Sicherheit von Produkten.[1] Einen besonderen Tatbestand für eine allgemeine strafrechtliche Produktverantwortung kennt das deutsche Recht allerdings nicht. Die Verantwortung für Produktgefahren regelt sich nach den im Einzelfall in Betracht kommenden Straftatbeständen. Von besonderer Wichtigkeit sind dabei Delikte gegen Leib und Leben, gegen die körperliche Unversehrtheit und gegen das Eigentum:

- § 212 (Totschlag)
- § 222 (fahrlässige Tötung)
- § 223 (Körperverletzung)
- § 229 (fahrlässige Körperverletzung)
- § 303 (Sachbeschädigung)

Des Weiteren können insb. Fahrlässigkeitsdelikte aus dem Bereich der gemeingefährlichen Straftaten oder des Umweltstrafrechts im Einzelfall relevant werden: z. B. § 306d StGB (Brandstiftung), § 306f Abs. 3 StGB (Herbeiführen einer Brandgefahr), § 307 Abs. 4 StGB (Herbeiführen einer Explosion durch Kernenergie), § 308 Abs. 6 StGB (Herbeiführen einer Sprengstoffexplosion), § 312 Abs. 6 StGB (fehlerhafte Herstellung kerntechnischer Anlagen), § 319 Abs. 4 StGB (Baugefährdung), § 324 Abs. 3 StGB (Gewässerverunreinigung), § 324a Abs. 3 StGB (Bodenverunreinigung), § 325 Abs. 4 StGB (Luftverunreinigung), § 325a Abs. 3 StGB (Verursachen von Lärm, Erschütterungen und nichtionisierenden

---

1 Zur Geschichte der strafrechtlichen Haftung für gefährliche Produkte *Hilgendorf*, Strafrechtliche Produzentenhaftung in der „Risikogesellschaft" (Produzentenhaftung), 1993, S. 89 ff.; zum Topos „Risikostrafrecht" ebenda, S. 40 ff.; *Reus*, Das Recht in der Risikogesellschaft – Der Beitrag des Strafrechts zum Schutz vor modernen Produktgefahren, 2010, S. 71 ff. (Besprechung des Werks bei *Hilgendorf*, JZ 2011, S. 465 f.).

Strahlen), § 326 Abs. 5 StGB (Unerlaubter Umgang mit Abfällen), § 330a Abs. 5 StGB (Schwere Gefährdung durch Freisetzen von Giften).[2] Besondere Regelungen finden sich auch im Medizinprodukte- und im Arzneimittelrecht.

Einen Schwerpunkt, wie auch schon aus der obigen Aufzählung ersichtlich, bildet im Rahmen der strafrechtlichen Verantwortlichkeit die fahrlässige Begehungsweise, da vorsätzliche Delikte eher die Ausnahme sind. So reicht es für dolus eventualis nicht aus, dass der Täter die Gefährlichkeit seines Verhaltens erkannte – hinzukommen muss die billigende Inkaufnahme des Erfolges. Dies ist der Grund dafür, dass vorsätzliches Verhalten selten vorliegt. So wird sich der Täter zumeist darauf berufen, dass er zwar von der Gefährlichkeit seines Verhaltens wusste, jedoch darauf vertraute, dass der Erfolg nicht eintreten würde.[3] Dann kommt aber nur ein Fahrlässigkeitsvorwurf in Betracht.

Fahrlässig handelt ein Täter, wenn er einen Tatbestand verwirklicht, indem er objektiv gegen eine Sorgfaltspflicht verstößt, die dem Schutz des beeinträchtigten Rechtsguts dient und wenn dieser Pflichtverstoß eine Rechtsgutsverletzung oder Gefährdung zur Folge hat, die der Täter nach seinen subjektiven Kenntnissen und Fähigkeiten vorhersehen und vermeiden konnte.[4]

Nach § 15 StGB kommt eine Strafbarkeit nur in Betracht, wenn das Gesetz fahrlässiges Handeln ausdrücklich mit Strafe bedroht. So ist z. B. eine fahrlässige Sachbeschädigung nach deutschem Recht nicht strafbar, so dass im Gegensatz zur zivilrechtlichen Haftung ein Anknüpfungspunkt für eine entsprechende strafrechtliche Verantwortung nicht besteht.[5]

Die oben genannten Delikte gegen Leib und Leben sowie gegen die körperliche Unversehrtheit sind als Verletzungsdelikte ausgestaltet, sie erfordern also die Schädigung eines Rechtsguts durch eine Handlung.[6] Unterschiede zwischen den Tatbeständen ergeben sich beim durch die Handlung verwirklichten Erfolg. Der Totschlag und die fahrlässige Tötung erfordern den Tod eines Menschen; die Körperverletzung eine üble, unangemessene Behandlung, durch die das körperliche

---

2 *Winkelbauer,* in: Foerste/Graf von Westphalen, Produkthaftungshandbuch (ProdHaftHandbuch), 3. Aufl. 2012, § 80 Rn. 21.

3 *Winkelbauer,* in: Foerste/Graf von Westphalen, ProdHaftHandbuch (Fn. 2), § 80 Rn. 22.

4 *Fischer,* StGB mit Nebengesetzen (StGB), 62. Aufl. 2014, § 15 Rn. 12 a.

5 *Winkelbauer,* in: Foerste/Graf von Westphalen, ProdHaftHandbuch (Fn. 2), § 80 Rn. 21. Dies gilt jedoch nicht für eine Sachbeschädigung, die durch fahrlässige Brandstiftung verursacht wird (§ 306d StGB).

6 BeckOKStGB/*Heinegg,* Lexikon des Strafrechts, Deliktstypen und ihre spezifischen Eigenheiten, Rn. 46.

mit einer größeren als der nötigen Mehrheit gefasst wurde, ist es denkbar, dass sich jedes Mitglied des Kollegialorgans mit dem Argument verteidigt, dass der Beschluss auch ohne seine Mitwirkung zu Stande gekommen wäre.[19]

2. Einzelne Verkehrspflichten im Zusammenhang mit Produkten und Produktgefahren

Nicht jede kausale Schädigung muss eine strafrechtliche Verantwortung begründen. Vielmehr ist es notwendig, dass das Verhalten des Täters pflichtwidrig war. Es geht also um die Frage, ob ein bestimmtes Verhalten rechtlich zu missbilligen ist. Nur ein solches pflichtwidriges Verhalten ist auch tatbestandsmäßig. Dies gilt auch deshalb, weil sich vernünftigerweise nicht jede Gefährdung von Rechtsgütern von vornherein ausschließen lässt.

Rechtsprechung und Lehre haben verschiedene Verkehrspflichten entwickelt, die im Zusammenhang mit Produkten und ihren Gefahren eine wichtige Rolle spielen. Die nachfolgende Einteilung ist an die Verkehrspflichtenkategorien der zivilrechtlichen Produzentenhaftung nach § 823 BGB angelehnt[20] und soll einzelne Pflichten beispielhaft herausgreifen. Eine strafrechtliche Relevanz besitzen diese Kategorien dann, wenn sie bezüglich des strafbewehrten Rechtsgüterschutzes als angemessene Freiheitsverteilung begriffen werden können, da die Pflichtverstöße Voraussetzung für die strafrechtliche Verantwortung sind – das Zivilrecht hingegen regelt primär den Ausgleich von Vermögensschäden.[21] Umstritten ist daher, ob im Rahmen der strafrechtlichen Produktverantwortlichkeit auf die umfangreiche Judikatur zur zivilrechtlichen Produkt- und Produzentenhaftung bei der strafrechtlichen Pflichtenbestimmung zurückgegriffen werden kann.[22] Richtigerweise ist dies schon aus Gründen der „Einheit der Rechtsordnung" zu bejahen.[23] Im Folgenden werden daher die zivilrechtlichen Kategorien zur Systematisierung der Pflichten verwendet.

---

19 *Schmid,* in: Müller-Gugenberger, Wirtschaftsstrafrecht (Fn. 16), § 56 Rn. 41a, s. zu diesem Problem unten IV 2.

20 Schönke/Schröder/*Sternberg-Lieben/Schuster,* StGB, 29. Aufl. 2014, § 15 Rn. 216; nach *Kuhlen,* in: Achenbach/Ransiek, Handbuch (Fn. 11), S. 94 Rn. 30 sind die Unterscheidungen auch strafrechtlich bedeutsam. Vgl. zu den Kategorien im Zivilrecht etwa BeckOKBGB/*Spindler,* § 823 Rn. 492; Staudinger-BGB/*Hager,* § 82 Rn. F 11.

21 Schönke/Schröder/*Sternberg-Lieben/Schuster,* StGB (Fn. 20), § 15 Rn. 216.

22 *Kuhlen,* in: Achenbach/Ransiek, Handbuch (Fn. 11), S. 94 Rn. 29 ff.

23 So ausdrücklich für die Produktbeobachtungspflicht *Bode,* Zur strafrechtlichen Produkthaftung, BGH-FS (50 Jahre), S. 515, 524; eingehend *Hilgendorf,* Produzentenhaftung (Fn. 1), 1993, S. 146 ff.

a. Verkehrspflichten im Bereich der Konstruktion

Schon bei der Konstruktion seines Produktes hat der Hersteller bestimmte Pflichten zu beachten. Der Hersteller ist jedoch nicht verpflichtet, maximale Sicherheit zu gewährleisten. Vielmehr sind die allgemeinen Verbrauchererwartungen an die Sicherheit des Produktes entscheidend für die Grenzen der Sorgfaltspflichten bei der Produktion des Produktes.[24] Erwartet der Kunde vom Produkt nur durchschnittliche Sicherheit, kann vom Produzenten nicht verlangt werden, optimale oder gar vollständige Sicherheit zu schaffen.

Konkrete Vorgaben im Bereich der Konstruktion können etwa aus technischen Regelwerken oder anderen Rechtsvorschriften entnommen werden.[25] So sind DIN- und ISO-Normen oder Unfallverhütungsvorschriften bei der Konstruktion je nach Art des Produkts zu beachten und können für die Ermittlung des jeweiligen Stands der Technik herangezogen werden.[26] Bleibt das Produkt hinter diesen Vorgaben zurück, ist dies ein Indiz dafür, dass eine Verletzung einer Verkehrspflicht vorliegt, was in der Regel zur Bejahung einer objektiven Sorgfaltswidrigkeit führt.[27]

Bei diesen Sondernormen ohne Rechtsqualität verdienen zwei Aspekte besondere Aufmerksamkeit: Auch wenn die Regelungswerke nur Mindeststandards darstellen,[28] können die Interessengruppen, von denen die Regelungen stammen, durch den Standard, den sie in diesen Normen festsetzen, mittelbar Einfluss auf die strafrechtliche Verantwortlichkeit des Herstellers nehmen. Zum anderen veralten solche technischen Regelwerke in bestimmten Bereichen relativ schnell bzw. sind bei Herstellung des Produktes (noch) nicht vorhanden. Insoweit bestehen für den Hersteller in diesen Fällen Schwierigkeiten, seine strafrechtliche Verantwortlichkeit abzuschätzen. Sondernormen ohne Rechtsqualität stellen nur ein Indiz für das rechtlich Geforderte dar.

---

24 *Winkelbauer,* in: Foerste/Graf von Westphalen, ProdHaftHandbuch (Fn. 2), § 81 Rn. 39.

25 *Winkelbauer,* in: Foerste/Graf von Westphalen, ProdHaftHandbuch (Fn. 2), § 81 Rn. 37; § 82 Rn. 37.

26 *Winkelbauer,* in: Foerste/Graf von Westphalen, ProdHaftHandbuch (Fn. 2), § 81 Rn. 37.

27 Zum Maßstab *Winkelbauer,* in: Foerste/Graf von Westphalen, ProdHaftHandbuch (Fn. 2), § 81 Rn. 37; zu Sondernormen ohne Rechtsqualität und ihrem Einfluss auf die strafrechtliche Verantwortung *Kuhlen,* Fragen einer strafrechtlichen Produkthaftung, 1998, S. 119 ff.

28 Vgl. hierzu für die zivilrechtliche Haftung nach dem ProdHaftG, Staudinger-BGB/*Oechsler,* ProdHaftG, § 3 Rn. 95.

Weitere Vorgaben können gesetzliche Regelungen wie etwa das Produktsicherheitsgesetz enthalten.[29] Auch hier stellt sich das Problem, dass einige dieser gesetzlichen Normen relativ unkonkrete Anforderungen festsetzen, und nicht alle Einzelheiten abschließend geregelt sind. Wenn sich keine expliziten Vorgaben finden, ist der Stand der Technik entscheidend. Im Zweifel kann man sich bezüglich der Konstruktionssicherheit an vergleichbaren Produkten auf dem Markt orientieren.

Vom Hersteller sollte auch im Rahmen der Konstruktion mitbedacht werden, welche Personen den Gefahren ausgesetzt sind. Soweit „nur" der spätere Kunde den Gefahren ausgesetzt wird, hat dieser ein bestimmtes Risiko durch Benutzung des Produktes in Kauf genommen.[30] Höhere Maßstäbe müssen vom Hersteller angelegt werden, wenn auch Dritte durch sein Produkt gefährdet werden können, da sich diese nur bedingt schützen können – als Beispiel kann hier die Implementierung neuer Technologien im Automobilbereich genannt werden.[31]

Des Weiteren ist auch ein Fehlverhalten des Benutzers bei der Konstruktion eines Produktes zu berücksichtigen. In Fällen von Produktmissbrauch besteht keine strafrechtliche Verantwortung des Herstellers.[32] Es wäre wirtschaftlich nicht sinnvoll, ein Produkt zu konstruieren, welches sämtliches Fehlverhalten ausschließt, dadurch aber unverkäuflich wird. Bei der Festlegung von Sorgfaltspflichten des Herstellers ist deshalb nur die nicht ganz fernliegende Fehlanwendung bei bestimmungsgemäßem Gebrauch zu berücksichtigen.[33]

b. *Verkehrspflichten im Bereich der Produktion*

Ein Fehler im Bereich der Produktion (im Sinne von Fabrikation) liegt vor, wenn das einzelne Produkt nicht die Sicherheit bietet, die es bei fehlerfreier Produktion gehabt hätte.[34] Auch bei der Fabrikation ist die Erwartung des Verbrauchers

---

29 *Winkelbauer,* in: Foerste/Graf von Westphalen, ProdHaftHandbuch (Fn. 2), § 81 Rn. 37.

30 *Winkelbauer,* in: Foerste/Graf von Westphalen, ProdHaftHandbuch (Fn. 2), § 81 Rn. 40 sieht dies als Aspekt der Produktion, jedoch wird das Risiko schon im Bereich der Konstruktion gesetzt.

31 *Winkelbauer,* in: Foerste/Graf von Westphalen, ProdHaftHandbuch (Fn. 2), § 81 Rn. 40.

32 Schönke/Schröder/*Eisele,* StGB (Fn. 20), Vor § 13 Rn. 93.

33 *Winkelbauer,* in: Foerste/Graf von Westphalen, ProdHaftHandbuch (Fn. 2), § 82 Rn. 32.

34 Für das Zivilrecht *Foerste,* in: Foerste/Graf von Westphalen, ProdHaftHandbuch (Fn. 2), § 24 Rn. 177.

entscheidend. Ist vom Hersteller zu erwarten, dass er den Prozess der Produktion überwacht, so kommt der Qualitätskontrolle als Pflicht des Herstellers eine besonders hohe Bedeutung zu.[35] Fehler in diesem Bereich können etwa entstehen, wenn menschliches Fehlverhalten oder Unachtsamkeit vorliegen; auch kann Materialermüdung an Fertigungsmaschinen zu einem Produktfehler führen. Mechanismen zur Bekämpfung von Fehlern in der Produktion sind etwa die Einrichtung eines Kontrollsystems und, je nach Produkt, die Prüfung durch Sicht, Messung oder Mechanik; überdies sind die Prüfmittel zu überprüfen.[36]

Zu beachten ist, dass nicht bei jedem Fehler im Bereich der Produktion eine Sorgfaltspflichtverletzung anzunehmen ist. Vielmehr ist der Gesichtspunkt des erlaubten Risikos als Fahrlässigkeitskorrektiv zu berücksichtigen.[37] In unserer hoch technisierten Gesellschaft können bestimmte Risiken nicht vollständig unterbunden werden, wenn nicht die Technologien selbst praktisch aufgegeben werden sollen.[38] Diesen Umstand muss auch das Strafrecht berücksichtigen.[39] Dies hat zur Folge, dass etwa für „Ausreißer" keine strafrechtliche Verantwortlichkeit des Herstellers besteht, wenn diese durch eine ordnungsgemäße Produktion nicht zu vermeiden waren.[40] Deshalb kann derjenige, der den Anforderungen an die Stichprobenkontrolle genügt, nicht für Schäden, die auf mögliche Ausreißer zurückzuführen sind, strafrechtlich zur Verantwortung gezogen werden.[41]

---

35 Für das Zivilrecht *Foerste,* in: Foerste/Graf von Westphalen, ProdHaftHandbuch (Fn. 2), § 24 Rn. 194.

36 Vgl. hierzu *Foerste,* in: Foerste/Graf von Westphalen, ProdHaftHandbuch (Fn. 2), § 24 Rn. 204 ff.

37 Das erlaubte Risiko spielt in der Begrenzung der Sorgfaltspflichten eine Rolle und ist kein eigener Rechtfertigungsgrund. Dies ist allerdings umstritten, vgl. etwa Schönke/Schröder/*Lenckner/Sternberg-Lieben,* StGB (Fn. 20), Vor § 32 Rn. 107b; Schönke/Schröder/*Eisele,* StGB (Fn. 20), Vor § 13 Rn. 70c, 93; *Kühl,* StGB (Fn. 7), Vor § 32 Rn. 29 für einen Überblick.

38 Schönke/Schröder/*Sternberg-Lieben/Schuster,* StGB (Fn. 20), § 15 Rn. 144.

39 *Winkelbauer,* in: Foerste/Graf von Westphalen, ProdHaftHandbuch (Fn. 2), § 81 Rn. 42.

40 *Winkelbauer,* in: Foerste/Graf von Westphalen, ProdHaftHandbuch (Fn. 2), § 81 Rn. 43.

41 *Winkelbauer,* in: Foerste/Graf von Westphalen, ProdHaftHandbuch (Fn. 2), § 81 Rn. 43.

c. *Verkehrspflichten im Bereich der Instruktion*

Grundsätzlich hat der Hersteller vor den Gefahren seiner Produkte zu warnen. Hintergrund ist, dass es dem Benutzer möglich sein muss, sich vor den Risiken des Produktes zu schützen. Auch hier ist wieder die Erwartung des Verbrauchers entscheidend. Auch die Gefährlichkeit des Produktes spielt eine Rolle. Die Instruktionspflichten zielen in zwei Richtungen: Zum einen geht es darum, dass ein Produktfehlgebrauch oder –missbrauch verhindert wird, zum anderen darum, dass das Produkt auch bei einer bestimmungsgemäßen Verwendung eine Gefahr für die Rechtsgüter des Benutzers darstellen kann.[42] Um die Instruktionspflichten festzulegen, ist oft eine Abwägung zwischen der Produktverantwortung des Herstellers oder des Verkäufers einerseits, der Selbstverantwortung des mündigen Verbrauchers andererseits anzustellen.[43]

Probleme ergeben sich im Rahmen der Fahrlässigkeit bei der objektiven Vorhersehbarkeit eines Fehlgebrauchs und eines Schadens. So ist es für den Hersteller oft schwierig, vorherzusehen, auf welche Weise das Produkt später gebraucht wird. Die Vorhersehbarkeit wird mit Blick auf die Verbrauchererwartung, den Kreis der Produktbenutzer und durch den Verwendungszweck des Produktes bestimmt.[44]

d. *Verkehrspflichten nach Inverkehrgabe*

Die Pflichten des Herstellers enden nicht mit dem Inverkehrbringen eines Produktes. Auch danach kann er gehalten sein, Maßnahmen zur Gefahrenabwehr durchzuführen.

Weitestgehend unproblematisch sind die Fälle, in denen schon das Inverkehrbringen eines Produktes als pflichtwidrig anzusehen ist, weil zum Beispiel ein Fehler im Bereich der Konstruktion oder Instruktion vorlag.[45] Insoweit ist es unerheblich, ob es sich bei dem vorherigen Verhalten um ein Unterlassen oder ein aktives Tun gehandelt hat.[46]

---

42 *Winkelbauer,* in: Foerste/Graf von Westphalen, ProdHaftHandbuch (Fn. 2), § 82 Rn. 33.

43 *Winkelbauer,* in: Foerste/Graf von Westphalen, ProdHaftHandbuch (Fn. 2), § 82 Rn. 33.

44 *Winkelbauer,* in: Foerste/Graf von Westphalen, ProdHaftHandbuch (Fn. 2), § 82 Rn. 41.

45 *Winkelbauer,* in: Foerste/Graf von Westphalen, ProdHaftHandbuch (Fn. 2), § 81 Rn. 10.

46 *Winkelbauer,* in: Foerste/Graf von Westphalen, ProdHaftHandbuch (Fn. 2), § 81 Rn. 10.

Die Möglichkeiten der Reaktion auf Produktgefahren nach Inverkehrgabe sind vielfältig. Nach der Rechtsprechung[47] sind die Pflichten des Herstellers nicht auf die bloße Warnung beschränkt. Sie reichen etwa dann weiter, wenn die Warnung dem Benutzer nicht ermöglicht, die Gefahr ausreichend einzuschätzen und sein Verhalten darauf einzurichten.[48] Die Mittel können deshalb von einfachen Warnungen über differenzierte Handlungsanweisungen bis hin zum Rückruf der komplett fehlerhaften Serie reichen. Entscheidend für die Wahl des Mittels sind das Maß der Gefahr, die Wahrscheinlichkeit der Gefahrverwirklichung und die Erreichbarkeit der einzelnen Benutzer des Produkts.[49] Auch muss dem Hersteller ein Konkretisierungsspielraum gegeben werden, wobei die tatsächliche Pflichtenbestimmung Frage des Einzelfalls bleibt.[50] Ergreift der Hersteller keine geeigneten Maßnahmen, kann eine strafrechtliche Verantwortlichkeit wegen Unterlassens in Betracht kommen. Außerdem ist er verpflichtet, die Herstellung seines Produktes so zu ändern, dass keine Gefahren mehr von diesem ausgehen.[51]

Schwieriger sind die Fälle zu beurteilen, in denen dem Hersteller kein Pflichtverstoß beim Inverkehrbringen vorzuwerfen ist. Im deutschen Recht ist umstritten, ob eine Strafbarkeit durch Unterlassen in Betracht kommt, wenn kein vorheriges pflichtwidriges Verhalten vorliegt.[52] Inhaltlich geht es um die Frage der Abgrenzung der Verantwortungssphären zwischen Hersteller und Benutzer im Rahmen der Ingerenz.[53] Ein Einstehenmüssen dafür, dass etwas geschieht, ergibt sich bei der Ingerenz daraus, dass der Täter eine Gefahrenlage herbeigeführt hat.[54]

Nimmt man an, die Ingerenz fordere ein pflichtwidriges Vorverhalten, würde sich keine Pflicht zum Rückruf bei Kenntniserlangung von der Gefahr nach Inverkehrgabe ergeben. Zwar kann sich eine Garantenstellung auch aus der Verantwortlichkeit für Sachen als Gefahrenquelle ergeben,[55] jedoch ist diese

47 BGH, Urteil vom 16.12.2008, Az.: VI ZR 170/07, NJW 2009, 1080.

48 *Kuhlen,* in: Achenbach/Ransiek, Handbuch (Fn. 11), S. 100 Rn. 41.

49 BeckOKBGB/*Spindler,* § 823 Rn. 514, 516.

50 *Kuhlen,* in: Achenbach/Ransiek, Handbuch (Fn. 11), S. 100 Rn. 44.

51 MünchKommBGB/*Wagner,* § 823 Rn. 676.

52 Vgl. zu diesem Streit *Fischer,* StGB (Fn. 4), § 13 Rn. 50 ff.; Kindhäuser/Neumann/Paeffgen/*Wohlers/Gaede,* StGB, § 13 Rn. 43; *Weigend,* in: Leipziger Kommentar zum Strafgesetzbuch,12. Aufl. 2007, § 13 Rn. 44 ff.

53 Leipziger Kommentar/*Weigend,* StGB (Fn. 52), § 13 Rn. 44.

54 *Fischer,* StGB (Fn. 4), § 13 Rn. 47 f.

55 *Rengier,* Strafrecht Allgemeiner Teil (AT), 6. Aufl. 2014, § 50 Rn. 45 ff.

Verantwortlichkeit nur im eigenen Zuständigkeitsbereich gegeben.[56] Verlässt also ein pflichtgemäß hergestelltes Produkt den Zuständigkeitsbereich des Herstellers und zeigt sich später ein Fehler, fehlt es nach dieser Ansicht an der Garantenstellung und eine Strafbarkeit gem. § 13 StGB wegen Unterlassen einer Warnung oder eines Rückrufs kommt nicht in Betracht. Denkbar wäre lediglich eine Strafbarkeit wegen unterlassener Hilfeleistung gem. § 323c StGB.[57]

Dem kann aber Folgendes entgegengehalten werden: In der Regel erlangt nur der Hersteller Kenntnis von den Produktfehlern, nachdem das Produkt in den Verkehr gebracht wurde.[58] Der einzelne Benutzer, der auf die Sicherheit des Produktes vertraut, hätte dann mangels Information keine Möglichkeit, sich vor Gefahren zu schützen. Ist es angemessen, dass der Hersteller dann tatenlos bleiben darf, wenn unter Umständen sogar eine tödliche Gefahr für den Benutzer besteht?[59] Dies ist zu verneinen. So geht es im Kern um den Inhalt der Produktbeobachtungspflicht, also darum, ob den Hersteller auch eine Pflicht zur Gefahrvermeidung trifft.[60] Nach hier vertretener Ansicht ergibt sich aus der Produktbeobachtungspflicht auch eine Ingerenzverantwortlichkeit des Herstellers, wenn das Produkt schon fehlerhaft in den Verkehr gebracht worden ist, die Kenntnis des Herstellers davon aber erst später eintrat. Für eine Verantwortlichkeit des Herstellers spricht auch die Behandlung der Produktbeobachtungspflicht im Zivilrecht.[61] Hier ist eine Pflicht zur Reaktion auf später bekanntgewordene Produktgefahren anerkannt.[62] Doch auch die strafrechtliche Rechtsprechung (Lederspray-Entscheidung) sieht zu Recht eine Garantenstellung aus Ingerenz vor, wenn eine bei Inverkehrgabe noch nicht erkannte Gefahr vorliegt und das

---

56 *Winkelbauer,* in: Foerste/Graf von Westphalen, ProdHaftHandbuch (Fn. 2), § 81 Rn. 11.

57 *Winkelbauer,* in: Foerste/Graf von Westphalen, ProdHaftHandbuch (Fn. 2), § 81 Rn. 12.

58 *Winkelbauer,* in: Foerste/Graf von Westphalen, ProdHaftHandbuch (Fn. 2), § 81 Rn. 13.

59 *Winkelbauer,* in: Foerste/Graf von Westphalen, ProdHaftHandbuch (Fn. 2), § 81 Rn. 13.

60 *Winkelbauer,* in: Foerste/Graf von Westphalen, ProdHaftHandbuch (Fn. 2), § 81 Rn. 14.

61 *Winkelbauer,* in: Foerste/Graf von Westphalen, ProdHaftHandbuch (Fn. 2), § 81 Rn. 15; vgl. zur zivilrechtlichen Parallele, MünchKommBGB/*Wagner,* § 823 Rn. 675 ff. BeckOKBGB/*Spindler,* § 823 Rn. 510.

62 *Winkelbauer,* in: Foerste/Graf von Westphalen, ProdHaftHandbuch (Fn. 2), § 81 Rn. 14 ff.

Inverkehrbringen des fehlerhaften Produktes zumindest objektiv pflichtwidrig war.[63]

Es wird argumentiert, dass durch die Figur der bedingten Gestattung einer besonders riskanten Tätigkeit in den Fällen, in denen es an einer pflichtwidrigen Inverkehrgabe fehlt, die strafrechtliche Verantwortung aus Ingerenz begründet werden kann.[64] Derjenige, der „qualifiziert riskante Tätigkeiten ausübt, die sozusagen mit dem mehr oder weniger ausdrücklichen oder stillschweigenden – weil selbstverständlichen – Vorbehalt versehen sind, bei Bedarf gefahrenabwendend tätig zu werden, muss das – wenn er diese Tätigkeit ausüben möchte – dann auch kraft einer entsprechenden Sonderverantwortlichkeit tun"[65]. Übertragen auf die strafrechtliche Produktverantwortung bedeutet dies, dass eine Sonderverantwortlichkeit für das Produkt auch nach dem Inverkehrbringen besteht. Eine Strafbarkeit ist dann anzunehmen, wenn der Hersteller keine Maßnahmen zum Schutz der Benutzer ergreift und der Erfolg eintritt. Die Rechtsprechung zur strafrechtlichen Produktverantwortung hat noch nicht klar dazu Stellung bezogen, ob Ingerenz auch durch pflichtgemäßes Verhalten begründet werden kann. In der Lederspray-Entscheidung wird jedenfalls angenommen, dass trotz fehlender subjektiver Pflichtverletzung ein objektiv pflichtwidriges Vorverhalten eine Garantenstellung aus Ingerenz begründet.[66]

Im Zusammenhang mit der Produktbeobachtungspflicht sei noch darauf hingewiesen, dass dem Hersteller vielfältige Möglichkeiten zur Erfüllung zur Verfügung stehen. So kann er etwa aktiv nach Gefahren durch die auf dem Markt befindlichen Produkte suchen, auch ist ihm zuzumuten, passiv die Informationen auszuwerten, die an ihn herangetragen werden.[67] Die Pflichten nach Inverkehrgabe können nicht durch die Figur des erlaubten Risikos begrenzt werden. Mittels der Figur des „erlaubten Risikos" soll die industrielle Massenfabrikation trotz ihrer inhärenten Gefährlichkeit ermöglicht werden; es soll unter dem Gesichtspunkt der Wirtschaftlichkeit vermieden werden, dass zu hohe Maßstäbe an die Gefahrvermeidung angelegt werden. Dieser wirtschaftlich notwendigen

---

63 *Winkelbauer,* in: Foerste/Graf von Westphalen, ProdHaftHandbuch (Fn. 2), § 81 Rn. 14 ff. mit Verweis auf BGH, Urteil vom 06.07.1990, Az.: 2 StR 549/89, NStZ 1990, 587; vgl. auch *Kuhlen,* in: Achenbach/Ransiek, Handbuch (Fn. 11), S. 98 Rn. 37.

64 MünchKommStGB/*Freund,* Band I, 2. Aufl. 2011, § 13 Rn. 123.

65 MünchKommStGB/*Freund* (Fn. 64), § 13 Rn. 122.

66 BGH, Urteil vom 06.07.1990, Az.: 2 StR 549/89, NStZ 1990, 587; MünchKommStGB/*Freund* (Fn. 64), § 13 Rn. 124.

67 Für das Zivilrecht *Foerste,* NJW 1994, 909; *Kullmann,* in: Kullmann/Pfister/Stöhr/Spindler, Produzentenhaftung, Kennz. 1520, S. 56 f.

Rücknahme rechtlicher Anforderungen ist durch eine strenge Produktbeobachtungspflicht entgegenzuwirken.[68]

3. Die fahrlässige Begehungsweise

Wie schon oben angerissen, werden im Bereich der strafrechtlichen Produktverantwortlichkeit die meisten Delikte nicht vorsätzlich, sondern fahrlässig begangen. Im Gegensatz zum Vorsatzdelikt fehlt es im Rahmen der Fahrlässigkeitsstrafbarkeit an einem subjektiven Tatbestand.[69] Die Sorgfaltspflichtverletzung und die Voraussehbarkeit des Erfolges werden zunächst objektiv bestimmt. Im Kern geht es darum, ob der Erfolg objektiv vorhersehbar war und der Täter die im Verkehr erforderliche Sorgfalt außer Acht gelassen hat.[70] Beide Voraussetzungen sind dabei inhaltlich miteinander verknüpft.[71] Ob sie vorliegen, ist danach zu bestimmen, wie sich aus ex-ante-Sicht ein besonnener und gewissenhafter Dritter aus dem Verkehrskreis des Täters in der konkreten Situation verhalten hätte.[72] Hätte dieser Dritte den Erfolg vorhergesehen und sich anders verhalten, kann die objektive Sorgfaltspflichtverletzung und Vorhersehbarkeit bejaht werden. Erst im Rahmen der Schuld ist zu bestimmen, ob der Täter auch individuell sorgfaltswidrig gehandelt hat und ob der Erfolg individuell vorhersehbar war.[73] Hier kommt also – anders als im Zivilrecht – den subjektiven Fähigkeiten des einzelnen Täters besondere Bedeutung zu, während im Zivilrecht die Fahrlässigkeit rein objektiv zu betrachten ist.[74]

Dies bedeutet nicht, dass derjenige, der subjektiv nicht zu einer ordnungsgemäßen Leistung in der Lage ist, einer strafrechtlichen Verantwortung entgehen kann, wenn er die Leistung dennoch übernimmt.[75] In diesem Fall ist schon die Tätigkeitsübernahme als pflichtwidrig zu qualifizieren, da der Täter voraussehen kann, dass er sich oder sein Unternehmen mit der Übernahme überfordert.[76]

---

68 *Winkelbauer,* in: Foerste/Graf von Westphalen, ProdHaftHandbuch (Fn. 2), § 81 Rn. 45.

69 Konstruktiv wäre es aber möglich, die bewusste Fahrlässigkeit als subjektiven Tatbestand zu prüfen.

70 *Wessels/Beulke/Satzger,* Strafrecht Allgemeiner Teil (AT), 44. Aufl. 2013, Rn. 667.

71 *Wessels/Beulke/Satzger,* AT (Fn. 70), Rn. 667.

72 *Rengier,* AT (Fn. 55), § 52 Rn. 15.

73 BeckOKStGB/*Kudlich,* § 15 Rn. 65.

74 BeckOKBGB/*Unberath,* § 276 Rn. 20.

75 *Winkelbauer,* in: Foerste/Graf von Westphalen, ProdHaftHandbuch (Fn. 2), § 81 Rn. 71.

76 *Winkelbauer,* in: Foerste/Graf von Westphalen, ProdHaftHandbuch (Fn. 2), § 81 Rn. 71; Schönke/Schröder/*Sternberg-Lieben/Schuster,* StGB (Fn. 20), § 15 Rn. 136, 198.

Ein anderer Faktor, der die Schuld beim Fahrlässigkeitsdelikt ausschließen kann, ist die Unzumutbarkeit pflichtgemäßen Verhaltens.[77] Prämisse dabei ist, dass der Täter nur für das strafrechtlich verantwortlich sein soll, was ihm auch zumutbar ist. Typische Fälle sind solche von Arbeitnehmern, die auf Weisung ihres Vorgesetzten eine gefährliche Handlung vornehmen, weil sie bei einer Weigerung ihre Anstellung verlieren könnten.[78] Ob das richtige Verhalten unzumutbar ist, ist durch eine Abwägung zwischen den dem Arbeitnehmer drohenden Nachteilen und der durch sein folgsames Verhalten drohenden Gefahr zu ermitteln.[79]

4. Aspekte der Unterlassungsverantwortlichkeit

Schäden können durch ein Tun, aber auch durch Unterlassen herbeigeführt werden. Wegen der besonderen Voraussetzungen einer Strafbarkeit bei Unterlassen (§ 13 StGB) ist jeweils eine Abgrenzung nach dem Schwerpunkt der Vorwerfbarkeit des Verhaltens vorzunehmen.[80]

Eine strafrechtliche Verantwortlichkeit durch Unterlassen erfordert u.a.[81] das Vorliegen einer Garantenstellung, aus der bestimmte Pflichten resultieren. Nur wenn eine Pflicht zum Handeln besteht, ist ein strafrechtlich relevantes Verhalten durch Unterlassen gegeben. Eine Garantenstellung liegt vor, wenn eine Pflicht besteht, gegen Rechtsgutsgefährdungen einzuschreiten.[82] Die Garantenstellung kann z. B. aus Gesetz, Vertrag, tatsächlicher Übernahme, Verantwortlichkeit für Gefahrenquellen oder Ingerenz folgen. Die häufigsten Fälle im Rahmen der

---

77 Zu beachten ist, dass die Zumutbarkeit auch die objektive Sorgfaltswidrigkeit begrenzen kann. Teilweise wird die Unzumutbarkeit auch als ein allgemeiner übergesetzlicher Entschuldigungsgrund gesehen, vgl. Schönke/Schröder/*Sternberg-Lieben/Schuster,* StGB (Fn. 20), § 15 Rn. 204; Schönke/Schröder/*Lenckner/Sternberg-Lieben,* StGB (Fn. 20), Vor § 32 Rn. 126.

78 *Winkelbauer,* in: Foerste/Graf von Westphalen, ProdHaftHandbuch (Fn. 2), § 81 Rn. 72.

79 *Winkelbauer,* in: Foerste/Graf von Westphalen, ProdHaftHandbuch (Fn. 2), § 81 Rn. 72.

80 *Kühl,* StGB (Fn. 7), § 13 Rn. 3; BGH, Beschluss vom 17.02. 1954, Az.: GSS. 3/53, NJW 1954, 766.

81 Weitere Voraussetzungen des objektiven Tatbestandes sind: Erfolg, Unterlassen, Erforderlichkeit, physisch-reale Möglichkeit der Erfolgsabwendung, Kausalität, Entsprechungsklausel, vgl. *Zieschang,* Strafrecht Allgemeiner Teil, 4. Aufl. 2014, Rn. 587 ff.

82 Schönke/Schröder/*Stree/Bosch,* StGB (Fn. 20), § 13 Rn. 7.

strafrechtlichen Produktverantwortlichkeit sind die Garantenstellungen aus Ingerenz[83] und kraft Übernahme.

Wie schon ausgeführt, kommt der Ingerenz besondere Bedeutung bei der strafrechtlichen Produktverantwortung zu. Anknüpfungspunkt ist die durch den Täter geschaffene Gefahrenlage, für die er einzustehen hat. Hintergrund ist das Verbot, andere zu schädigen („neminem laede"), welches das Gebot umfasst, andere vor selbstgeschaffenen Gefahrenquellen zu schützen.[84] Auch persönlich nicht vorwerfbares Verhalten kann eine Garantenstellung aus Ingerenz auslösen, wenn es objektiv pflichtwidrig ist.[85]

Die Garantenstellung kann auf Dritte übertragen werden.[86] Daher ist derjenige, auf den die Handlungspflicht übertragen worden ist, strafrechtlich bei Nichterfüllung der gebotenen Handlung auf Grund seines Eintritts in die Garantenstellung verantwortlich.[87] So kann sich etwa der einzelne Mitarbeiter strafbar machen, wenn er gegen die Verkehrspflichten, die zum Schutze des Produktbenutzers bestehen und die in seinem konkreten Aufgabenbereich gelten, verstößt und dadurch der Benutzer geschädigt wird.[88] Durch die Übertragung der Garantenstellung wird jedoch der Übertragende nicht von seiner Verantwortung frei. So bleibt er verpflichtet, den Mitarbeiter sorgfältig auszuwählen und zu überwachen.[89]

5. Die Kausalität und ihr Nachweis

Die Nichtvornahme der gebotenen Handlung muss zudem noch kausal für den Eintritt des tatbestandlichen Erfolges sein. Dies ist dann der Fall, wenn durch die Vornahme der gebotenen Handlung der tatbestandliche Erfolg mit an Sicherheit grenzender Wahrscheinlichkeit nicht eingetreten wäre.[90] Nach der „conditio-sine-qua-non"-Formel ist jede Handlung kausal für den Erfolgseintritt, die nicht hinweggedacht werden kann, ohne dass der Erfolg in seiner konkreten Gestalt entfiele.[91] Die Prüfung der Kausalität wirft im Rahmen der strafrechtlichen

83 S. oben II 2 d.

84 Leipziger Kommentar/*Weigend*, StGB (Fn. 52), § 13 Rn. 48 ff.

85 S. oben II 2 d.

86 *Winkelbauer*, in: Foerste/Graf von Westphalen, ProdHaftHandbuch (Fn. 2), § 81 Rn. 17.

87 Leipziger Kommentar/*Weigend*, StGB (Fn. 52), § 13 Rn. 60.

88 *Winkelbauer*, in: Foerste/Graf von Westphalen, ProdHaftHandbuch (Fn. 2), 81 Rn. 17.

89 S. oben II 1; Leipziger Kommentar/*Weigend*, StGB (Fn. 52), § 13 Rn. 60.

90 *Rengier*, AT (Fn. 55), § 49 Rn. 13.

91 *Wessels/Beulke/Satzger*, AT (Fn. 70), Rn. 156.

Produktverantwortung häufig besondere Schwierigkeiten auf.[92] Es kann nämlich oft nicht ohne Zweifel ermittelt werden, welcher naturwissenschaftliche Zusammenhang die Handlung mit dem Erfolg verknüpft.[93] Anders als bei der zivilrechtlichen Produzentenhaftung nach § 823 BGB kennt das Strafrecht keine Beweislastumkehr, sodass der praktische Nachweis von Kausalitätszusammenhängen häufig nur schwer zu führen ist.[94]

Eine besondere Rolle spielt in diesem Zusammenhang der Begriff der „generellen Kausalität". Bereits im Contergan-Verfahren[95] stellte sich das Problem, dass von den naturwissenschaftlichen Sachverständigen nicht exakt nachgewiesen werden konnte, welche chemischen Verbindungen zu dem schädigenden Ereignis geführt hatten. Eine ähnliche Problematik ergab sich später auch in der Lederspray-Entscheidung. Die Rechtsprechung stellt darauf ab, ob sicher gesagt werden kann, dass ein Produkt als Ganzes die Schäden ausgelöst hat. Die Frage, wie dies im Einzelfall genau erfolgte, sei nicht beachtlich. Vielmehr gehe es darum, alle anderen für die Schädigung in Betracht kommenden Ursachen auszuschließen.[96] Es sei „nur" erforderlich festzustellen, „*dass* die inhaltliche Beschaffenheit eines Produkts schadensursächlich war"[97], die Frage, „*warum* diese Beschaffenheit schadensursächlich werden konnte"[98], könne dagegen dahinstehen.

Im Zusammenhang mit beiden Fällen und dem Problem der generellen Kausalität stellt sich des Weiteren die Frage, wie die freie richterliche Beweiswürdigung im Sinne von § 261 StPO und ihr Verhältnis zu naturwissenschaftlichen, gutachterlichen Feststellungen zu beurteilen sind.[99] Bei der generellen Kausalität findet ein „Eliminierungsverfahren" statt.[100] Andere mögliche Erfolgsursachen müssen ausgeschlossen werden, um festzustellen, dass nur ein bestimmter Produktfehler für den Schaden ursächlich sein kann. Dies führt zu zwei Problemen:

---

92 *Kuhlen,* in: Achenbach/Ransiek, Handbuch (Fn. 11), S. 104 Rn. 48.

93 *Beulke/Bachmann,* JuS 1992, 737 (738); *Puppe,* JZ 1994, 1147, 1148.

94 *Kuhlen,* in: Achenbach/Ransiek, Handbuch (Fn. 11), S. 86 Rn. 7.

95 LG Aachen, Urteil vom 18.12.1970, Az.: 4 KMs 1/68, 15 115/67, JZ 1971, 507.

96 Zu dieser Problematik *Kuhlen,* in: Achenbach/Ransiek, Handbuch (Fn. 11), S. 105 f. Rn. 51.

97 *Schmid,* in: Müller-Gugenberger, Wirtschaftsstrafrecht (Fn. 16), § 56 Rn. 47.

98 *Schmid,* in: Müller-Gugenberger, Wirtschaftsstrafrecht (Fn. 16), § 56 Rn. 47.

99 *Schmid,* in: Müller-Gugenberger, Wirtschaftsstrafrecht (Fn. 16), § 56 Rn. 47; *Kuhlen,* in: Achenbach/Ransiek, Handbuch (Fn. 11), S. 105 f. Rn. 51.

100 *Winkelbauer,* in: Foerste/Graf von Westphalen, ProdHaftHandbuch (Fn. 2), § 81 Rn. 53.

Zum einen wird stets ein Rest an Unklarheit verbleiben, da das Gericht nur solche Ursachen ausschließen kann, von denen es Kenntnis hat.[101] Zum anderen kann die Unschuldsvermutung darunter leiden, dass zu viele mögliche Reserveursachen durch das Gericht ausgeschlossen werden.[102]

Im Rahmen der Kausalitätsprüfung beim Unterlassen erkennt die Rechtsprechung die sog. Risikoerhöhungslehre[103] nicht an, die eine Beweislasterleichterung zur Folge hätte, sondern hält am Kausalitätserfordernis zur Bestimmung des Bedingungszusammenhangs fest.[104] Bei der Kausalitätsprüfung ergibt sich zudem die Frage, welche konkret vorzunehmende Handlung den Erfolg hätte entfallen lassen. Wie kann zum Beispiel festgestellt werden, ob ein Rückruf alle Benutzer auch rechtzeitig erreicht hätte und ob die Benutzer dem Rückruf auch nachgekommen wären?[105] Kausalität würde streng genommen nur dann vorliegen, wenn der Rückruf beides sicher zur Folge gehabt hätte.[106]

Die Handlung einer Person kann auch dann kausal für den Erfolg sein, wenn mehrere Personen gehandelt haben. Dies ist bei der strafrechtlichen Produktverantwortung häufig, da regelmäßig das Produkt arbeitsteilig hergestellt wird. Da nach der conditio-sine-qua-non-Formel jegliches Verhalten, was nicht hinweggedacht werden kann, kausal für den Erfolg ist, können für einen eingetreten Schaden mehrere Personen verantwortlich sein.[107] So kann etwa eine Verantwortlichkeit dadurch entstehen, dass der Monteur ein Produkt falsch zusammenbaut und dies vom Kontrolleur im Rahmen der Endkontrolle nicht bemerkt wird. Grundsätzlich kommt dann eine Strafbarkeit beider Personen in Betracht.

---

101 *Winkelbauer,* in: Foerste/Graf von Westphalen, ProdHaftHandbuch (Fn. 2), § 81 Rn. 53.

102 *Winkelbauer,* in: Foerste/Graf von Westphalen, ProdHaftHandbuch (Fn. 2), § 81 Rn. 53.

103 Danach soll darauf abgestellt werden, dass ein pflichtwidriges Verhalten gegenüber einem pflichtgemäßen Verhalten die Gefahr des Erfolgseintritts möglicherweise erhöht hat, was eine Zurechnung gestatten soll, vgl. näher MünchKommStGB/*Freund* (Fn. 64), Vor. § 13 Rn. 313 ff.; *Roxin,* Strafrecht Allgemeiner Teil I (AT I), 4. Aufl., 2006, § 11 Rn. 72 ff.

104 *Kuhlen,* in: Achenbach/Ransiek, Handbuch (Fn. 11) S. 104 Rn. 48.

105 Vgl. hierzu *Winkelbauer,* in: Foerste/Graf von Westphalen, ProdHaftHandbuch (Fn. 2), § 81 Rn. 58 mit einem Beispiel.

106 *Winkelbauer,* in: Foerste/Graf von Westphalen, ProdHaftHandbuch (Fn. 2), § 81 Rn. 58.

107 *Winkelbauer,* in: Foerste/Graf von Westphalen, ProdHaftHandbuch (Fn. 2), § 81 Rn. 54.

Auch bei Gremienentscheidungen entfällt die Kausalität nicht, wenn der pflichtwidrig Abstimmende auch bei pflichtgemäßer Abstimmung vom Gremium überstimmt worden wäre.[108]

III. Strafverfahren zur Produktverantwortlichkeit

Im Folgenden sind einige Strafverfahren aufgeführt, die im Zusammenhang mit strafrechtlicher Produktverantwortung stehen. Genannt werden zum einen die herausragenden Entscheidungen. Zum anderen soll die Vielfalt an Konstellationen dargestellt werden – daher werden auch Verfahren, die ohne Urteil endeten, angesprochen.

1. Contergan-Entscheidung: LG Aachen, Urteil vom 18.12.1970, Az.: 4 KMs 1/68, 15 115/67, JZ 1971, 507

In der Contergan-Entscheidung ging es um die (u.a.) strafrechtliche Verantwortung für Missbildungen an Kindern, die in Folge der Einnahme des Schlafmittels Contergan durch die Mütter auftraten. Im Mittelpunkt der juristischen Diskussion stand vor allem die Nachweisbarkeit der Kausalität zwischen der Einnahme des Präparats und der Entstehung der Missbildungen. Der Fall zeigte auf, dass die conditio-sine-qua-non-Formel Kausalität nicht definiert, sondern bloß ein Kriterium darstellt, um eine nach anderen Regeln definierte Kausalität im Einzelfall festzustellen. Des Weiteren werden Ausführungen zu den Verhaltenspflichten eines ordentlichen und gewissenhaften Arzneimittelherstellers getroffen, wenn bei ihm Meldungen eingehen, in denen ein von ihm vertriebenes Präparat verdächtigt wird, schädliche Nebenwirkungen zu haben.

2. Monza-Steel-Verfahren: LG München II, Az.: IV LKs 58 Js 5543/76

Das Verfahren richtete sich unter anderem gegen Führungskräfte eines Reifenherstellers. Nachdem ein neuer Reifentyp auf den Markt gebracht worden war, zeigten sich Fehler an diesem Produkt, die zu schweren Verkehrsunfällen führten. Vorgeworfen wurde den Führungskräften unter anderem das verfrühte Inverkehrbringen der Reifen und die verspätete Reaktion auf die Unfälle.[109]

---

108 Vgl. unten IV 2.

109 *Winkelbauer*, in: Foerste/Graf von Westphalen, ProdHaftHandbuch (Fn. 2), § 80 Rn. 5.

3. Lederspray-Entscheidung: BGH, Urteil vom 06.07.1990, Az.: 2 StR 549/89, NJW 1990, 2560

In dem Urteil ging es um gesundheitsschädigende Auswirkungen durch die Verwendung eines Ledersprays. Juristisch stand vor allem die Abgrenzung von Vorsatz und Fahrlässigkeit im Zusammenhang mit der Kenntnis des Unternehmens von den Schädigungen im Mittelpunkt der Diskussion. Das Unternehmen, welches das in Rede stehende Lederspray produzierte, hatte nach Hinweisen auf dessen gesundheitsschädliche Wirkung Untersuchungen angeordnet, einen allgemeinen Rückruf allerdings unterlassen und das Mittel weiter vertrieben.[110] Darauf stützte der BGH eine Verantwortlichkeit wegen vorsätzlicher Körperverletzung.[111]

Die Lederspray-Entscheidung wird oft als wichtigste Entscheidung zur strafrechtlichen Verantwortung von Produzenten bezeichnet.[112] Hinsichtlich des Problems der generellen Kausalität erklärt das Gericht, dass der Ursachenzusammenhang zwischen der Beschaffenheit eines Produkts und Gesundheitsbeeinträchtigungen seiner Verbraucher auch dann festgestellt sei, wenn offenbleibt, welche Einzelsubstanz den Schaden ausgelöst hat, sofern andere in Betracht kommende Schadensursachen auszuschließen sind (1. Leitsatz). Des Weiteren sieht der BGH eine Garantenstellung aus Ingerenz, wenn ein Hersteller oder ein Vertriebshändler ein Produkt in den Verkehr bringt, das derart beschaffen ist, dass eine bestimmungsgemäße Verwendung für die Verbraucher – entgegen ihren berechtigten Erwartungen – die Gefahr des Eintritts gesundheitlicher Schäden schafft (2. Leitsatz). Aus dieser Garantenstellung des Herstellers oder Vertriebshändlers ergibt sich die Verpflichtung zum Rückruf des Produktes (3. Leitsatz). Im Zusammenhang mit Gremienentscheidungen stellt der BGH fest, dass jeder Geschäftsführer, der es trotz seiner Mitwirkungskompetenz unterlässt, an der gebotenen Rückrufentscheidung mitzuwirken, eine Ursache für das Unterbleiben der Maßnahme setzt. Dies begründet eine strafrechtliche Verantwortung auch dann, wenn er mit seinem Verlangen, die Rückrufentscheidung zu treffen, am Widerstand der anderen Geschäftsführer gescheitert wäre (6. Leitsatz).

---

110 *Gerst,* in: Böttger, Wirtschaftsstrafrecht in der Praxis (Wirtschaftsstrafrecht), 2011, Kapitel 13 Rn. 23; *Kuhlen,* in: Achenbach/Ransiek, Handbuch (Fn. 11), S. 87 Rn. 12.

111 *Gerst,* in: Böttger, Wirtschaftsstrafrecht (Fn. 110), Kapitel 13 Rn. 24.

112 So z. B. *Kuhlen,* in Achenbach/Ransiek, Handbuch (Fn. 11), S. 87 Rn. 12.

4. Holzschutzmittel-Verfahren: LG Frankfurt, Beschluss vom 27.07.1990, Az.: 26 KLs 65 Js 8793/84, NStZ 1990, 592; OLG Frankfurt, Beschluss vom 19.12.1991, Az.: 1 Ws 206/90; BGH, Urteil vom 02.08.1995, Az.:2 StR 221/94, NJW 1995, 2930

Im Holzschutzmittelverfahren, welches große öffentliche Beachtung fand, ging es um den Verdacht, dass die bestimmungsgemäße Verwendung von Holzschutzmitteln zum Innenanstrich von Wohnungen bei Bewohnern schwere Gesundheitsschäden hervorrufen würde.[113] Ein Ermittlungsverfahren gegen Angestellte des Herstellers wurde eingeleitet.[114] Das Verfahren zog sich lange hin und verschiedene Gerichte befassten sich damit. Schließlich wurde es gem. § 153a StPO eingestellt.[115]

5. Amalgam-Verfahren

Die Staatsanwaltschaft Frankfurt am Main führte ein Ermittlungsverfahren aufgrund des Verdachts durch, dass es durch die Herstellung und den Vertrieb von Zahnfüllstoffen durch die Degussa AG zu Körperverletzungen gekommen sein könnte. Anknüpfungspunkt war die unterlassene Warnung wegen möglicher Gesundheitsschäden durch die Verwendung der Legierung.[116]

6. Verfahren im Bereich Blutkonserven/Blutplasma: LG Göttingen, Urteil vom 23.06.1997, Az.: 6 Ks 13/95; LG Kassel, Urteil vom 18.12.2000, Az.: 800 Js 20985/99 5 Kls, VersR 2001, 1031; BGH, Urteil vom 19. 4. 2000, Az.: 3 StR 442/99, NJW 2000, 2754

Um strafrechtliche Produktverantwortung ging es auch im Zusammenhang mit der Verteilung von infektiösen Blutkonserven und verunreinigtem Blutplasma am Universitätsklinikum in Göttingen: Das LG Göttingen verurteilte einen Arzt wegen Körperverletzung mit Todesfolge, der Proben nicht ausreichend untersucht hatte, mit der Folge, dass eine der mit dem Blut behandelten Personen sich mit HIV infizierte und letztlich verstarb.[117]

---

113 *Kuhlen,* in: Achenbach/Ransiek, Handbuch (Fn. 11), S. 87 Rn. 13.

114 *Kuhlen,* in: Achenbach/Ransiek, Handbuch (Fn. 11), S. 87 Rn. 13.

115 *Kuhlen,* in: Achenbach/Ransiek, Handbuch (Fn. 11), S. 87 Rn. 13.

116 *Winkelbauer,* in: Foerste/Graf von Westphalen, ProdHaftHandbuch (Fn. 2), § 80 Rn. 8.

117 *Kuhlen,* in: Achenbach/Ransiek, Handbuch (Fn. 11), S. 87 Rn. 14.

Im Urteil des LG Kassel ging es (u.a.) darum, dass die Angeklagten nicht unverzüglich im Anschluss an die von ihnen erkannte und festgestellte Infektion des Blutspenders die Empfängerin der Blutplasmaspende über den Sachverhalt informierten. Das LG Kassel verurteilte die Angeklagten wegen fahrlässiger Körperverletzung. Der BGH entschied in einem anderen Urteil, dass die stellvertretende Leiterin des Institutes für Blutgerinnungswesen und Transfusionsmedizin einer Universitätsklinik keine Garantenstellung innehat, wenn Blutkonserven durch unsachgemäßen Umgang verunreinigt werden und die Empfänger des Blutes versterben.[118] Zudem war nach Ansicht des Gerichts das Unterlassen nicht ursächlich.

7. Eissporthallen-Entscheidung: BGH, Urteil vom 12.01.2010, Az.: 1 StR 272/09, NJW 2010, 1087

Wenige Minuten vor der Schließung wegen starken Schneefalls stürzte die städtische Eissporthalle Bad Reichenhall ein. Ein für die Überprüfung verantwortlicher Ingenieur der Halle wurde wegen fahrlässiger Tötung gem. § 222 StGB in 15 Fällen angeklagt, erstinstanzlich zunächst aber freigesprochen. Dieses Urteil wurde vom BGH wieder aufgehoben.

IV. Sonderprobleme im Kontext der strafrechtlichen Produktverantwortlichkeit

Die folgenden Ausführungen betreffen spezielle Problemkreise, die im Rahmen der strafrechtlichen Produktverantwortlichkeit Relevanz besitzen. So stellt sich etwa die Frage nach der Verantwortlichkeit von juristischen Personen, der Rolle Einzelner bei Entscheidungen eines Kollegialorgans und nach dem Bestehen von Amtsträgerverantwortlichkeiten.

1. Rolle der juristischen Person

Nach deutschem Recht kann eine juristische Person bislang[119] nicht Täter im Sinne des Strafrechts sein. Ausländische Rechtsordnungen kennen dagegen die strafrechtliche Verantwortung von juristischen Person durchaus – zu nennen

---

118 *Kuhlen*, in: Achenbach/Ransiek, Handbuch (Fn. 11), S. 87 Rn. 15; vgl. auch die Anmerkungen zum Urteil von *Altenhain*, NStZ 2001, 188.

119 Zu aktuellen Reformvorstößen vgl. V.

sind etwa der anglo-amerikanische Rechtskreis, aber auch unsere europäischen Nachbarn Frankreich, Dänemark oder die Niederlande.[120]

Für die deutsche Perspektive wird vorgebracht, dass juristische Personen nicht als handlungsfähig im natürlichen Sinne angesehen werden könnten.[121] Ihnen fehle die psychisch-geistige Substanz, daher können sie sich nicht äußern.[122] Des Weiteren gilt in Deutschland der Grundsatz „keine Strafe ohne Schuld" („nulla poena sine culpa").[123] Daher setzt die strafrechtliche Schuld eine persönliche Vorwerfbarkeit voraus, die bei juristischen Personen nur schwerlich denkbar ist.[124]

Nichtsdestoweniger können juristische Personen von strafrechtlichen Maßnahmen mittelbar betroffen sein. Zu denken ist etwa an eine Beeinträchtigung durch Verfall oder Einziehung gem. §§ 73 ff. StGB. Hierbei handelt es sich um strafrechtliche Nebenfolgen. Ein Verfall gem. § 73 Abs. 3 StGB ist etwa denkbar, wenn durch Straftaten von Mitarbeitern das Unternehmen Vorteile erlangt hat.[125]

Andererseits kommt die Verhängung eines Bußgeldes durchaus in Frage.[126] Nach § 30 OWiG ist es möglich, Bußgelder von bis zu 1 Mio. EUR gegen ein Unternehmen festzusetzen, wenn die in § 30 Abs. 1 Nr. 1–5 OWiG genannten Personen eine unternehmensbezogene Straftat oder eine Ordnungswidrigkeit begangen haben.[127] Hintergrund dieser gesetzlichen Regelung ist, dass die handelnden Personen erkennen sollen, dass ihr Verhalten nicht nur auf sie, sondern auch auf das Unternehmen nachteilige Auswirkungen haben kann.[128]

Überdies kann ein Strafverfahren durchaus mittelbar Auswirkungen auf ein Unternehmen haben, auch wenn es sich nur gegen eine einzelne Person richtet. Das Strafverfahren kann zu einem Ansehensverlust in der Öffentlichkeit führen, der möglicherweise den Rückgang der Verkaufszahlen der Produkte zur Folge

---

120 *Scholz,* ZRP 2000, 435 (435).

121 *Wessels/Beulke/Satzger,* AT (Fn. 70), Rn. 94.

122 *Roxin,* AT I (Fn. 103), § 8 Rn. 55.

123 *Grützner/Jakob,* Compliance (Fn. 10), Stichwort: Unternehmensstrafrecht.

124 *Wessels/Beulke/Satzger,* AT (Fn. 70), Rn. 94.

125 *Winkelbauer,* in: Foerste/Graf von Westphalen, ProdHaftHandbuch (Fn. 2), § 80 Rn. 15.

126 *Grützner/Jakob,* Compliance (Fn. 10), Stichwort: Unternehmensstrafrecht.

127 *Winkelbauer,* in: Foerste/Graf von Westphalen, ProdHaftHandbuch (Fn. 2), § 80 Rn. 16.

128 *Rogall,* in: Karlsruher Kommentar zum OWiG, § 30 Rn. 16.

hat.[129] In der öffentlichen Wahrnehmung ist nicht die Einzelperson, sondern vielmehr das jeweilige Unternehmen der Täter.[130] Zum anderen kann es auch zu einer negativen Wirkung im Inneren des Unternehmens kommen, zu denken ist etwa an eine Verunsicherung der Mitarbeiter oder Lähmung der Unternehmensführung und eine damit einhergehende sinkende Produktivität.[131]

2. Mitwirkung bei Entscheidungen von Kollegialorganen

Besondere Kausalitätsprobleme wirft die Mitwirkung des Einzelnen bei Kollegialentscheidungen auf. Dabei sind mehrere Fallgruppen zu unterscheiden: Stimmt ein Einzelner pflichtgemäß ab, so wird er strafrechtlich nicht in Verantwortung genommen, auch wenn die Mehrheit des Gremiums anders entscheidet und z. B. einen gebotenen Rückruf unterlässt.[132] Einem solchen Akteur fehlt es jedenfalls am nötigen Vorsatz. Stimmt er pflichtwidrig ab, doch kommt ein entsprechender (pflichtwidriger) Beschluss infolge des Stimmverhaltens der anderen Gremienmitglieder nicht zustande, so kann es sich um einen strafbaren Versuch handeln. Kommt ein pflichtwidriger Beschluss zustande und war das Stimmverhalten eines bestimmten Gremienmitglieds hierfür eine notwendige Bedingung, so liegt die erforderliche Kausalität (i.S.d. conditio-sine-qua-non-Formel) vor; in aller Regel wird auch Vorsatz bejaht werden können.

Am problematischsten ist der Fall, dass das Gremienmitglied pflichtwidrig abstimmt, seine Stimmabgabe aber nicht erforderlich für den pflichtwidrigen Beschluss war, da genügend andere Gremienmitglieder ebenfalls pflichtwidrig gestimmt haben. In derartigen Fällen kann das einzelne Gremienmitglied argumentieren, sein Stimmverhalten sei für den Beschluss nicht kausal i.S.d. conditio-sine-qua-non Formel gewesen, denn wenn man es „hinwegdenke“, würde der Beschluss immer noch – getragen von den Voten der anderen – gefasst. Der BGH hat dieses Problem durch Rekurs auf die Figur der Mittäterschaft gelöst: Jeder Mittäter muss sich das Stimmverhalten der anderen Mittäter zurechnen

129 *Winkelbauer,* in: Foerste/Graf von Westphalen, ProdHaftHandbuch (Fn. 2), § 80 Rn. 13.

130 *Winkelbauer,* in: Foerste/Graf von Westphalen, ProdHaftHandbuch (Fn. 2), § 80 Rn. 13.

131 *Winkelbauer,* in: Foerste/Graf von Westphalen, ProdHaftHandbuch (Fn. 2), § 80 Rn. 13.

132 BGH NStE Nr. 5 zu § 223 StGB (Mandelbienenstich); *Kuhlen,* in: Achenbach/Ransiek, Handbuch (Fn. 11), S.108 Rn. 56, *Neudecker,* Die strafrechtliche Verantwortlichkeit der Mitglieder von Kollegialorganen: dargestellt am Beispiel der Geschäftsleitungsgremien von Wirtschaftsunternehmen, 1995, S. 203 ff., 245.

lassen. Auch wenn die Einzelstimme nicht kausal war, waren doch die gleichförmigen Stimmabgaben zusammen nicht „wegdenkbar", ohne dass der Erfolg entfiele.[133] Strukturell handelt es sich um einen Fall alternativer Kausalität.[134] Auch bei Fahrlässigkeitstaten bejaht der BGH die Kausalität der Einzelvoten,[135] obgleich nach (noch) h.M.[136] Mittäterschaft beim Fahrlässigkeitsdelikt nicht möglich ist.[137]

Problematisch ist in diesem Zusammenhang auch, ob eine Enthaltung oder eine Gegenstimme des Einzelnen stets ausreicht, um einer strafrechtlichen Verantwortlichkeit zu entgehen, oder ob im Einzelfall vom dissentierenden Gremienmitglied zusätzliche Gegenmaßnahmen ergriffen werden müssen. Unter welchen Umständen ein Überstimmter zu weiteren Maßnahmen verpflichtet ist, ist noch nicht abschließend geklärt. Grundsätzlich ist das Mitglied eines Kollegialorgans nicht zur Abwehr von aus dem Beschluss herrührenden weiteren Gefahren verpflichtet, weil ihm der Beschluss nicht zugerechnet werden kann – er hat kein pflichtwidriges Risiko geschaffen.[138] Jedoch wird angenommen, dass in besonderen Ausnahmefällen eine solche Verpflichtung besteht. Dies soll etwa der Fall sein, wenn durch eine zweifelsfrei unrichtige Entscheidung eines Kollegialorgans besonders hochrangige Rechtsgüter, wie Leben oder Gesundheit des Verbrauchers, gefährdet werden.[139] Dem Einzelnen werden in erster Linie nur unternehmensinterne Maßnahmen zumutbar sein, da es für externe Maßnahmen an der Garantenpflicht fehlt.[140]

---

133 BGHSt 37, 106 (129); zustimmend etwa *Beulke/Bachmann,* JuS 1992, 737 (742 f.); *Hilgendorf,* Produzentenhaftung (Fn. 1), S. 225 f.; *Kuhlen,* NStZ 1990, 566 (569 f.); *ders.,* in: Achenbach/Ransiek, Handbuch Wirtschaftsstrafrecht, S. 108 Rn. 57 f.; a.A. *Puppe,* JR 1992, 27 (32 ff.); *Neudecker,* Kollegialorgane (Fn. 132), S. 224 f., 257 f.

134 *Winkelbauer,* in: Foerste/Graf von Westphalen, ProdHaftHandbuch (Fn. 2), § 81 Rn. 55.

135 BGHSt 37, 106, 130 ff.

136 *Baumann/Weber/Mitsch,* Strafrecht Allgemeiner Teil, 11. Aufl., 2003, § 29 Rn. 90; *Jescheck/Weigend,* Strafrecht Allgemeiner Teil, 5. Aufl., 1996, § 63 S. 676 f.; *Puppe,* GA 04, 129; vgl. zur im Vordringen befindlichen a.A. z. B. *Roxin,* Strafrecht Allgemeiner Teil II, 2003, § 25 Rn. 242 und *Rengier,* AT (Fn. 55), § 53 Rn. 3 ff.

137 Dem BGH im Ergebnis zustimmend, jedoch mit anderer Begründung *Hilgendorf,* NStZ 1994, 561, 563 ff.; *Kuhlen,* NStZ 1990, 566, 570; *Neudecker,* Kollegialorgane (Fn. 132), S. 224 f.

138 Schönke/Schröder/*Sternberg-Lieben/Schuster,* StGB (Fn. 20), § 15 Rn. 218.

139 *Kuhlen,* in: Achenbach/Ransiek, Handbuch (Fn. 11), S. 103 Rn. 47.

140 *Kuhlen,* in: Achenbach/Ransiek, Handbuch (Fn. 11), S. 103 Rn. 47.

3. Amtsträgerverantwortlichkeiten

Grundsätzlich können auch Amtsträger für bestimmte Produktfehler zur Verantwortung gezogen werden, etwa im Arzneimittelrecht. Soweit ein Amtsträger ein Arzneimittel trotz vorhandener Versagungsgründe zulässt, kommt eine strafrechtliche Verantwortlichkeit in Betracht.[141] Eine Strafbarkeit kann auch durch ein Unterlassen begründet werden, zum Beispiel dann, wenn der Amtsträger die Möglichkeiten der Rücknahme und des Widerrufs der Zulassung nicht nutzt.[142]

V. Reformbestrebungen und Ausblick

Die strafrechtliche Produzentenverantwortlichkeit hat zwar keine so zentrale Bedeutung wie die zivilrechtliche Produkt- und Produzentenhaftung, jedoch vermag sie die zivilrechtlichen Verantwortungsregelungen in wirksamer Weise zu flankieren. Die vielen Probleme im Zusammenhang mit der strafrechtlichen Produktverantwortlichkeit – angefangen von ungelösten dogmatischen Streitfragen über Vollzugsdefizite bis hin zu extrem unübersichtlichen und deshalb möglicherweise sogar verfassungswidrigen Detailregelungen legen es jedoch nahe, über Reformen nachzudenken.

Eine erste Reformlinie zielt auf die Einführung einer Strafbarkeit von juristischen Personen auch in Deutschland.[143] Die Auseinandersetzungen darüber sind freilich schon alt.[144] Derartige Vorstöße dürften mit der offenen Sympathie des europäischen Normgebers für eine Verbandsstrafbarkeit zusammenhängen.[145] Die Widerstände in Deutschland sind freilich groß. Nach hier vertretener Ansicht sind Modifikationen beim klassischen Verständnis des Schuldprinzips möglich und auch sinnvoll. Das Recht definiert seine Begriffe selbst. Grundsätzlich steht der Einführung einer Unternehmensstrafbarkeit deshalb nichts im Wege.

141 MünchKommStGB/*Freund,* Band VI, Nebenstrafrecht I (Nebenstrafrecht I), 2. Aufl. 2013, 2. Kapitel, Komm. zu §§ 21–37 AMG Rn. 23.

142 MünchKommStGB/*Freund,* Band VI, Nebenstrafrecht I (Fn. 141), 2. Kapitel, Komm. zu §§ 21–37 AMG Rn. 23.

143 Zur aktuellen Diskussion etwa *Jäger,* FS Roxin, 2012, S. 43 ff.; *Leipold,* ZRP 2013, 34 ff.; weitere Nachweise bei *Kühl,* StGB (Fn. 7), § 14 Rn. 1a.

144 *Hilgendorf,* Produzentenhaftung (Fn. 1), S. 69 ff.

145 Zu den Impulsen aus der internationalen Diskussion zur Verbandsstrafbarkeit vgl. z. B. Schönke/Schröder/*Heine/Weißer,* StGB (Fn. 20), Vor § 25 Rn. 124 ff.

Eine zweite Reformlinie fordert die Einführung eines Sondertatbestandes der strafrechtlichen Produktverantwortlichkeit. So hat *Freund* folgenden Tatbestand vorgeschlagen:

> „§ 232 Lebens- und Gesundheitsgefährdung durch Produkte
>
> Wer zu verantworten hat, dass ein Gegenstand in Verkehr gelangt oder bleibt oder zum Inverkehrbringen bereitgehalten wird, obwohl dieser geeignet oder dringend verdächtig ist, andere widerrechtlich an Leib oder Leben zu schädigen, wird mit Freiheitsstrafe bis zu fünf Jahren oder mit Geldstrafe bestraft.
>
> Wer in den Fällen des Absatzes 1 fahrlässig handelt, wird mit Freiheitsstrafe bis zu drei Jahren oder Geldstrafe bestraft."[146]

Einerseits sollte Ausweitungen des Strafrechts schon im Hinblick auf das ultima ratio-Prinzip stets skeptisch begegnet werden. Andererseits würde der Vorschlag wohl einen Großteil der mit der strafrechtlichen Produkthaftung verbundenen Probleme eliminieren. Angesichts der Tatsache, dass die Produkthaftung immer mehr an Bedeutung zunimmt, besteht jedenfalls ein erheblicher Klärungsbedarf, möglicherweise aber auch gesetzgeberischer Handlungsbedarf.[147]

---

146 MünchKommStGB/*Freund,* Nebenstrafrecht I (Fn. 141), Vor § 95 AMG Rn. 81.

147 Eingehend zu pro und contra des Vorschlags *Reus,* Risikogesellschaft (Fn. 1), S. 173 ff.

Kanako Takayama

Landesreferat zum Thema des strafrechtlichen Umgangs mit Produktgefahren in Japan

I. Einleitung

In Japan wird der strafrechtliche Umgang mit Produktgefahren grundsätzlich im Rahmen des *fahrlässigen Erfolgsdelikts* diskutiert. Die Hauptkategorie ist dabei die fahrlässige Tötung und Körperverletzung bei geschäftlicher Tätigkeit.[1]

§ 211 jStGB Satz 1

(Fahrlässige Tötung/Körperverletzung bei der geschäftlichen Tätigkeit[2]):

Wer durch Fahrlässigkeit in einer geschäftlichen Tätigkeit den Tod oder die Körperverletzung eines Menschen verursacht, wird mit Freiheitsstrafe mit oder ohne Sträflingsarbeit bis zu fünf Jahren oder mit Geldstrafe bis zu einer Million Yen bestraft.

Die Rechtsprechung des Obersten Gerichtshofs erachtet neben der Geschäftstätigkeit drei Elemente als notwendige Voraussetzungen für die Erfüllung des Tatbestands: ***a)*** ein Fehlverhalten, ***b)*** dessen Kausalität für den Erfolg bzw. die objektive Vermeidbarkeit des Erfolgs, und ***c)*** die subjektive Vorhersehbarkeit des Erfolgs und des wesentlichen Kausalverlaufs.[3]

---

1 Die englische Übersetzung des jStGB findet sich unter: http://www.japaneselawtranslation.go.jp/law/detail_main?re=02&vm=02&id=1960 (Stand: 01.04.2009).

2 Gemäß § 211 S. 2 jStGB wird die grobe Fahrlässigkeit der einfachen gleichgesetzt. Unter geschäftlicher Tätigkeit sind nicht nur Dienstleistungen, sondern nahezu sämtliche Tätigkeiten zu verstehen, für die eine gesetzliche Qualifikation erforderlich ist (z. B.: Jagd mit einem Gewehr). Das Autofahren gehört begrifflich dazu, aber Verkehrsunfälle fallen unter ein Sonderstrafgesetz (Gesetz Nr. 86 v. 27.11.2013, Gesetz über die Bestrafung von Tötung und Körperverletzung u. a. beim Autofahren) als qualifizierte Straftaten. Die Höchststrafe der einfachen fahrlässigen Tötung (§ 210) ist Geldstrafe bis zu fünfhunderttausend Yen. Diejenige der einfachen fahrlässigen Körperverletzung (§ 209) ist Geldstrafe bis zu dreihunderttausend Yen (Antragsdelikt).

3 Teilweise wird vertreten, dass diese Stellungnahme durch angloamerikanisches Recht beeinflusst ist. Der historische Hintergrund ist aber nicht hinreichend geklärt.

Die praktische Anwendung des § 211 Satz 1 jStGB ist beträchtlich weit. Unter dem Opportunitätsprinzip der Anklageerhebung werden gleichzeitig mehrere Personen wegen eines einzigen Unfalls angeklagt. Auch die Gerichte haben in der Regel alle Angeklagten als Nebentäter verurteilt. Der Oberste Gerichtshof vermeidet, auf die umstrittene Frage nach der fahrlässigen Mittäterschaft einzugehen. Vorsätzliche Tötung bzw. Körperverletzung wird normalerweise nicht angenommen.

Die Literatur steht dagegen wesentlich unter dem Einfluss des deutschen Rechts. Die frühere psychologische Schuldlehre verstand Vorsatz und Fahrlässigkeit als zwei Schuldformen. Sie wurde aber nach dem Anstieg der Verkehrsunfälle dafür kritisiert,[4] weil für einen Autofahrer die Möglichkeit eines Unfalls schon immer voraussehbar sein müsste. Die sogenannte „neue Fahrlässigkeitstheorie" versucht, durch den Begriff der „sorgfaltswidrigen Handlung" die Strafbarkeit zu begrenzen. Allerdings wurde danach noch die „Befürchtungstheorie" vertreten, die die Erweiterung der Strafbarkeit verlangte – vor allem in den Fällen der Krankheit durch Umweltverschmutzung. Diese Theorie ging von der hohen Strafwürdigkeit in diesen Fällen aus und sah die subjektive Vorhersehbarkeit des Erfolgs nicht mehr als Voraussetzung der Strafbarkeit, denn neue Krankheiten[5] waren niemandem bekannt gewesen. Danach reiche die bloße Möglichkeit irgendeiner „Befürchtung" als subjektives Fahrlässigkeitselement aus. Die herrschende Lehre meint jedoch, dass diese Ansicht gegen das Schuldprinzip verstoße. Heute liegt der Schwerpunkt der Diskussion auf der Frage, wie man die Ausdehnung der Nebentäterschaft in der Praxis bremsen kann.

Neben der Strafbarkeit des fahrlässigen Erfolgsdeliktes gibt es in Japan noch die *vorsätzlichen abstrakten Gefährdungsdelikte*. Sie sind in Nebenstrafgesetzen geregelt und definiert, wie etwa im Bereich der Lebensmittelhygiene oder der Sicherheit von Verbrauchsgütern. In den meisten Nebenstrafgesetzen ist die *Bestrafung juristischer Personen* möglich, während das jStGB eine solche nicht vorsieht.

---

4 Im Jahr 1970 gab es 16.765 Verkehrstote, Das Ministerium der Justiz, Weißbuch der Kriminalität, 2010, Appendix 1–5 (auf Englisch erhältlich): http://hakusyo1.moj.go.jp/en/59/nfm/n_59_2_1_3_1_1.html.

5 Im Rahmen des Contergan-Falls gab es in Japan 309 Verletzte und unzählige totgeborene Kinder. Mangels nachweisbarer Vorhersehbarkeit wurde keine strafrechtliche Anklage erhoben. Auch Zivilprozesse waren für die Kläger nicht erfolgreich. Zwischen den Verletzten einerseits und dem Arzneimittelhersteller sowie dem Staat wurde 1974 ein Vergleich geschlossen.

Als dritter in Betracht zu ziehender Straftatbestand kann die Fälschung genannt werden. Im Bereich des Lebensmittelstrafrechts gibt es eine Serie von Verurteilungen vor allem wegen Betrugs, Subventionsbetrugs und unwahrer Angaben im Sinne des Gesetzes gegen unlauteren Wettbewerb. Da es hier nicht direkt um die Gefahr für Leib und Leben geht, werden im Folgenden hauptsächlich die ersten zwei erwähnten Deliktstypen behandelt.

II. Gerichtliche Entscheidungen

Die verschiedenen Streitpunkte bei Produktgefahren werden hier anhand von drei Fällen gezeigt. Beim ersten Urteil geht es um die Verwirklichung eines unbekannten Risikos und damit die Vorhersehbarkeit des Erfolgs. Im zweiten Fall werden die konkurrierenden Verkehrspflichten des Herstellers und der anderen Inverkehrbringer sowie die Amtsträgerverantwortlichkeit behandelt. Beim dritten Fall geht es um die Unterlassungsverantwortlichkeit und den Nachweis der Kausalität.

1. Milchpulver (LG Tokushima, Urteil v. 28.11.1978)

Das Milchpulver, das 1955 in Verkehr gebracht wurde, verursachte innerhalb von zwei Jahren den Tod von mindestens 130 Kleinkindern. 12.000 erlitten Körperverletzungen. Das Pulver enthielt das tödliche Halbmetall Arsen. Sowohl der Fabrikdirektor als auch der Abteilungsleiter für die Herstellung wurden wegen fahrlässiger Tötung und Körperverletzung in der Geschäftstätigkeit angeklagt. Das Landgericht sprach die beiden im Jahr 1963 mangels *Vorhersehbarkeit des Erfolgs* zunächst frei. Die Firma der Milchprodukte hatte für das Pulver den Stoff Dinatriumhydrogenphosphat, eigentlich bestimmt für den *industriellen* Gebrauch, benutzt, das jedoch an sich nicht schädlich sein sollte. Sie hatte diese Substanz bei einem Pharmahersteller gekauft. Dieser hat sie zu einem Zeitpunkt von einem Chemiekonzern erworben, zu dem das betreffende Arsen bereits enthalten gewesen war. Bis dahin hatte es niemals einen solchen Unfall gegeben. Keiner von den beiden liefernden Firmen wurde angeklagt, denn die Vorhersehbarkeit des Erfolgs konnte ihnen nicht nachgewiesen werden. Grundsätzlich war das Dinatriumhydrogenphosphat bloß als Waschmittel genutzt worden, als Zutat im Milchpulver galt es als ein „Geheimrezept".

Das Oberlandesgericht hob das Urteil auf und wies die Sache mit der Begründung zurück, dass bei den Angeklagten die Vorhersehbarkeit doch zu bejahen gewesen sei. Dagegen legten die Angeklagten Revision ein, die der Oberste Gerichtshof als unrechtmäßig zurückwies. Unter Heranziehung der

„Befürchtungstheorie" verurteilte das LG diesmal den Abteilungsleiter für die Herstellung zu einer dreijährigen Freiheitsstrafe. Der gegen ihn erhobene Vorwurf stützte sich darauf, dass er jedes Paket der gelieferten Substanz durch seine Angestellten hätte kontrollieren lassen müssen, um die Möglichkeit einer Verunreinigung auszuschließen. Der Fabrikleiter hingegen wurde freigesprochen, da im Zeitpunkt seines Dienstantrittes die Zugabe des Dinatriumhydrogenphosphats bereits praktiziert wurde und er nicht wusste, dass die Substanz ausschließlich für den industriellen Gebrauch vorgesehen war.[6]

2. HIV-Blutderivat (OGH, Beschluss v. 03.03.2008, u.a.)

In den 80er Jahren war das Risiko des Blutderivates wissenschaftlich noch umstritten. Es wurden mehrere Hundert Hämophilie-Erkrankte durch das Verabreichen einer Bluttransfusion mit dem HI-Virus infiziert. Ein Mediziner, drei Vorstandsmitglieder des Pharmaunternehmens und ein zuständiger Amtsträger des Ministeriums für Gesundheit wurden 1996 wegen fahrlässiger Tötung durch Geschäftstätigkeit jeweils in drei Fällen angeklagt. Sowohl der Mediziner[7] als auch ein Vorstandsmitglied, der Hauptgeschäftsführer des Unternehmens, starben noch während des Prozesses.

Das Oberlandesgericht Osaka verurteilte jedoch den Firmenpräsidenten rechtskräftig zu einer 18-monatigen und den Vize-Präsidenten als Abteilungsleiter für die Forschung zu einer 14-monatigen Freiheitsstrafe.[8] Das Urteil knüpft an zwei *Fehlverhaltensweisen* der Angeklagten an: Erstens verkauften sie, statt eines sicheren Ersatzproduktes, das mit dem HI-Virus infizierte Blutderivat. Zweitens zogen sie das schon verkaufte Blutderivat nicht zurück, sodass insoweit

---

6 *Keisai Geppo,* Offizieller Monatsbericht der LG-Entscheidungen in Strafsachen, Bd. 5 Nr. 11, S. 1473; Hanrei jiho Nr. 721, 7, 7; Hanrei times Nr. 302, 123, 123.

7 In dem nicht rechtskräftig gewordenen Urteil vom LG Tokio war seine Unschuld im Jahre 1985 anerkannt worden. Das Urteil verneinte die Sorgfaltswidrigkeit des Angeklagten, da ein durchschnittlicher Facharzt das Ersatzprodukt mit diesen Nebenwirkungen nicht benutzt hätte, obwohl das LG die subjektive Vorhersehbarkeit des Erfolgs nicht völlig ausschloss (Urteil v. 28.03.2001, Hanrei jiho Nr. 1763, 17, 17; Hanrei times Nr. 1076, 96, 96). Die herrschende Lehre kritisiert diese Begründung, da die höhere Kenntnis des überdurchschnittlich informierten Angeklagten auch eine höhere Pflicht begründen könne. Den Verletzten und den Hinterbliebenen ist ein Vergleich mit dem Staat gelungen.

8 Urteil v. 21.08.2002, Hanrei jiho Nr. 1804, 146, 146; Hanrei times Nr. 1042, 94, 94. Die Berufung der Angeklagten wurde von dem OGH am 29.06.2009 zurückgewiesen.

eine *Unterlassungsverantwortlichkeit* nachgewiesen werden konnte. Hätten die Verurteilten mindestens eine dieser Verhaltensweisen durch Überzeugungsarbeit auf der geschäftsführenden Versammlung verhindert, wäre der Erfolg nicht herbeigeführt worden. Jeder der Angeklagten soll in der Lage gewesen sein, dies *allein* zu leisten. Damit sei die *Kausalität* als Vermeidbarkeit des Erfolgs zu bejahen gewesen. Was die *Vorhersehbarkeit* betrifft, hätten die beiden spätestens in der letzten Hälfte der 80er Jahre genug Informationen über das Risiko des Blutderivates gehabt, sodass ein Rückruf noch möglich gewesen wäre.

Das Gericht räumte indessen ein, dass im Zeitpunkt des Fehlverhaltens der Angeklagten auch andere Pharmaunternehmen entsprechende Produkte weiter verkauften. Das Ministerium für Gesundheit hat zu Unrecht den Verkauf des gefährlichen Blutderivates uneingeschränkt zugelassen, sodass bei den Angeklagten Schwierigkeiten sowohl bei der objektiven Vermeidung des Erfolges als auch bezüglich dessen subjektiver Annahme anzunehmen waren.

Daneben wurde der Abteilungsleiter für Bioarzneimittel des Ministeriums für Gesundheit, der für die Bekämpfung der HIV-Infektion zuständig gewesen war, durch den Obersten Gerichtshof für schuldig bezüglich derselben Todesfolge wie bei dem Pharmaunternehmen erklärt.[9] Hier ging es jedoch ausschließlich um die Strafbarkeit wegen fahrlässiger Tötung durch *Unterlassen*, für die der Angeklagte zu einer einjährigen Freiheitsstrafe mit zweijähriger Bewährungsfrist verurteilt wurde. Nach dem OGH habe der Angeklagte es versäumt, das gefährliche Blutderivat durch das Pharmaunternehmen möglichst schnell zurückzuziehen und auch den Gebrauch durch die Ärzte zu verhindern. Seine Garantenpflicht begründe sich auf seine Stellung als Abteilungsleiter. Die Verhinderung des Erfolgs sei darüber hinaus nicht schwierig gewesen. Er soll in der Lage gewesen sein, die Folgen seines Unterlassens vorauszusehen. Allerdings gibt der OGH auch zu, dass der Angeklagte an der Herbeiführung des Erfolgs nicht allein schuld war. Als Ergebnis kann daher festgehalten werden: Alle Gerichte gingen von der Nebentäterschaft sämtlicher Angeklagten wegen desselben Todesfalls aus.

---

9 Beschluss v. 03.03.2008, Keishu, (OGH-Entscheidungen in Strafsachen) Bd. 62 Nr. 4, 567, 567. Eine englische Übersetzung ist erhältlich unter: http://www.courts.go.jp/english/judgments/text/2008.03.03-2005.-A-.No.947.html. Das LG und das OLG verneinten die Strafbarkeit wegen der Unterlassung im in Fn. 7 erwähnten Fall, sie verurteilten ihn aber wegen seiner Unterlassung im Fall des Pharmaunternehmens aus dem Jahr 1986. In der Zwischenzeit habe es erhebliche Entwicklungen sowohl in der wissenschaftlichen Kenntnis als auch der Verfügbarkeit des Ersatzproduktes gegeben.

3. Mangelfahrzeug (OGH, Beschluss v. 8.2.2012, u.a.)

In der in Rede stehenden Entscheidung ging es um Kraftfahrzeuge, deren Hub mangelhaft war. Das Problem war dem Hersteller nach Beschwerden von Kunden schon seit den 70er Jahren bekannt. Die Firma zog insgesamt etwa 600.000 Autos zurück und machte dies weder der Regierung noch den Kunden bekannt. 2001 erließ das Amtsgericht Tokio einen Strafbefehl mit einer Geldstrafe in Höhe von 400.000 bzw. 200.000 Yen gegen das Automobilunternehmen und seinen Vize-Präsidenten wegen der falschen Berichterstattung entgegen dem „Gesetz über Kraftfahrzeuge und Transport auf Straßen". Trotzdem gab das Unternehmen keine weiteren Informationen über den Mangel an. Im Jahr 2002 führte dies schließlich zu zwei tödlichen Verkehrsunfällen. Im ersten Unfall fiel ein 140 kg schwerer Reifen eines Lkw herunter und traf eine Passantin mit ihren zwei Kindern. Die Mutter kam ums Leben, ihre Kinder erlitten Verletzungen. In dem zweiten Fall starb der Fahrer des Lkw wegen eines heftigen Zusammenstoßes mit einer Betonanlage auf der Straße. Die Bremse war mangelhaft. Erst 2004 entschloss sich das Automobilunternehmen zu einem öffentlichen Rückruf.

Aufgrund des ersten Todesfalls erhob die Staatsanwaltschaft im Jahr 2005 Anklage gegen den Abteilungsleiter für die Qualitätsgarantie des Unternehmens und gegen einen Gruppenleiter, der für bestimmte Produktionsteile zuständig gewesen war. Letzterem waren 1999 etwa 14 Fälle eines mängelbehafteten Hubs bekannt gewesen. Er hatte diese Tatsachen verschwiegen, weswegen weder Untersuchungen noch Besprechungen stattgefunden hatten. Nach einem Unfall durch den Ausfall eines Busreifens im Jahre 1999 wurde sich der Abteilungsleiter zwar des Risikos bewusst, aber er vertraute auf die Richtigkeit der sachlich falschen Angabe des Gruppenleiters und traf die erforderlichen Maßnahmen für den Rückruf nicht.

Der Oberste Gerichtshof billigte die Verurteilung des LG und des OLG.[10] Er stellte die subjektive *Vorhersehbarkeit* des Erfolgs dadurch fest, dass das Zerbrechen des Hubs im Allgemeinen sehr ungewöhnlich sei und es trotzdem acht Mal zuvor passiert ist. Aufgrund beiderseitigem Verhalten lag der Streitpunkt im Rahmen der *Kausalität*; dies betonte auch der OGH.

Hier stellten sich zwei Fragen: Wurde der Unfall gerade durch das Zerbrechen des Hubs und nicht etwa durch ein unangemessenes Verhalten des

---

10 Beschluss v. 08.02.2012, Keishu, Bd. 66 Nr. 4, 200, 200. Eine englische Übersetzung ist erhältlich unter: http://www.courts.go.jp/english/judgments/text/2012.02.08-2009.-A-.No.359.html. Die Großmutter der verletzten Familie gewann 2007 den Zivilprozess gegen den Hersteller.

Fahrers verursacht? Und hätten die Angeklagten den weiteren Gebrauch dieses gefährlichen Hubs jeweils allein verhindern können? Der OGH bejahte beides. Nach dem Beschluss reiche es im Hinblick auf die erste Frage aus, dass der Mangel eine (Mit-)Ursache war. Ohne ihn wäre der Erfolg nicht eingetreten. Was die zweite Frage angeht, hätte der Gruppenleiter wegen seiner Kenntnis und der Abteilungsleiter wegen seiner höchsten Position jeweils allein den Rückruf des Kraftwagens (ggf. in Zusammenarbeit mit der Regierung) initiieren können.[11]

III. Problematik unbegrenzter Nebentäterschaft

Mir erscheint es problematisch, dass die Rechtsprechung die Nebentäterschaft uferlos anerkennt. Dies zeigt etwa der letzte Fall des Mangelfahrzeugs. Wenn so viele gleiche Fälle des an sich seltenen Reifenausfalls vorkommen, kann den Angeklagten möglicherweise sogar *dolus generalis* unterstellt werden. Aber weder der Staatsanwalt noch die Gerichte ziehen diesen in Betracht. Der Grund ist wohl folgender: Hätten die zwei die Erfolgsherbeiführung beabsichtigt, wären sie keine Mittäter, da ihr Tatentschluss nicht gemeinsam, sondern voneinander unabhängig gefasst worden ist. Sollten die beiden dann als Nebentäter bestraft werden oder nur einer als Alleintäter?

Meiner Ansicht nach hat in dem vorliegenden Fall der Gruppenleiter die „Tatherrschaft kraft überlegenen Wissens“ und war damit Garant. Dann wäre der Abteilungsleiter kein Nebentäter, sondern höchstens ein Gehilfe. Gleiches gilt für den Vize-Präsidenten in den HIV-Fällen. Solch ein Wissen hatte im Milchpulver-Fall wohl niemand. Aber die Rechtsprechung begrenzt die Täterschaft im Bereich des fahrlässigen Delikts nicht. Deswegen weist ein Teil der Literatur darauf hin, dass sie dort den einheitlichen Täterbegriff anwendet. In den anderen Unfallkategorien, wie z. B. der des medizinischen Missgeschicks, ist der Umfang der Täterschaft durch die Rechtsprechung noch vergrößert worden. Es ist fraglich, ob die fahrlässige Beihilfe so streng zu bestrafen ist. Mein „Dogma der einzigen Täterschaft“ genießt allerdings bislang keine große Unterstützung in der Literatur.

11 Die Firma (Mitsubishi) und auch der vorherige Strafbefehl waren der Allgemeinheit bekannt. Aber Richter Mutsuo Tahara vertrat eine gegenteilige Meinung, nach der die Kausalität wegen Wartungsfehlern und ungewöhnlichen Gebrauchs bei diesem Auto fragwürdig sei.

IV. Ausblick

Zusammenfassend soll nach der japanischen Rechtsprechung jeder die Täterschaft und die Garantenpflicht haben, der physikalisch irgendwie allein den Erfolg hätte verhindern können. Diese Lösung ist aber weder erforderlich noch wünschenswert: Unabhängig von der Bestrafung ist die zivilrechtliche Entschädigung möglich. In Japan gilt der Begriff der Rechtswidrigkeit nicht einheitlich in allen Rechtsgebieten. Die Produkthaftung im japanischen Recht greift weiter als die strafrechtliche Verantwortung.[12] Der unbegrenzte Täterschaftsbegriff für die Fahrlässigkeitsdelikte bezieht zu viele an der Organisation Beteiligte in die Strafbarkeit mit ein und lässt damit die „tatsächliche" Verantwortlichkeit verschwimmen. Dies ist unter Präventionsgesichtspunkten wenig wünschenswert.

Wie der Mangelfahrzeug-Fall zeigt, sind für die Verhinderung eines Unfalls entsprechende Kontrollen ausschlaggebend. Wären die Angaben nicht der Fälschung zugänglich gewesen, dann wäre es aller Wahrscheinlichkeit nach nicht zu einem Unfall gekommen. Kommen dann für die weitere Verwendung die vorsätzlichen abstrakten Gefährdungsdelikte in Frage? Das ist zu verneinen: Man könnte zwar zunächst davon ausgehen, dass Sanktionen für Unternehmen effektiver sein können als die Verfolgung natürlicher Personen wegen einer Tat nach dem StGB. Tatsächlich gibt es in Japan Hunderte von Nebenstrafgesetzen mit der Strafbarkeit juristischer Personen. Die Rückrufpflicht ist in einigen Gesetzen vorhanden, wie in den Bereichen der Lebensmittelhygiene oder der Sicherheit von Arzneimitteln, Gas- und Elektroartikeln usw. Durch die Verstärkung dieser Nebenstrafgesetze könnten Unglücksfälle zukünftig verhindert werden.

Als erheblich effizienter als die strafrechtlichen Sanktionen sind aber verwaltungsrechtliche Maßnahmen einzustufen. Japan hat bisher kein richtiges System für Ordnungswidrigkeiten entwickelt, weshalb nahezu alle Zuwiderhandlungen in den Nebengesetzen Strafnormen sind. Da jedoch die strafrechtliche Verfolgung wegen des Opportunitätsprinzips ausschließlich bei der Polizei und der Staatsanwaltschaft liegt, ist sie nicht immer schnell genug, wie die vorliegenden Fälle gezeigt haben.[13] Darüber hinaus könnten zu strenge Sanktionen zu

---

12 Z. B. ist die Produkthaftung für die Schadensersatzpflicht in den Fällen des unterlassenen Rückrufs deswegen nicht erforderlich, weil hier die herkömmliche deliktische Haftung schon zu bejahen ist.

13 In einem Fall der Verheimlichung der Vogelgrippe im Jahr 2004 wurde der Präsident des Unternehmens wegen des Verstoßes gegen das Gesetz gegen Tierseuchen zu einer einjährigen Freiheitsstrafe mit dreijähriger Bewährung verurteilt. Seine

einer noch gesteigerten Verschleierung tatsächlicher Ereignisse führen. Stattdessen sollten Bonusregelungen, ähnlich denen im Kartellrecht, und der Schutz des „Whistleblowers" gefördert werden. Im japanischen Recht ist zudem eine stärkere Berücksichtigung der Funktionen unterschiedlicher Rechtsinstitute wünschenswert.

beiden Eltern haben daraufhin Suizid begangen, obwohl die Verheimlichung ihres Sohnes keine Körperverletzung verursacht hatte. Das Unternehmen ist in Konkurs gegangen und seine Schulden sollen etwa 2,65 Billionen Yen betragen haben.

Jacobo Dopico Gómez-Aller

Landesreferat zum Thema des strafrechtlichen Umgangs mit Produktgefahren in Spanien

Zum Rapsölfall und zum epidemiologischen Kausalitätsnachweis bei massenhaften Vergiftungen*

I. Einleitung

Vor 25 Jahren, am 20. Mai 1989, hat die *Audiencia National* eine der wichtigsten Entscheidungen der jüngeren spanischen Rechtsgeschichte verkündet: Das Urteil im sog. *Rapsöl-* oder *Toxisches Syndrom-Fall*[1], das seitens der Revisionsinstanz vom *Tribunal Supremo* am 23. Mai 1992 weitestgehend bestätigt wurde, insbesondere im Hinblick auf die Verurteilungen der Hauptverantwortlichen. Bei dieser Entscheidung handelt es sich um den wichtigsten Fall der Produktverantwortlichkeit in der spanischen Geschichte, der eine Jahrzehnte andauernde juristische Debatte entfachte und die Entwicklung der theoretischen Fragen in diesem Bereich maßgeblich prägte; in der spanischen Strafrechtswissenschaft hat er beinahe denselben Stellenwert wie der Contergan- oder der Ledersprayfall für einen deutschen Strafrechtler.[2]

Der Rapsöl-Fall zeichnet sich durch die typischen Elemente der Produktverantwortlichkeit aus. Beginnend mit dem klassischsten: Einer Toxizität unklaren Ursprungs. Die kausale Verbindung zwischen Rapsöl und Verletzungen bzw. Todesfällen wurde während des Strafprozesses intensiv diskutiert. Es gab alternative Hypothesen, die versuchten, die Vergiftungen anderweitig zu erklären (mitunter sogar durch Verschwörungstheorien, die Menschenversuche oder bakteriologische Waffen einer US-Militärbasis nahelegten).

---

* Übersetzung durch Axel Blumenberg.

1 Urteil Nr. 48/1989 der *Audiencia Nacional (Sala de lo Penal)* vom 20. Mai 1989.

2 An dieser Stelle muss deswegen zunächst eine kleine methodologische Vermutung formuliert werden: Wenn Juristen Konzepte ausarbeiten und sie mit universellen Termini formulieren, tun sie dies üblicherweise auf der Grundlage bestimmter und sehr konkreter Referenzfälle. Diese Referenzfälle können von Land zu Land in ihren Kernelementen variieren; und so variieren auch die vermeintlichen Universalkonzepte von Land zu Land. In einem internationalen Forum ist es deshalb wichtig, diese *bias* nationaler Art ins Bewusstsein zu rufen.

Das *Tribunal Supremo* arbeitete diesen Fall in zwei Urteilen auf.

1. Die erste und bekannteste Entscheidung vom 23.4.1992[3] behandelt die zentralen Aspekte, mit der sich auch die spanische Literatur hauptsächlich befasst.
2. Die zweite Entscheidung vom 26.9.1997[4] thematisiert auf detaillierte Weise die Verantwortlichkeit hochrangiger Beamter und Politiker.[5]

II. Der Sachverhalt

Aufgrund der Feststellungen der *Audiencia Nacional* – bestätigt durch das *Tribunal Supremo* – lässt sich der Sachverhalt folgendermaßen zusammenfassen:[6]

1. Das „toxische Syndrom" war eine Massenvergiftung, die am Ende mehr als 25.000 Opfer forderte, darunter mehr als 500 Todesopfer.[7] Es wurde bald mit

---

3 Verkündet im Revisionsverfahren gegen das Urteil der *Audiencia Nacional* vom 20. Mai 1989.

4 Verkündet im Revisionsverfahren gegen das Urteil der *Audiencia Nacional* vom 24. Mai 1996.

5 *Rodríguez Montañés,* in: Revista De Derecho Penal y Criminología 3, 1999, 361 ff.

6 Eine partielle Übersetzung bietet *Cancio Meliá,* NStZ 1994, 37 ff. Eine Zusammenfassung der Fakten in deutscher Sprache findet sich bei *Gimbernat Ordeig,* Unechte Unterlassung und Risikoerhöhung im Unternehmenstrafrecht, in: FS Roxin, 2001, S. 651, 660; s. auch *Gómez Benítez,* La protección social de los consumidores: reflexiones sobre al juicio del síndrome tóxico, Estudios sobre consumo 13 (La protección social), 1988, S. 75 ff.; *Rodríguez Montañés,* El caso de la colza: Responsabilidad penal por productos adulterados o defectuosos, 1995, S. 41 ff.; *dies.,* Algunas consideraciones acerca del desarrollo actual de la teoría del delito. A propósito del problema de la responsabilidad penal por el producto, in: Estudios Jurídicos en memoria del profesor Dr. D. José Ramón Casabó Ruiz, Band II, 1998, S. 702 ff.; *Paredes Castañón,* El caso de la colza: responsabilidad penal por productos adulterados o defectuosos (El caso de la colza), 1995, S. 51 ff.; *Pérez Del Valle,* in: Anuario de Derecho Penal y Ciencias Penales, 1996, 979, 983 ff.

7 Laut des Urteils war die Haupterkrankung eine massive Schädigung der Blutgefäße (*Vaskulitis*) in bislang in der Wissenschaft unbekanntem Ausmaß. Das Syndrom beginnt mit einem Lungenödem und einer anormalen Steigerung der Eosinophlen und führt im fortgeschrittenen Stadium zu einer Sklerodermie, die das zentrale Nervensystem angreift und das periphere Nervensystem zerstört. Dazu kommen eine skelettmuskuläre Atrophie sowie eine Schädigung der Lungenarterien, verbunden mit einer Zunahme des Blutdrucks und dadurch bedingten kardiologischen Störungen. Ab Beginn der Erkrankung kommt es zu erheblichem Gewichtsverlust, der in Unterernährung und vollkommene Verelendung übergeht. Zu Einzelheiten vergleiche *Rodríguez Carnero et al.,* Revista Española de Medicina Legal 2011, 158 ff.

dem Konsum von zu industriellen Zwecken importiertem Rapsöl, welches jedoch menschlichem Konsum zugeführt wurde, in Verbindung gebracht. Dieses Rapsöl wurde mit anderen Ölen gemischt und im (meist ambulanten) Handel als Speiseöl angeboten und auf diesem informellen Vertriebsweg in Zentralspanien in Umlauf gebracht.

2. Die Zollpolitik Spaniens war damals darauf ausgerichtet, die Interessen nationaler Olivenproduzenten zu schützen. Daher wurden der Import von *Speiseölen* eingeschränkt und die Einfuhr von Rapsöl nur für *industrielle Zwecke* erlaubt. Zusätzlich wurden Maßnahmen gefördert, um die Zuführung dieses Öls zum menschlichen Konsum zu verhindern.[8] Dazu zählte die *Denaturierung*, also der Einsatz von Zusatzstoffen, um die organoleptischen Qualitäten (Geruch, Geschmack, Aussehen) so zu verändern, dass das Öl als für den menschlichen Verbrauch ungeeignet kenntlich gemacht wurde. Der übliche Denaturierungsstoff war Rizinusöl, welches Rapsöl verdickt und ihm einen höchst unangenehmen Geschmack verleiht. Daneben gab es noch andere Möglichkeiten, wie etwa blauen Farbstoff oder ungiftiges Naphtha-Öl.

Nichtsdestotrotz hatten einige Ölimporteure 1980 auf behördlichem Wege beantragt, anstatt Rizinusöl als Denaturierungsstoff *Anilin* zu verwenden. *Anilin* ist eine chemische Substanz, die das Öl – zumindest in der Theorie – rot färben sollte, allerdings unter bestimmten Umständen keine für das menschliche Auge wahrnehmbare Färbung herbeiführte. Ungefähr acht Jahre zuvor war die Verwendung von *Anilin* zum Zwecke der Denaturierung lediglich ein einziges Mal zugelassen worden.

3. Es überrascht, dass jemand *Anilin* als Denaturierungsstoff erlauben konnte, da es sich um einen Giftstoff handelt, der nicht immer zu der zu Warnzwecken notwendigen Färbung führt – mithin eine höchst gefährliche Kombination! Auch war dieser Umstand in der Ölbranche weitgehend bekannt. Allerdings ist hervorzuheben, dass die toxischen Effekte des Anilins nicht mit den Symptomen der Opfer des toxischen Syndroms übereinstimmten.[9] Anders ausgedrückt: das toxische Syndrom war weit mehr als eine bloße *Anilin*-Vergiftung. Die spanischen Importeure beantragten die Zulassung von *Anilin* statt Rizinusöl, um selbiges durch eine Hochtemperaturraffinierung entfernen und auf diese Weise das Öl dem menschlichen Verbrauch zuführen zu können.

---

8 *Gómez Benítez*, La protección social (Fn. 6), S. 78; *Muñoz Conde*, La responsabilidad por el producto en Derecho penal (La responsabilidad), 1995, S. 96; *Martín/Solé*, Defectos que dañan – Daños causados por productos defectuosos, in: InDret 1/2000, http://www.indret.com/pdf/002_es.pdf (Stand:1.11.2014, S. 1 f.).

9 *Paredes Castañón*, El caso de la colza (Fn. 6), S. 52.

4. In einem nicht mehr zu bestimmenden Moment zwischen Lagerung, Verarbeitung und Raffinerie des Öls entstanden *Anilide aus Fettsäuren*, die als Indikatoren des toxischen Syndroms identifiziert wurden. Dabei ist anzumerken, dass das Urteil offen lässt, wie diese neue Substanz im Einzelnen entstanden ist:

> *„Auf der Basis des Anilins im denaturierten Rapsöl (…) bildeten sich entweder auf spontane Art und Weise während Transport und Lagerung oder aufgrund weitergehender Veränderungen oder Behandlungen Fettsäureanilide, also Indikatoren des für das toxische Syndrom ursächlichen Stoffs.“*

Seit einer ersten epidemiologischen Studie wurde das Vorhandensein hoher Konzentrationen von Fettsäureaniliden mit der Vergiftung in Verbindung gebracht.

5. Im Verfahren wurde zu keinem Zeitpunkt auf chemisch-experimentelle Weise bewiesen, welches toxische Element des Rapsöls diese Krankheiten hervorrief. In den Worten der Verteidigung: Es ließ sich „kein toxikologisch relevantes Molekül“ feststellen.

6. Die WHO hatte als neutralen Gutachter den Vater der modernen Epidemiologie, Sir Richard Doll (Entdecker der Kausalverbindung zwischen Tabakkonsum und Lungenkrebs durch epidemiologische Methoden) ernannt. In seinem endgültigen Bericht nach Einarbeitung aller empirischen Studien der Expertengruppe der WHO in die epidemiologische Analyse kam *Doll* zu dem Schluss, dass das veränderte Öl die Ursache für das toxische Syndrom war:

> *„The new evidence has filled some of the gaps. First, it has provided evidence that the number of exceptional cases outside the affected area is extremely small and that, in a high proportion of the few that did occur, some special exposure to adulterated oil either did exist or can be presumed to have existed. Secondly it has provided objective and unbiased evidence of a dose-response relationship between the risk of developing the disease and the concentration of certain chemicals (anilides) in oil that are not found in any natural oil. Moreover the increase in risk with high concentrations is so great that it is most unlikely to be an artefact due to association with any factor extrinsic to the oil. / With the addition of this new evidence, I conclude that adulterated oil was the cause of the toxic syndrome.“*

Spätere epidemiologische und chemische Studien haben diese Auffassung bestätigt.[10]

---

10 Trotzdem ließen sich die Vergiftungen in Tierversuchen nur teilweise reproduzieren, vgl. *Tarkowki/Nemery*, Toxicología experimental. – El síndrome del aceite tóxico – Diez años de avance, 2004, S. 47 ff. Bei Mäusen ließen sich nur einige Symptome (Eosinophilie, Lungenschaden) nachweisen, *Rodríguez Carnero et al.*, Revista Española de Medicina Legal, 2011, 155, 157. – In späteren Studien wurden sogar noch enger mit der Vergiftung in Verbindung stehende Indikatoren nachgewiesen als Fettsäureanilide: *dioleic esters of 3-phenylamine-1,2-propanediol.* Auch

7. Im Hinblick auf die Beweiswürdigung lohnt sich ein Blick auf die folgenden Passagen des Urteils des Tribunal Supremo vom 23. April 1992:

„Die Audiencia Nacional (…) hat als bewiesen erachtet, dass ‚eine natürliche Kausalbeziehung zwischen dem Vertrieb von ursprünglich mit zweiprozentigem Anilin angereichertem Rapsöl und dem toxischen Syndrom besteht. Der Vertrieb ist condicio sine qua non *der Krankheit (…), weil gutachterlich bestätigt wurde, dass ein wissenschaftlich bewiesener Kausalzusammenhang besteht und sich aus den restlichen Beweisen und den wissenschaftlichen Grundlagen Tatsachen ableiten lassen, die diesen Zusammenhang bestätigen – wenn auch nur aus prozessualer Sicht – und umgekehrt keine Tatsachen feststellbar sind, welche diesen Zusammenhang in Frage stellen".*

Das Gericht hat seine Entscheidung nicht nur mit der überwältigenden Mehrheit im Hinblick auf diese Hypothese der Gutachten, sondern auch mit der Ausbildung, Erfahrung und Spezialisierung der Gutachter begründet. (…)

Die Audiencia Nacional kommt zu dem Ergebnis, dass:

‚a) die Epidemiologie die geeignetste Disziplin ist, um den Kausalitätsnachweis des toxischen Syndroms zu erbringen, da es sich um eine Epidemie handelt;

b) mittels einer Vielzahl epidemiologischer Gutachten wissenschaftlich der kausale Zusammenhang zwischen Verzehr des Öls und dem toxischen Syndrom belegt wurde;

c) die zahlreichen Gegengutachten zwar die epidemiologischen Schlussfolgerungen nicht bestätigt, jedoch insbesondere nicht widerlegt haben und auch nicht absehbar ist, dass dies in absehbarer Zeit geschehen wird.'

In Befürwortung dieser Entscheidung hat das Gericht a quo hervorgehoben, dass:

‚a) die intra-familiäre Diskrimination klar mit der unterschiedlichen Empfindlichkeit verschiedener Personen zu erklären ist;

b) toxikologische Studien an Menschen aus ethischen Gründen ausgeschlossen sind;

c) es wenige brauchbare Ergebnisse von Tierversuchen gibt, es allerdings schwierig ist, einen geeigneten Modellversuch zu finden;

d) das Verhältnis Dosis/Reaktion nicht invers, sondern in bestimmten Facetten direkt war, auch wenn dieses Verhältnis kein konstantes Gesetz der modernen Toxikologie ist;

e) die Eigenheiten der Exponierung, die durch das mit Anilin versetzte Öl hervorgerufen wurden, (…) höchst unterschiedlich sind im Vergleich zu Exponierungen durch die kontrollierte Beimischung von Toxinen in Medikamenten oder Tabak;

---

wenn experimentelle Nachweise nur teilweise geglückt sind, führen epidemiologische Untersuchungen klar zu der Ursächlichkeit belasteten Öls (*Rodríguez Carnero et al.*, in: Revista Española de Medicina Legal 2011, 155, 157).

f) die Gesamtheit der klinischen, biologischen und anatomopathologischen Daten sich nicht mit der Vergiftung durch Organophosphorpestizide oder Paraquat überschneiden'.

(...) Das Instanzgericht hat in der durch Anhörung von Sachverständigen erfolgten Beweisaufnahme eine beträchtliche Anzahl von Fällen mit ähnlichen Merkmalen festgestellt: 330 Tote und über 15.000 Erkrankte, bei denen ähnliche Symptome und der Verzehr des Öls nachgewiesen werden konnten.

Andererseits ist diese Feststellung durch die Bewertung von Sachverständigengutachten getroffen worden; diese Gutachten werden, was die Korrelation zwischen dem Verzehr [des Öls] und dem Todes- bzw. Verletzungserfolg angeht, nicht in Frage gestellt. Diejenigen Sachverständigen, die den Kausalzusammenhang verneinen, bezweifeln im Allgemeinen nicht das Vorliegen der Korrelation selbst. Hinzu kommt, dass sie, abgesehen von vereinzelten Hypothesen, die vom Beschwerdeführer als wahre Alternativen angeführt werden, keine alternative Ursache haben vorschlagen können, die das Geschehen hätte vernünftig erklären können. Im Gegenteil wird über die Bedingungen der abstrakten natürlichen Kausalität diskutiert, die einige Gutachter außerordentlich streng auslegen und auf der Grundlage von Anforderungen formulieren, die nur schwer mit dem Großteil der anerkannten Kausalgesetze in Einklang zu bringen ist."

8. In der Vertriebskette des vergifteten Öls lassen sich zwei Arten von Vermittlern unterscheiden:

- Ölhändler, die entweder selbst in die Vorgänge verwickelt waren oder Kenntnis von der Einfuhr und dem späteren Versuch der Entfernung des Denaturierungsstoffes Anilin hatten;
- industrielle Ölhändler, die Rapsöl mit höherwertigen Ölen mischten, ohne jedoch die Verbraucher über diese Tatsache zu informieren, allerdings keine Kenntnis über die gefährliche und unzulässige Behandlung des Rapsöls hatten.

Ebenfalls wurde die Verantwortlichkeit mehrerer hochrangiger Beamter geprüft, insbesondere des Leiters des Zolllabors, der die Verwendung des Anilins als Denaturierungsstoff ohne Weiteres genehmigt hatte und eines hochrangigen Beamten, der die Einfuhr denaturierten Rapsöls trotz zahlreicher Indizien, dass dieses menschlichem Konsum zugeführt werde, weiterhin genehmigte.

III. Die Strafen

Im ersten Urteil (Rapsöl I) wurden die Importeure und Händler, die an der Einfuhr des Rapsöls zu industriellen Zwecken, der illegalen chemischen Behandlung sowie der Zuführung zum menschlichen Verzehr beteiligt waren oder zumindest Kenntnis davon hatten, aufgrund des Gefährdungsdelikts „Getränke oder Lebensmittel, die zum öffentlichen Konsum bestimmt sind, mit gesundheitsschädlichen Zusätzen zu vermischen" verurteilt. Strafschärfend kam der Todeserfolg hinzu, was Freiheitsstrafen bis zu 20 Jahren ermöglichte.[11] Diejenigen Händler, die ohne Kenntnis der Herkunft und gefährlichen Behandlung des Rapsöls selbiges mit anderen Ölen mischten und das Ergebnis als hochwertigeres Öl anboten, wurden wegen Betrugs verurteilt. Allerdings wurden ihnen weder die Schaffung eines Gesundheitsrisikos noch der Verletzungs- oder Todeserfolg zugerechnet.

Im zweiten Urteil (Rapsöl II) hat das Tribunal Supremo zwei leitende Beamte verurteilt:

1. Dem Direktor des Zolllabors (Jurist und Chemiker) wurde vorgeworfen, den Gebrauch von Anilin für die Denaturierung von Rapsöl erlaubt zu haben,

- obwohl es, wie weitgehend branchenbekannt, *giftig* war;
- obwohl es nicht geeignet war, den menschlichen Konsum zu verhindern, da nicht immer die notwendige Färbungswirkung eintrat;
- und obwohl es möglich war, *Anilin* durch Raffinierungsprozesse zu beseitigen.

Das Urteil hält den Verantwortlichen außerdem vor, dass keinerlei chemische Analysen gemacht wurden. Selbst eine oberflächliche Prüfung hätte nicht nur die bereits bekannte Giftigkeit bestätigt, sondern auch die Ungeeignetheit als Denaturierungsstoff sowie die Möglichkeit einer chemischen Entfernung und möglicher Auswirkungen auf das Rapsöl.

2. Der für die Einfuhrgenehmigung dieses Öls am Zoll verantwortliche Beamte hatte die Einfuhr absurder Mengen an Rapsöl für den industriellen Gebrauch genehmigt (er hatte später sogar eine *Erweiterung der Einfuhrmengen* der verantwortlichen Unternehmen genehmigt) und dabei die Hinweise und Warnungen außer Acht gelassen, die darauf hindeuteten, dass die spanische Industrie keine derartigen Mengen an Rapsöl benötigen und dass dieses Öl mithin für den menschlichen Konsum bestimmt sein könnte.

Für das Oberste Gericht waren diese beiden Fälle von Fahrlässigkeit für den Eintritt des Taterfolgs ausschlaggebend. Das Urteil vom 26.9.1997 kommt zu dem (vielleicht sogar überzogenen) Ergebnis, dass das staatliche Handeln die *Haupt*ursache dieser Tragödie sei:

„Die ‚Katastrophe' wurzelt nicht im Zufall oder in höherer Gewalt, sondern ihre Hauptursache ist keine andere als die Handelspolitik des Staates selbst im Hinblick auf den Import dieses Öls, um die Produktion und den Vertrieb heimischen Öls zu schützen und so den Import von Rapsöl zum Verzehr zu verhindern, das bzw.

11 Diese Strafverschärfung wurde im spanischen Strafgesetzbuch im Jahre 1944 eingeführt. Seit dem spanischen Strafgesetzbuch von 1995 ist die Lösung anders. Heute ist keine Erfolgsqualifizierung vorgesehen und die Bestrafung der Tötungen muss im Wege der Konkurrenz zwischen *Gefährdungs-* und *Erfolgsdelikten* gelöst werden.

dessen Samen [in Spanien] nicht produziert und nur zum Zwecke industrieller Verwendung unter vorheriger Denaturierung, oder, was auf dasselbe hinausläuft, vorheriger Vergiftung geduldet wurde.“

Es sei an dieser Stelle angemerkt, dass die Verurteilung der Beamten für die Opfer von außerordentlicher Bedeutung war, da damit Staatshaftungsansprüche möglich wurden. Die Entschädigung, die der spanische Staat den Opfern zu bezahlen hatte, belief sich am Ende auf über 3 Mrd. Euro.[12]

IV. Exkurs: Ein kurzer Überblick über das spanische Lebensmittelstrafrecht

Die Straftatbestände, die das Gericht anzuwenden hatte, waren nicht nur Erfolgsdelikte (fahrlässige Tötung und Körperverletzungen), sondern auch eine kasuistische Reihe konkreter, meist jedoch abstrakter Gefährdungsdelikte, die das spanische Lebensmittelstrafrecht bereithielt. Die 1989 und 1992 einschlägigen Straftatbestände finden sich im spanischen Strafgesetzbuch seit *1870* in beinahe derselben Textfassung.[13]

Deswegen verwundert es, dass konkrete und abstrakte Gefährdungsdelikte im Bereich pharmazeutischer oder Lebensmittelrisiken eine Reaktion des Gesetzgebers auf die Erfordernisse der postindustriellen oder der Risiko-Gesellschaft sein sollten. Diese Straftatbestände gelten fast unverändert seit 150 Jahren und stammen aus einer Zeit, in der Spanien weder eine industrielle, geschweige denn eine postindustrielle Gesellschaft war.[14]

---

12 *Salvador Coderch,* Causalidad y responsabilidad, in: InDret 1/00, http://www.indret.com/pdf/008_es.pdf (Stand:1.11.2014, 2000, 2).

13 Vgl. zu der Entwicklung der Straftatbestände des *Lebensmittelstrafrechts* und des Arzneimittelstrafrechts zwischen 1870 und 2013 Anhang Nr. 1. Im Fall des Arzneimittelstrafrechts ist die Situation noch augenscheinlicher: Die Straftatbestände des StGB 1848 wurden praktisch unverändert bis zum Inkrafttreten des spanischen StGB von 1995 beibehalten, vgl. *Díaz Maroto,* El derecho penal ante los fraudes alimentarios, 2010, S. 64.

14 *Octavio de Toledo y Ubieto,* in: Cuadernos de Derecho Judicial 7, 2006, 109, 130. Dieser Autor kritisiert besonders deutlich (S. 112 ff.) die Verbindung der Begriffe „Gefährdungsdelikt“ und „Produkthaftung“ mit der Idee der „Risikogesellschaft“. *Pozuelo Pérez,* in: Revista de Derecho y Proceso Penal 9, 2003–1, 13 ff. hebt hervor, dass es sich um Straftatbestände handele, die vor der „modernen“ oder der „Risikogesellschaft“ entstanden.

V. Die Antwort der spanischen Dogmatik auf die Frage nach der Kausalität und ihres Nachweises im Rapsöl-Fall

Die Position der spanischen Dogmatik im Hinblick auf die Urteile des Rapsöl-Falls (insbesondere der kritischen Stimmen) war zutiefst von der deutschen Dogmatik geprägt.[15]

1. Ein wichtiger Teil des Schrifttums sprach sich von Anfang an gegen eine Verurteilung aus, mit der Begründung, dass die Kausalbeziehung zwischen Vergiftung und Import, Verarbeitung bzw. Vertrieb nicht hinreichend begründet worden sei.

Das Hauptargument dieser Auffassung war das folgende: *Ein Gericht darf keine Verurteilung wegen fahrlässiger Tötung oder Körperverletzung begründen, ohne dass ein wissenschaftlicher Nachweis jedes einzelnen Schrittes des konkreten Kausalverlaufs vorliegt* („allgemeines Kausalgesetz").[16]

Diese Auffassung stützt sich auf folgende Argumente:

- *Methodologie: Absolute (oder quasi-absolute) Ungeeignetheit* der *epidemiologischen Untersuchung* zum Nachweis des Kausalzusammenhangs. Danach sei die Epidemiologie eine schlicht „statistische Nachschau" oder „statistische Zählung der Fälle" zur Begründung des Zusammenhangs zwischen dem Verzehr des Öls und dem Auftreten des „Syndroms"[17], die nicht über ein einfaches *post hoc, ergo propter hoc* hinausgehe.

---

15 Ein Blick auf die in diesem Beitrag zitierte Literatur genügt, um zahlreiche Referenzen auf *Kaufmann, Maiwald, Puppe, Hassemer, Kuhlen, Samson, Hilgendorf* usw. zu finden.

16 Diese Position wurde maßgeblich durch den berühmten Beitrag von *Armin Kaufmann* geprägt, JZ 1971, 569 ff.
Diese Auffassung vertritt allen voran *Paredes Castañón,* El caso de la colza (Fn. 6), S. 49 ff.; *ders.,* in: Revista de Derecho Penal y Criminología, 2ª ép., 5, 2000, 87, 101; *ders.,* in: Sánchez Ostiz (Dir.), Casos que hicieron doctrina en Derecho Penal, 2011, S. 425, 431 ff.; mit unterschiedlichen Nuancen, *Torío López,* Acción peligrosa y dolo, in: Romeo Casabona (Dir.), Dogmática Penal, Política Criminal y Criminología en evolución, 1997, 369 ff. *Cerezo Mir,* Curso de Derecho Penal español – Parte General, II, 6ª ed, 1998, S. 53 f.; *Díaz Pita,* in: Revista de Derecho Penal y Criminología 4, 1999, 505, 516 ff. *Cuello Contreras,* El Derecho penal español – Parte General, II, 6ª ed, 3. Aufl., 2002, S. 585.

17 *Paredes Castañón,* El caso de la colza (Fn. 6), S. 54. Auf S. 60 spricht der Autor von diesem Nachweis als *wiederholtem Nachweis von Faktor und Konsequenz in einer statistisch relevanten Anzahl von Fällen*; *Rodríguez Montañés,* Incidencia dogmática de la jurisprudencia del caso de la colza y otros casos en materia de productos

- *Widersprüchliche Expertengutachten.* Auch wenn ein Gutachten die Kausalbeziehung bestätigte, kamen andere Gutachten zu einem gegenläufigen Ergebnis. Aus diesem Grund könne das Gericht nicht zwischen widersprüchlichen Gutachten wählen.
- *Dubium.* Angesichts eines gewissen Zweifels, müsse das Gericht den Freispruch wählen, *in dubio pro reo.*[18]
- *Indizwirkung des Kausalitätsnachweises.* Die Kausalitätsbeziehung zeichnet sich durch eine Besonderheit aus: Sie kann nur durch Inferenz anhand von Indizien bewiesen werden, da die Kausalbeziehung keiner direkten Beobachtung zugänglich ist. Aus diesem Grund müssten besonders hohe Anforderungen an ihren Nachweis gestellt werden.[19]
- *Alternative Hypothesen wurden nicht in genügendem Maße ausgeschlossen.*[20] Die Verteidigung brachte die Hypothese des Verzehrs von mit Organophosphorpestiziden belastetem Gemüse ins Spiel, die nach Auffassung der Kritiker durch das Gericht nicht überzeugend entkräftet wurde.
- *„Anormale" Fälle:* Für die Verteidigung erklärt die Hypothese der Vergiftung mit Rapsöl nicht schlüssig, warum Personen derselben Familie, die Rapsöl verzehrt hatten, nicht erkrankten, sowie Krankheitsfälle, in denen nicht nachgewiesen wurde, dass das Opfer Rapsöl konsumiert hatte.[21]

---

defectuosos, in: Boix/Bernardi (Dir.), Responsabilidad penal por defectos en productos destinados a los consumidores, 2005, S. 115, 125 f.

18 *Paredes Castañón,* El caso de la colza (Fn. 6), S. 112 ff., 129 ("unlösbares *dubium*"), S. 130 f.; *ders.,* in: Revista de Derecho Penal y Criminología 2000, 87, 98 f.; *Escobar Vélez,* La responsabilidad penal por productos defectuosos (La responsabilidad), 2012, S. 39 ff.

19 *Paredes Castañón,* El caso de la colza (Fn. 6), S. 64 ff., der im Folgenden anerkennt, dass es andere Tatbestandsmerkmale gibt, die nur durch Indizien bewiesen werden können, allen voran der Vorsatz. Diesbezüglich scheint *Paredes Castañón* jedoch keine vergleichbar große Sicherheit zu fordern. Ebenfalls muss hervorgehoben werden, dass der Indizienbeweis nicht immer aufgrund seiner Natur weniger verlässlich ist als ein direkter Beweis (*Ruiz Vadillo,* Algunas breves consideraciones sobre la prueba testifical en el proceso penal, in: Boletín del Ministerio de Justicia nº 1767, 1996, 365, 368). So ist eine Zeugenaussage meist deutlich weniger verlässlich als der von einer durch die WHO bestimmten Gruppe unabhängiger Experten beigebrachte epidemiologische Nachweis einer Kausalbeziehung, der zweifellos die Ursache der Vergiftung belegt.

20 *Paredes Castañón,* El caso de la colza (Fn. 6), S. 55, 131; *ders.,* in: Revista de Derecho Penal y Criminología 2000, 87, 96; *Luzón Peña,* Curso de Derecho Penal: Parte General I (Curso de Derecho), 1996, S. 372; *Escobar Vélez,* La responsabilidad (Fn. 18), S. 45.

21 *Paredes Castañón,* El caso de la colza (Fn. 6), S. 54 f.

Auf die gleiche Weise diskutierte das spanische Schrifttum, ob die Kausalität des Verzehrs ein *rein faktisches* Element sei oder *normativer Auslegung* bedürfe; ob in diesem Fall möglicherweise eine inakzeptable „Flexibilisierung“ des Konzepts der Kausalität vorläge; ob es eine „statistische Kausalität“ geben könne (anders verstanden, als die statistische Überprüfung eines Kausalgesetzes); etc.[22]

2. Nichtsdestotrotz lehnte eine andere Auffassung die Begründung der Entscheidung in Bezug auf den Nachweis der Kausalität nicht aus methodologischen Gründen ab und widersprach damit der eben formulierten Kritik.[23] Ausgangspunkt ist die Unterscheidung zwischen dem Nachweis einer *konkreten Kausalbeziehung* und dem generellen Kausalgesetz.

Nach dieser anderen Auffassung fordere der Straftatbestand den Nachweis einer *konkreten Kausalbeziehung* zwischen dem Verhalten des Täters und dem Taterfolg, aber nicht den Nachweis eines generellen Kausalgesetzes.[24] So sei es möglich, mit einem Höchstmaß an Gewissheit nachzuweisen, dass die Handlung X den Taterfolg Z herbeigeführt hat, ohne die konkreten Kausalgesetzmäßigkeiten zu kennen, zumal die wissenschaftlichen Methoden in beiden Fällen unterschiedlich seien: Mittels einer epidemiologischen Untersuchung könne nachgewiesen werden, dass X zu dem Ergebnis Z geführt habe, auch wenn damit

---

22 *Anarte Borrallo,* Causalidad e imputación objetiva – Estructura, relaciones y perspectivas, 2002, S. 442 ff. m. w. N.

23 Zustimmend mit den Argumenten des Urteils, u.a. *Gómez Benítez* (*avant la lettre*, dessen angegebene Fundstellen dem Urteil der *Audiencia Nacional* vorausgingen); *González Lagier,* in; Poder Judicial 1994, S. 83 ff.; *Gimbernat Ordeig,* in: Anuario de Derecho Penal y Ciencias Penales 1997, 5 ff.; *ders.*, in: La armonización legislativa de la Unión Europea, 1999, 105 ff.; *ders.*, Beiträge zur Strafrechtswissenschaft: Handlung, Kausalität, Unterlassung (Beiträge zur Strafrechtswissenschaft), 2013, S. 201 ff. (Original: ¿Las exigencias dogmáticas fundamentales hasta ahora vigentes de una parte general son idóneas para satisfacer la actual situación de la criminalidad, de la medición de la pena y del sistema de sanciones? [Responsabilidad por el producto, accesoriedad administrativa del Derecho penal y decisiones colegiadas], in: Anuario de Derecho Penal y Ciencias Penales 1999, 51 ff.; *Bacigalupo Zapater* Principios de Derecho penal, 5. Aufl. 1998, Kap. III, II.3; was auf der Hand liegt, da er der Berichterstatter des Tribunal Supremo bei dieser Entscheidung war; *Jaén Vallejo* (in: Revista de ciencias jurídicas 2, 1997, 167, 178 f.); *Pérez del Valle,* in: Anuario de Derecho Penal y Ciencias Penales, 1996, 979 ff.; *De la Cuesta Aguado* (Causalidad de los delitos contra el medio ambiente, 2. Aufl. 1999, S. 97 ff., 100 ff.).

24 *Gómez Benítez,* Causalidad, imputación y cualificación por el resultado (Causalidad), 1988, S. 28 ff.; 56 ff.

keine (zumindest nicht notwendigerweise) Schlussfolgerungen möglich sei, *wie* dieses Ergebnis im Einzelnen zustande kam.[25]

Auf anschauliche Weise hat *Gimbernat Ordeig*[26] die Auffassung der Kritiker des Urteils des Tribunal Supremo *ad absurdum* geführt:

> *„Schließt man sich der hier abgelehnten Meinung an, so hätte man bis zum 17. Jahrhundert denjenigen, der auf einem Baumast sitzend und, um sich seines Feindes zu entledigen, einen zwölf Kilogramm schweren Stein aus seinen Händen fallen ließ, der – wie beabsichtigt – den Kopf des Opfers zerquetschte, nicht wegen Mordes verurteilen können. Auch den nachtragenden Liebhaber, der – zur Verstümmelung des Gesichts seiner früheren Lebensgefährtin – aus einem Fenster das in einem Topf befindliche kochende Wasser über sie ergoss, hätte man nicht einer Körperverletzung bezichtigen können. Denn das Einzige, was bis zu jenem historischen Zeitpunkt bekannt war, ist die „generelle Kausalität" gewesen, dass dem Loslassen eines Gegenstandes sein Fall zeitlich nachfolgt. Warum sich dieser Fall so ereignete, d.h. auf welchen Kausalmechanismus es zurückzuführen war, dass weder der Stein noch das kochende Wasser in der Luft schweben blieben, war völlig unbekannt – bis Newton im Jahre 1687 als ‚konkretes naturwissenschaftliches Gesetz' das Gesetz der Körpergravitation entdeckte. Diese Entdeckung war eine für die Physik zweifelsohne gute Nachricht, die in strafrechtswissenschaftlichen Kreisen jedoch kein besonderes Aufsehen erregte, denn hier hatte man nie daran gezweifelt – auch wenn der Grund dafür bis dahin verborgen war –, dass der Verursacher des durch Schädelbruch entstandenen Todes eben derjenige war, der den zuvor in seinen Händen gehaltenen zwölf Kilogramm schweren Stein beim Vorbeispazieren des Opfers in Richtung auf dessen Kopf losgelassen hatte."*

Im Hinblick auf die wissenschaftliche Verlässlichkeit der Epidemiologie überrascht es, dass diejenigen, die eine Auslegung strafrechtlicher Tatbestände im Lichte *natur*wissenschaftlicher Kausalität fordern, außer Acht lassen, dass die Epidemiologie zur Feststellung der Ursachen von Massenvergiftungen *natur*wissenschaftlich anerkannt ist. Eine epidemiologische Studie ist nicht nur eine zahlenmäßige Erfassung von Ereignissen, sondern besteht in der Auswertung von Daten anhand relevanter biomedizinischer Kriterien (toxikologisch, mikrobiologisch, etc.).[27]

---

25 *Gómez Benítez,* Causalidad (Fn. 24), S. 32; *Gimbernat Ordeig,* in: Anuario de Derecho Penal y Ciencias Penales 1997, 5, 71 f.; *De la Cuesta Aguado,* Causalidad de los delitos contra el medio ambiente, 2. Aufl. 1999, S. 97 ff., 100 ff.

26 *Gimbernat Ordeig,* Beiträge zur Strafrechtswissenschaft (Fn. 23), S. 206; *ders.,* in: Anuario de Derecho Penal y Ciencias Penales 1997, 5, 74.

27 *Pérez del Valle* (in: Anuario de Derecho Penal y Ciencias Penales, 1996, 979, 992 f.) bemängelt zu Recht, dass die Kritiker des Urteils ein unzutreffendes (laienhaftes) Bild der Epidemiologie haben, das sie zu Fehlschlüssen verleitet.

Angesichts dieser Tatsachen haben einige kritische Stimmen aus dem Schrifttum vorgeschlagen, im Strafrecht *andere*, mitunter *strengere* Anforderungen an den Kausalitätsnachweis zu stellen als in der Naturwissenschaft.[28]

Im Hinblick auf die *divergierenden Gutachtermeinungen* lässt sich feststellen, dass – wie im Schrifttum hervorgehoben – keine wirklichen Gegenpositionen zwischen den unterschiedlichen Gutachten bestanden. Die Gutachten der Verteidigung haben nicht den Nachweis erbracht, dass *keine Korrelation zwischen dem Verzehr des Öls und den Vergiftungen* bestand, sondern haben lediglich *Alternativhypothesen* ins Spiel gebracht, die allerdings nie ein Mindestmaß an Belastbarkeit erreichen konnten.[29]

Für die Mehrheit der Vertreter dieser Auffassung ist es nicht notwendig, das Konzept der Kausalität zu *flexibilisieren* oder zu *normativieren*. Die Kausalität ist eine *quaestio facti*[30], auch wenn einige Vertreter dieser Auffassung der Meinung sind, dass das Konzept der Kausalität auf normativem Wege neu ausgelegt oder die Beweisanforderungen den Anforderungen des strafrechtlichen Verbraucherschutzes angepasst werden müsste.[31]

3. Eine vermittelnde Ansicht weist darauf hin, dass auch dann, wenn der epidemiologische Nachweis des Kausalverlaufs nicht in Frage gestellt werde, ein allzu großes Augenmerk auf rein kausale Angaben gemacht werde und dabei andere, ebenso wichtige Aspekte der Zurechnung der Verantwortlichkeit für den Taterfolg außer Acht gelassen werden.

Diese Auffassung hebt eine Tatsache hervor, auf die später noch zurückzukommen sein wird: Die Epidemiologie ermöglicht im Allgemeinen mit hoher Sicherheit den Nachweis einer Kausalbeziehung zwischen dem Verzehr des

---

28 *Paredes Castañón*, El caso de la colza (Fn. 6), S. 103: „All dies zwingt meines Erachtens im Strafrecht (und wahrscheinlich in jeder Art praktischen Denkens) dazu, ein ‚stärkeres' Konzept zur Erklärung der Kausalität zu verwenden, welches nicht auf der Subsumtion unter ein epistemologisch gültiges Scheingesetz beruht." *Pérez del Valle* (in: Anuario de Derecho Penal y Ciencias Penales 1996, 979, 993) nennt diesen Vorschlag eine zu kritisierende *Normativierung* des Konzepts der Kausalität, das zur Annahme auseinanderlaufender Konzepte der Kausalität in unterschiedlichen Wissenschaftsdisziplinen führe.

29 *Pérez del Valle*, in: Anuario de Derecho Penal y Ciencias Penales 1996, 979, 982 f.

30 *Gómez Benítez*, Causalidad (Fn. 24), S. 15 ff. *Gimbernat Ordeig*, in: Anuario de Derecho Penal y Ciencias Penales 1997, 5, 76; *ders.*, Beiträge zur Strafrechtswissenschaft (Fn. 23), S. 207.

31 *Íñigo Corroza*, La responsabilidad penal del fabricante por defectos de sus productos, 2001, S. 101 ff.

fehlerhaften Produkts und der Vergiftung.[32] Dennoch sei es notwendig zu wissen, *wann* und *wo* der Giftstoff entstanden sei, um die Verantwortung der verschiedenen Beteiligten im Vertriebsprozess (Einfuhr, Transport, Lagerung, Raffinierung zur Entfernung des *Anilins* und Verkauf) festlegen zu können.[33] Wenn die Vergiftung beispielsweise durch den Transport des vergällten Öls in anderweitig verseuchten Behältern hervorgerufen wurde, so wäre die Verantwortung einiger Personen auszuschließen, die erst zu einem späteren Zeitpunkt in den Vertriebsprozess involviert waren.

VI. Eine übertriebene Betonung des Kausalitätsnachweises? Überlegungen zur Zurechnung des Taterfolgs im Fall der Beamten

1. Zutreffend hebt Muñoz Conde hervor, dass im Lichte der Debatte um den Kausalitätsnachweis nicht minder bedeutsame Aspekte dieses Falles außer Acht gelassen werden könnten.[34] Dies gilt insbesondere für die Frage nach der konkreten Verantwortlichkeit jeder einzelnen Person, die am Vertriebsprozess, beginnend mit dem Import, der Verarbeitung und schließlich dem Verkauf des vergällten Öls, beteiligt war. Abhängig davon, zu welchem Zeitpunkt des Vertriebsprozesses der Giftstoff entstand, kann die strafrechtliche Verantwortlichkeit im Einzelfall unterschiedlich sein.

Im Hinblick auf die Gruppe der Haupttäter lässt sich Folgendes festhalten: Auch wenn Restzweifel bestehen könnten, in welchem Verfahrensschritt der neuartige Giftstoff entstand (Raffinierung, Abfüllung mit ungeeigneten Maschinen, usw.), ist sicher, dass die Hauptgruppe der verurteilten Importeure und Händler den gesamten Verfahrensablauf kontrollierte. Wie das Urteil hervorhebt, ist es nicht möglich, von der objektiven Unvorhersehbarkeit der Gefahr für Leib oder Leben im Falle einer „Rückgewinnung von mit giftigem Anilin versetztem Öl ohne spezifische Vorsichtsmaßnahmen" auszugehen.[35]

Aus diesem Grund – unabhängig davon, in welchem Punkt des Prozesses das mysteriöse toxische Element entstanden sein mag – waren die Machenschaften der Hauptverantwortlichen ursächlich. Deswegen erlaubt der epidemiologische

---

32 *Muñoz Conde,* La responsabilidad (Fn. 8), S. 93, auch wenn dieser Autor betont, dass der Kausalitätsnachweis, der konkret im spanischen Rapsölfall erbracht werden konnte, nicht zufriedenstellend war.

33 *Muñoz Conde,* La responsabilidad (Fn. 8), S. 93 f.

34 *Muñoz Conde,* La responsabilidad (Fn. 8), S. 93 ff.

35 Näher dazu *Muñoz Conde,* La responsabilidad (Fn. 8), S. 98 ff., 101 f.

Beweis die Zurechnung des Risikos zum Fehlverhalten des Importeurs. Allerdings mag dies nicht gleichermaßen für die verurteilten Beamten gelten, die aufgrund zweier Tatsachen verurteilt wurden:

- Der Erlaubnis des Denaturierungsstoffs Anilin sowie
- der Genehmigung des Imports von Mengen, die unmöglich nur für den industriellen Gebrauch bestimmt sein konnten.

2. Beginnen wir mit dem Leiter des Zolllabors, der den Gebrauch von Anilin als Denaturierungsstoff genehmigt hatte. Ihm lässt sich Fahrlässigkeit bei der Erteilung der Erlaubnis eines hochgiftigen und zudem durch Hochtemperaturraffinierung entfernbaren Denaturierungsstoffs attestieren.

Trotzdem ist bekannt, dass das toxische Syndrom keine reine *Anilin*-Vergiftung war, sondern eine Vergiftung aufgrund eines anderen toxischen Elements, das infolge des Verhaltens einer dritten Person in irgendeinem Moment zwischen Einfuhr und Raffinierung entstand. Damit wurde das durch die Erlaubnis des *Anilins* geschaffene Risiko maßgeblich verändert, wodurch sich folgende Fragen aufdrängen:

- Kann man hier von einer Art *Regressverbot* sprechen, das der objektiven Zurechnung des Erfolgs zu dem Verhalten dieses Täters entgegensteht?
- Oder sollte man im Gegenteil behaupten, dass eine Raffinierung seitens Dritter die Zurechnung gerade *nicht* verhindert, weil die Sorgfaltspflicht des Beamten im Besonderen darauf abzielt, keine Denaturierungsstoffe zu genehmigen, die durch Dritte wieder entfernt werden können?

Dies ist eine sehr facettenreiche Diskussion; allerdings ist es wichtig hervorzuheben, dass sich das Ergebnis ändern würde, wenn der Nachweis über Grund und Zeitpunkt der Entstehung des Giftstoffs möglich wäre.

3. Denken wir nun an den Fall des anderen Beamten, der den Import des Rapsöls für den Industriegebrauch genehmigte. Er autorisierte den Import so großer Mengen an Öl, dass es sich aufdrängen musste, dass diese nicht allein für industrielle Zwecke eingeführt wurden, sondern dem menschlichen Konsum zugeführt werden sollten.

Hier ist die Verletzung der Sorgfaltspflicht ebenso klar; aber es stellt sich die folgende Frage: Wie weit reicht der Schutzbereich dieser Sorgfaltspflicht? Dient seine Pflicht dem Gesundheitsschutz? Oder vielleicht vorrangig dem Schutz des spanischen Olivenmarkts?

Zweifellos liegt eine Sorgfaltspflichtverletzung darin, dem menschlichen Konsum eine große Menge für den industriellen Gebrauch bestimmten Rapsöls zuzuführen. Ein pflichtgemäßes Verhalten hätte den Schaden verhindert.

Dennoch stellt sich die Frage, ob es sich dabei um einen normativ irrelevanten Schutzreflex handelt.[36]

Konnte der Täter aber vorhersehen, dass diese Zuführung zu einer Gesundheitsschädigung führen würde? Das könnte er nur erahnt haben, wenn er auch gewusst hätte, dass der Denaturierungsstoff giftig war (oder giftig werden könnte). Letzteres bleibt unklar.

VII. Einige Aspekte der Bewertung epidemiologischer Beweise im Rapsöl-Fall – Im Besonderen: die Bedeutung anormaler Fälle und Alternativ-Hypothesen

Viele Zweifel im Hinblick auf die Kausalität sind nicht materiell-rechtlicher Natur, sondern solche der Beweiswürdigung. Trotzdem ist es nicht ungewöhnlich, dass einige Stimmen aus dem Schrifttum versuchen, über das materielle Strafrecht Probleme zu lösen, die im Bereich des Strafprozessrechts liegen. Unter Berufung auf die prestigeträchtige Bezeichnung „objektive Zurechnung" wird manchmal versucht, beweisrechtliche Anforderungen des Kausalitätsnachweises zu umgehen, *mithin eine Umgestaltung der im Prozess zu beweisenden Tatsachen*. Die auf diese Weise erreichten Ergebnisse sind zwar oft vernünftig, allerdings ist eine solche Argumentation in den Augen der Kritiker zurückzuweisen.

Die spanische Dogmatik hat sich, wie bereits erörtert, Schritt für Schritt von den materiell-rechtlichen Fragestellungen abgewandt. Das gilt etwa für die Problematik, ob sich der Straftatbestand auf das allgemeine Kausalgesetz bezieht, oder für die These, dass ohne eine belastbare wissenschaftliche Grundlage des allgemeinen Kausalgesetzes keine Verurteilung wegen eines Erfolgsdelikts möglich sei. Stattdessen hat man sich der Auffassung angenähert, die Probleme der Kausalbeziehung zwischen Produkt und Vergiftung aus einem beweisrechtlichen Blickwinkel zu betrachten. Aus dieser Perspektive erscheinen die entscheidenden Fragen der Behandlung anomaler Fälle oder der Bedeutung von Alternativ-Hypothesen in einem anderen Licht.

An dieser Stelle seien einige beweisrechtliche Überlegungen in Bezug auf die Kausalität des Rapsöl-Falls angestellt, die jedoch in keiner Weise als generelle Theorie gedacht sind. Zu diesem Zweck sei von folgenden Basis-Sachverhalten ausgegangen:

---

36 D.h. ein positiver, aber zufälliger Kollateraleffekt, der nicht den wirklichen Schutzzweck darstellt (*Freund*, Erfolgsdelikt und Unterlassen – Zu den Legitimationsbedingungen von Schuldspruch und Strafe, 1992, S. 67).

1. Der „reasonable doubt"-Standard

Die Bestätigung der Annahme, dass X den Tod oder Verletzungen etc. herbeigeführt habe, setzt voraus, dass sich ein Sachverhalt (ein *factum)* ereignet habe. Als Tatvorwurf der Anklage muss dieser bestimmten beweisrechtlichen Anforderungen genügen.

Die grundlegende beweisrechtliche Anforderung ist keine „hundertprozentige Sicherheit, dass sich dieser Sachverhalt ereignet hat"; oder eine *an Sicherheit grenzende Wahrscheinlichkeit.* Wenn dem so wäre, wäre jede Verurteilung unmöglich:[37] Auch in den offenkundigsten Fällen der Schuld des Angeklagten gibt es meist eine (wenn auch fernliegende) Alternativ-Hypothese.

Die Rechtsprechung des spanischen Verfassungsgerichts der letzten Jahre hat unter dem Einfluss angelsächsischer Beweisrechtstheorien festgelegt, dass der Sachverhalt von der Anklage *beyond reasonable doubt* bewiesen werden muss.[38]

- Es reicht nicht, dass die Fassung der Anklage *plausibler* ist, als die der Angeklagten, sondern es wird ein *plus* an Sicherheit gefordert.
- Trotzdem ist keine *absolute* Sicherheit erforderlich: sogar wenn es mögliche *alternative Hypothesen* geben mag, ist die Verurteilung möglich, wenn diese nur *bedingt wahrscheinlich sind,* d.h. wenn diese Hypothesen objektiv nicht geeignet sind, um sinnvolle bzw. berechtigte Zweifel hervorzurufen.[39]

---

37 Es ist bemerkenswert, wie oft im Unternehmensstrafrecht (und nur für die Anklage) *unmögliche* Beweisstandards vorgeschlagen werden. Es wird klar, dass der Beweisstandard „wissenschaftlicher absoluter Sicherheit" unmöglich ist, wenn wir z. B. andere Tatbestandselemente betrachten (hundertprozentige wissenschaftliche Sicherheit der Rolle des Angeklagten als Täter oder Teilnehmer, des Vorliegens von Vorsatz usw.).

38 Tribunal Constitucional, Entscheidung vom 16.4.2007 (Nr. 70/2007); Tribunal Supremo, Entscheidungen vom 16.9.2011 (Nr. 922/2011) und 29.7.2011 (Nr. 852/2011). – Während im Zivilverfahren der sogenannte *Präponderanzkanon* gilt, wonach der Richter unter den Versionen, die von der Parteien vorgetragen werden, *diejenige* zugrunde legen muss, die *eher plausibel* erscheint, gilt im Gegensatz dazu im Strafverfahren, dass der Richter nur dann einen Sachverhalt der Anklage als bewiesen zugrundelegen darf, wenn er sich *beyond reasonable doubt* befindet. Über beide Beweisstandards aus rechtsvergleichender Sicht, vgl. *Fletcher,* Conceptos básicos de Derecho Penal, 1997, S. 36 f.

39 Zutreffend kam *Freund,* Normative Probleme der „Tatsachenfeststellung", 1987, zu dem Schluss, dass der verbleibende Zweifel bei der Verurteilung das tolerierte Risiko einer Fehlverurteilung darstellt.

2. Akkumulierung massiver Indizien

Eines der besonderen Merkmale des Rapsöls-Falls ist, dass die empirische Basis der epidemiologischen Analyse sehr viel größer war als bei anderen *leading cases* der Produktverantwortung. Mit den Worten des *Tribunal Supremo* ausgedrückt: *„330 Tote und mehr als 15.000 Betroffene, bei denen es möglich war, eine Ähnlichkeit der Symptome und den Verzehr des Öls zu belegen"* (diese Zahlen beziehen sich auf 1989; später wurden weitere Fälle bestätigt). Deswegen ist die Epidemiologie in der Lage, ihre Schlussfolgerungen in diesem Fall mit größtmöglicher Sicherheit zu treffen.

Aus der Perspektive des Beweises im Strafprozess, gehört die Akkumulierung massiver Indizien zu den Kernelementen solcher Fälle von Massenvergiftungen. Wenn tausende von Fällen einem identischen Muster folgen, lässt sich mit epidemiologischen Methoden[40] ein Höchstmaß an Sicherheit schaffen, das auf prozessualer Ebene zwei Effekte mit sich bringt:

- Mit jedem neuen Fall, der dem Verdachtsmuster (Vergiftung durch mit *Anilin* vergälltes Rapsöl) und keiner anderen möglichen Erklärung entspricht, wird die Hypothese der Anklage bestätigt.
- Mit jeder neuen Bestätigung des Verdachtsmusters werden Alternativhypothesen *weniger plausibel* und auch *auf weniger Fälle anwendbar*, womit sie die Möglichkeit verlieren, die Gesamtheit der Vergiftungen zu erklären.

Offensichtlich gilt das nicht mit demselben Nachdruck bei zehn wie bei 10.000 Opfern. Ein anomaler Fall (nicht mit der Hypothese der Anklage erklärbar)[41], hat eine ganz andere probatorische Bedeutung, wenn es einer von zehn oder aber einer von zehntausend Fällen ist. Wenn wir von einem von zehn Fällen sprechen, bedeutet dies, dass 10% der Fälle nicht der vorgeschlagenen Erklärung entsprechen und die Zahl der untersuchten Fälle, auf die sich die Anklage beruft, sehr niedrig ist (lediglich 9). Handelt es sich demgegenüber um einen von 10.000 Fällen, bedeutet dies eine Abweichung von lediglich 0,01 % von der Hypothese der Anklage.

---

40 Es ist auch wichtig zu betonen, dass im Rapsöl-Fall der epidemiologische Bericht von keiner Prozesspartei vorgebracht wurde, sondern es sich um ein Gutachten neutraler und seitens der WHO bestimmter Experten handelte.

41 In diesem Fall würde es sich um eine Vergiftung handeln, die nicht als Folge des Verzehrs vergällten Rapsöls erklärt werden kann.

Außerdem ist es von entscheidender Bedeutung, dass es sich um eine bis zu diesem Zeitpunkt unbekannte Krankheit handelt,[42] mit der kein anderer bekannter Giftstoff in Verbindung gebracht werden kann. Alle bekannt gewordenen Fälle des „toxischen Syndroms" waren stets Vergiftungen mit vergälltem Rapsöl. Sollten wir von einem Gefahrenherd sprechen, der eine bekannte, übliche oder sogar häufig auftretende Krankheit hervorruft, wie etwa bei krebserregenden Baustoffen, wäre die Situation eine völlig andere, da geprüft werden müsste, ob diese Baustoffe oder möglicherweise andere krebserregende Stoffe der Krankheitsauslöser sind.

Eine weitere Besonderheit des Rapsöl-Falls war die Tatsache, dass ähnlich wie im Contergan-Fall die Unterbrechung der Versorgung des Marktes mit dem Öl die Serie neuer Krankheitsfälle unterbrach. Dieser Zusammenhang zwischen der Produktrücknahme und dem Ende weiterer Ansteckungen ist, wie seitens des Schrifttums hervorgehoben wurde, mit einem *experimentellen Nachweis* der Kausalbeziehung zwischen Öl und toxischem Syndrom gleichzusetzen.[43]

Die Summe der Beweismittel der Anklage ist überwältigend, wie dies *Gimbernat Ordeig* treffend zum Ausdruck bringt:[44]

> *„Im Rapsöl-Urteil wurde festgestellt, dass es sich bei dem toxischen Syndrom um eine neuartige Krankheit handelte, von der in der Medizingeschichte keine Antezedenzien vorlagen. Diese einmalige Erkrankung brach zeitlich weder im 19. Jahrhundert noch im Jahre 1930 aus und betraf räumlich weder die Einwohner von Rom noch die von Sydney, sondern trat eben nur Anfang der achtziger Jahre des 20. Jahrhunderts in genau denjenigen spanischen Orten wie Torrjón de Ardoz oder Orense in Erscheinung, wo das Speiseöl verkauft worden war. Sie traf ausschließlich und gerade diejenigen Personen, die zuvor das mit dem Gift Anilin vergällte Rapsöl zu sich genommen hatten. Diese bis dahin unbekannte Erkrankung verschwand in dem Augenblick wieder von der Erdoberfläche, in dem der Rapsölvertrieb von den spanischen Gesundheitsbehörden gestoppt wurde. Aus alledem ergibt sich, dass es einfach zu begreifen ist, dass die Betroffenen deswegen krank geworden bzw. gestorben sind, weil sie das Pech hatten, das im Straßenhandel veräußerte Rapsöl zu konsumieren."*

3. Die beweisrechtliche Relevanz „anormaler Fälle"

Wie sind im Rapsöl-Fall (mit einem epidemiologisch nachgewiesenen Zusammenhang zwischen dem Konsum von Rapsöl, der Konzentration von Fettsäureanilidindikatoren und tausenden Vergiftungen) anormale Fälle zu würdigen, bei

---

42 *Pérez del Valle*, in: Anuario de Derecho Penal y Ciencias Penales 1996, 979, 995; *Paredes Castañón*, El caso de la colza (Fn. 6), 1995, S. 50.

43 *Pérez del Valle*, in: Anuario de Derecho Penal y Ciencias Penales 1996, 979, 983 ff.

44 *Gimbernat Ordeig*, Beiträge zur Strafrechtswissenschaft (Fn. 23), S. 206.

denen keine entsprechende Verbindung nachgewiesen werden konnte? Warum und in welchem Maße ist es für die Verteidigung nützlich, dass es Fälle gibt, die nicht dem von der Anklage behaupteten Muster entsprechen?

Deren Sinn liegt freilich nicht darin, die Anzahl der Opfer zu reduzieren. Der Erfolg wäre nicht einmal ansatzweise wahrnehmbar, da 30.000 Opfer zu dem gleichen strafrechtlichen Ergebnis führen würden wie 25.000 Opfer. Bei dieser Größenordnung ahndet das Strafrecht jeden neuen Zuwachs von Rechtwidrigkeit und Schuld nicht mehr mit einem höheren Strafmaß.[45]

Augenscheinlich ist der Beweisgehalt anormaler Fälle ein anderer. Der Nachweis, dass einige Fälle nicht dem üblichen Erklärungsmuster entsprechen, kann einzig und allein dann entlastend wirken, wenn es möglich ist, auf diese Weise die Standard-Erklärung als falsch und mithin ungeeignet zur Erklärung der Gesamtheit aller Fälle zu entlarven. Wenn die Verteidigung die Existenz anormaler Fälle darlegt, ohne dadurch die Hypothese der Anklage *für alle Fälle* erschüttern zu können, ist der Wert für die Verteidigung gleich null.[46]

Der anormale Fall dient in diesem Zusammenhang als „schwarzer Schwan", als Nachweis einer mit der Hypothese der Anklage unvereinbaren Tatsache. Im Rapsöl-Fall hat die Verteidigung dies auf zweierlei Art und Weise versucht:

1. Durch den Nachweis, dass einige Opfer keinen Kontakt mit dem Giftstoff, sondern mit einem anderen Gefahrenherd hatten.

Die Verteidigung hat vorgebracht, dass es einige Personen gab, die vergiftet wurden, ohne dass nachgewiesen wurde, dass sie Kontakt mit Öl gehabt hätten, das mit Anilin versetzt war. Um die Anklage zu entkräften, genügt es nicht, dass schlichtweg *nicht nachgewiesen wurde*, dass ein Opfer keinen Kontakt mit dem Öl hatte. Andernfalls wäre der Beweis nicht erbracht worden, dass dies *unvereinbar* mit der Hypothese der Anklage ist. Für die Unvereinbarkeit ist es weitergehend erforderlich, dass in einem anormalen Fall der Kontakt mit dem Öl *unmöglich* – oder zumindest in einem hohen Grad unwahrscheinlich – war.[47]

Der Bericht des Sachverständigen Dr. Doll lässt dahingehend keine Fragen offen: "*[T]he number of exceptional cases outside the affected area is extremely small and that, in a high proportion of the few that did occur, some special exposure to adulterated oil either did exist or can be presumed to have existed*". Im Ergebnis

45 Im spanischen Recht kann die sich aus der Akkumulierung mehrerer Strafen ergebende Gesamtstrafe niemals höher sein, als das dreifache Strafmaß der höchsten Einzelstrafe (Art. 76 spanisches StGB).

46 *Pérez del Valle,* in: Anuario de Derecho Penal y Ciencias Penales 1996, 979, 983.

47 Zum Beispiel: Ein Vergiftungsherd *vor* der Einführung vergällten Rapsöls in Spanien oder ein Vergiftungsherd in einem entfernten Land, in das kein Öl importiert wurde.

konnte damit der Nachweis einer mit der Hypothese der Anklage unvereinbaren Tatsache erbracht werden.

Zusätzlich gewinnen Alternativ-Hypothesen dann an Bedeutung, wenn sie von einer auf alle anderen Fälle übertragbaren Hypothese ausgehen, was jedoch im Rapsöl-Fall nicht gelungen ist.[48]

2. Durch den Nachweis, dass in einigen Fällen der Kontakt mit dem Giftstoff keine Symptome hervorgerufen hat. Seitens eines Teil des Schrifttums wurde kritisiert, dass die Rechtsprechung ohne besondere Nachweise hingenommen habe, dass die Rapsöl-Vergiftung bestimmte Personengruppen betraf, andere hingegen nicht.[49] Meines Erachtens muss diese Frage unter beweisrechtlichen Gesichtspunkten anders gelöst werden:

- Seitens der Anklage werden umfangreiche Nachweise über den Zusammenhang zwischen dem Konsum des vergällten Öls und der Vergiftung erbracht (tausendfacher Verzehr gefolgt von Vergiftung, identisches geographisches Gebiet, Nachvollziehbarkeit der Vertriebswege und Verkaufspunkte, Nachlassen der Vergiftung nach Rücknahme des Produkts sowie die Tatsache, dass es sich um ein geschichtlich einmaliges Syndrom handelt).
- Die Verteidigung bringt als Gegenbeweis vor, dass einige Personen zwar Öl konsumierten, allerdings keine Symptome der Vergiftung aufweisen.
- Sowohl die Toxikologie als auch die Epidemiologie belegen, dass es problem los möglich ist, dass ein Giftstoff nur Personen mit einer bestimmten Vorveranlagung betrifft oder nur solche, die unter bestimmten Umständen mit dem Giftstoff in Berührung kommen. Aus diesem Grund wird seitens des Schrifttums hervorgehoben, dass Fälle, in denen der Verzehr des Öls keine Krankheitsfolgen nach sich zog, mit der Hypothese der Anklage vereinbar sind und diese nicht zu widerlegen vermögen.

Wenn die Verteidigung beabsichtigt, die Hypothese der Anklage zu entkräften, muss sie Tatsachen beibringen, die mit derselben *unvereinbar* sind. Die Tatsache, dass bestimmte Personen trotz des Verzehrs des Öls keine Symptome aufweisen, ist jedoch mit der Hypothese der Anklage – bestätigt durch toxikologische und epidemiologische Erkenntnisse – vereinbar. Im Ergebnis ist es nicht möglich, die Hypothese der Anklage zu widerlegen oder zumindest zu entkräften.[50]

---

48 *Pérez del Valle,* in: Anuario de Derecho Penal y Ciencias Penales 1996, 979, 995.

49 Oder das Öl wurde unter bestimmten Umständen konsumiert.

50 Aus der Perspektive der Philosophie der Wissenschaft vgl. *González Lagier,* in: Poder Judicial 1994, S. 83, 99 f., 102; s. auch *Pérez del Valle,* in: Anuario de Derecho Penal y Ciencias Penales 1996, 979, 994.

4. Welche Alternativ-Hypothese muss untersucht und widerlegt werden, um die Hypothese der Anklage als erwiesen zu erachten?

Einige Stimmen aus dem Schrifttum kritisieren, dass in dem Urteil keine Alternativ-Hypothesen, wie etwa eine Vergiftung durch organophosphorhaltige Pestizide[51] oder Herbizide – wie etwa *Paraquat* – untersucht worden seien. Danach sei die Argumentation der Verteidigung stichhaltig und ließe Raum für Zweifel, welche unter Beachtung des Grundsatzes *in dubio pro reo* zu einem Freispruch hätten führen müssen.

Diesbezüglich lassen sich Überlegungen zu den Beweisanforderungen jenseits eines begründeten Zweifels („*reasonable-doubt-Standard*") anstellen. Für eine Verurteilung ist es notwendig, dass es keine möglichen Alternativen für die Schuld des Anklagten gibt, sondern dass diese, wenn es sie geben sollte, fernliegend und kaum plausibel sind. Anders ausgedrückt, dass die Grenze des *vernünftigerweise Wahrscheinlichen* überschritten sein muss.[52] Wenn es eine belastbare Hypothese der Anklage mit einer sehr hohen Wahrscheinlichkeit gibt, kann das bloße Vorhandensein einer Alternativ-Hypothese, deren Plausibilität nicht belegt wurde oder die fernliegend ist, nicht genügen, um die Verurteilung zu vermeiden.[53] Wenn keine der vorgebrachten Alternativ-Hypothesen vernünftigerweise plausibel ist, hält die Hypothese der Prüfung des begründeten Zweifels stand.

Der Rapsöl-Fall zeigt beispielhaft, dass, wenn in tausendfacher Weise der Zusammenhang zwischen Verzehr und Vergiftung nachgewiesen wurde,[54] die reine Anführung einer Alternativ-Hypothese nicht genügt, sondern mit hinreichenden Beweisen untermauert werden muss. Eine mögliche Pestizid-Vergiftung ließ sich weder epidemiologisch noch toxikologisch nachweisen. Das Urteil der *Audiencia Nacional* geht in der Beweiswürdigung ausdrücklich auf das Fehlen

---

51 *Paredes Castañón,* El caso de la colza (Fn. 6), S. 55, 131; *Luzón Peña,* Curso de Derecho (Fn. 20), S. 372; *Escobar Vélez,* La responsabilidad (Fn. 18), S. 45.

52 Auch wenn der Beweisstandard des vernünftigen Zweifels noch nicht in der Verfassungsrechtsprechung der 1980er Jahre behandelt worden wäre, wäre dies notwendig gewesen. Der Grundgedanke des *beyond reasonable doubt* ist in der spanischen Jurisprudenz keineswegs fremd.

53 *Carnevali Rodríguez/Castillo Val,* in: Revista Ius et Praxis, Nr. 2011–2, 77, 102 verwenden im Gegenzug ein m. E. zu weitgefasstes Konzept des *reasonable doubt.*

54 Darunter fallen klare Beispiele, wie das eines Säuglings, dessen Ernährung ein Löffel vergällten Öls beigemischt wurde und der keinen anderen Vergiftungsrisiken ausgesetzt war.

belastbarer Beweise für seitens der Verteidigung angeführte Alternativ-Hypothesen ein.[55]

> *„Es gibt keine Belege dafür, dass sich Ende 1980 oder zu Beginn des Jahres 1981 im US-Militärstützpunkt in Torrejón de Ardoz ein Unfall mit Chemiewaffen ereignete, der zu einer Epidemie geführt hätte.*
>
> *Es gibt außerdem keine Beweise, dass eine öffentliche oder private, nationale oder internationale Organisation durch die Vergiftung von Tomaten eine zweite Epidemie auslöste, um den Ursprung ersterer zu vertuschen.*
>
> *Es wurden keine Repressalien gegen einen Wissenschaftler nachgewiesen, der durch seine Forschung – wissentlich oder unwissentlich – einen internationalen Pakt zur Vertuschung dieser Vorfälle aufgedeckt haben könnte."*

Das Gericht erachtet sogar als erwiesen an, dass die Gesamtheit der klinischen, biologischen und anatomopathologischen Daten nicht mit einer Vergiftung durch Organophosphorverbindungen oder durch *Paraquat* in Einklang zu bringen sei. Zusammenfassend muss eine Alternativ-Hypothese damit am Maßstab des *reasonable doubt* gemessen werden. Im vorliegenden Fall gab es keine noch so fernliegende tatsächliche Möglichkeit, dass ca. 25.000 Vergiftungen und hunderte Todesfälle durch belastetes Gemüse verursacht worden seien.

5. Von einer *reductio ad absurdum* zu einem praktischen Fall: Ursachen seltener oder unbekannter Syndrome *versus* bekannte Krankheiten, möglicherweise hervorgerufen durch andere, gewöhnliche Ursachen

Angesichts des bereits erörterten Versuchs des Schrifttums, über das materielle Strafrecht Probleme beweisrechtlicher Natur zu lösen, und als methodische Übung, schlage ich vor, einige Fälle „unbekannter toxischer Elemente" durchzuspielen.

1. Beginnen wir mit einem offensichtlichen Fall: Täter A läuft eine Straße entlang und injiziert vorsätzlich hundert Opfern eine unbekannte Substanz. *Alle* Opfer sterben innerhalb von Sekunden durch sofortiges multiples Organversagen. Bei Festnahme des A lassen sich keine Reste der chemischen Substanz nachweisen. Durch forensische Analyse der Leichen lässt sich nicht feststellen, welches toxische Element das multiple Organversagen hervorgerufen hat.

Es erscheint klar, dass in diesem Fall die Unkenntnis des „allgemeinen Kausalgesetzes", das den konkreten Giftstoff mit der Todesfolge verbindet, einer Verurteilung nicht entgegenstehen würde. Die zeitliche Nähe von Tat und Taterfolg

55 Urteil der *Audiencia Nacional* vom 20. Mai 1989.

sowie das Nichtvorhandensein alternativer Hypothesen (Wäre es vernünftig, an ein unerwartetes, multiples Organversagen zu denken, das nichts mit dem Angriff zu tun hat bzw. ein Organversagen, das nur einen angegriffenen Menschen kurz nach dem Angriff ereilte?) sind Daten, die den Beweis der Anklagehypothese als über jeden vernünftigen Zweifel hinaus erbracht gelten lassen.

2. Abwandlung: Von hundert angegriffenen Menschen sterben nur sechzig an einem sofortigen multiplen Organversagen; bei den Opfern handelt es sich um ältere Menschen.

Hier steht die besondere Anfälligkeit von Opfern im fortgeschrittenen Alter ebenso wenig einer strafrechtlichen Zurechnung entgegen. Ob das Gift *alle Opfer* oder nur ältere Menschen tötet, ändert nichts am Nachweis der Kausalität (aber es könnte u. U. Zweifel an der objektiven Zurechnung des Erfolgs in Fällen der Fahrlässigkeit hervorrufen).

3. Variante. Es gibt keine Nachweise, dass die sechzig Todesopfer Gemeinsamkeiten aufweisen (Alter, Krankheit etc.), die sie vom Rest der Betroffenen unterscheiden.

Zweifel ergeben sich in diesem Fall zwar nicht aufgrund der Kenntnis bzw. Unkenntnis des „toxischen Moleküls", sondern aus der Gesamtschau der Beweise. Es eröffnet sich die Möglichkeit einer Alternativ-Hypothese, um zu erklären, warum sechzig Betroffene sterben und vierzig überleben, auch wenn dies nicht zu einem begründeten Zweifel führt, der eine Verurteilung ausschließen würde (sechzig Todesfälle ereignen sich *unmittelbar* nach der Injektion; es gibt keine Meldungen über vergleichbare Fälle, in denen kein Angriff mit der Spritze erfolgt war, etc.), weshalb alle Daten klar die Hypothese eines kausalen Zusammenhangs bestätigen.[56]

4. Bis jetzt sind wir von einer Fallvariante mit zwei Besonderheiten ausgegangen: Erstens mit zahlreichen Betroffenen sowie zweitens mit dem Erscheinen eines außergewöhnlichen oder unbekannten Syndroms. Aber aus beweisrechtlicher Sicht sind umgekehrte Fallgestaltungen eine Herausforderung.

Aus diesem Grund ändern wir in dieser Fallgestaltung ein Kernelement und entfernen die beiden eben genannten Merkmale. Wie im Ausgangsfall geht es um Injektionen auf der Straße, aber von hundert angegriffenen Menschen sterben nur sechs in den folgenden zwei bis fünf Jahren an Lymphdrüsenkrebs.

---

56 Sogar wenn die Substanz nur diejenigen betrifft, die beispielsweise Alkohol konsumiert haben, ändert dies nichts am Kausalitätsnachweis oder den weiteren Voraussetzungen der Zurechnung strafrechtlicher Verantwortlichkeit.

Diese Variante zeigt die typischen Besonderheiten *komplizierter und zweifelhafter Fälle der Produktverantwortung*. Das Ergebnis (Lymphdrüsenkrebs) kann entweder als Folge der „mysteriösen" Substanz oder als Folge anderer krebserregender Stoffe beschrieben werden, ohne dass keine der beiden Hypothesen als irrational abgewiesen werden könnte, da wir im täglichen Leben einer Vielzahl krebserregender Stoffe ausgesetzt sind. Der Rapsöl-Fall steht beispielhaft für Fallgestaltungen eines Syndroms, das kein zweites Mal aufgetreten ist und für das es keine anderen Ursachen gibt. Im Gegensatz dazu ist Lymphdrüsenkrebs eine Krankheit, die durch verschiedene Faktoren hervorgerufen werden kann. Angenommen, diese Krebserkrankung betreffe statistisch weniger als 1% der Bevölkerung. In diesem Fall sind sechs der hundert durch den mysteriösen Giftstoff Betroffene erkrankt. Ohne weitere Daten ist eine geringe statistische Überrepräsentanz des Lymphdrüsenkrebses unter den Opfern nicht genug, um eine strafrechtliche Verantwortung für diesen Taterfolg mit der im Strafrecht notwendigen Sicherheit annehmen zu können. Dieses Beispiel steht stellvertretend für Fallgestaltungen, in denen heutzutage schwerwiegende Beweisprobleme auftreten, nämlich mögliche Krebserregung durch technische Einrichtungen oder Produkte.[57]

5. Greifen wir in der folgenden Fallvariante erneut die Anzahl der betroffenen Personen auf. Ein bestimmtes Produkt erhöht in erheblichem Maße das Risiko einer bestimmten Krebserkrankung (etwa um 5000%). Im Verlauf von drei Jahren wurde dieses Produkt von 10.000 Verbrauchern konsumiert. In diesem Fall könnte das Gericht mit folgenden Daten konfrontiert werden:

- Nach fünf Jahren gab es 2.000 Krebserkrankungen unter den 10.000 Verbrauchern dieses Produkts, während bei der Vergleichsbevölkerung nur vierzig Fälle auftraten.
- Es ist nicht kompliziert, durch wissenschaftliche Untersuchungen (und *beyond reasonable doubt*) nachzuweisen, dass dieses Produkt *viele* dieser Fälle hervorgerufen hat und *sehr wahrscheinlich* sogar die Gesamtheit der Fälle.

Aber „viele dieser Fälle" oder „sehr wahrscheinlich die Gesamtheit" bedeutet, konturlose Begriffe zu verwenden. Dabei stellt sich die Frage, ob eine strafrechtliche Verurteilung möglich ist, wenn nicht klar ist, ob alle Fälle durch dieses Produkt hervorgerufen wurden.

---

57 S. *Pérez Gil*, El conocimiento científico en el proceso civil – Ciencia y tecnología en tela de juicio, 2010, S. 78 ff. m. w. N.

Aus strafrechtlicher Sicht ist dies ohne Weiteres möglich. Aufgrund dieser Zahlen lässt sich von einer Anzahl von Todesfällen ausgehen, die über dem bereits erwähnten Schwellenwert der höchsten Strafe für fahrlässige Tötung des spanischen Rechts liegt.[58] Der Fall würde sich schwieriger gestalten, wenn es eine auf minimale Weise plausible Erklärung für einen derartigen epidemischen Ausbruch an Krebserkrankungen gäbe. Allerdings gibt es in unserem Beispiel keine andere begründete Alternativhypothese, die als *reasonable doubt* gelten könnte.

VIII. Schlussbemerkungen

In diesem Zusammenhang sei angemerkt, dass wir von einer Hypothese zur Erklärung *einer Epidemie* sprechen und nicht *zu jeder einzelnen Ansteckung*. Es ist nicht schwierig, den Nachweis für eine Verurteilung aufgrund eines *epidemischen Krankheitsausbruchs* zu erbringen, der zu einer hohen Anzahl von Todes- oder Krankheitsfällen führt. Wenn es sich um eine *übliche* Krankheit wie Krebs handelt, kann es sich jedoch äußerst schwierig gestalten zu beweisen, dass die konkrete Erkrankung des Subjekts 1 oder des Subjekts 2 oder des Subjekts *n* Folge des Kontakts mit dem Giftstoff und nicht eines anderen krebserregenden Stoffes ist. In diesem Fall können wir nicht ausschließen, dass *ein konkreter Fall* möglicherweise Folge *eines anderen Gefahrenherds* sein kann. Bei einem Nachweis im Einzelfall und nicht auf der Makroebene verringert sich dabei die wissenschaftliche Genauigkeit der Epidemiologie.

Die strafrechtlichen Folgen bleiben davon unberührt, wenn – wie bereits erörtert – die Opferzahlen bei Fahrlässigkeitsdelikten von 200 auf 300 Fälle ansteigen. Aus der Sicht zivilrechtlicher Schadensersatzansprüche ist dies jedoch gleichwohl entscheidend, denn für die Entschädigung des Subjekts 1, des Subjekts 2 oder des Subjekts *n* genügt es als Beweis nicht, dass der Täter *eine hohe Anzahl von Personen* geschädigt hat, sondern es ist ein Einzelnachweis

---

58 Zu Beginn der Beweiswürdigung in der Entscheidung des Rapsöl-Falls unterscheidet die *Audiencia Nacional* sorgfältig zwischen Fällen, in denen bewiesen wurde, dass das Opfer am toxischen Syndrom litt und dadurch zu Tode kam, und solchen Fällen, in denen das toxische Syndrom nachgewiesen wurde, allerdings nicht in ausreichendem Maße, dass dieses zum Tode führte, sowie Fällen, in denen keines dieser beiden Elemente nachgewiesen werden konnte. Die Tatsache, dass nicht bei allen Personen, die seitens der Anklage zu Opfern erklärt wurden, dieser Nachweis geführt werden konnte, stand einer Verurteilung in den Fällen, in denen eben doch angenommen wurde, dass der Todes- oder Verletzungserfolg durch die Vergiftung hervorgerufen wurde, natürlich nicht entgegen.

erforderlich.[59] Diesbezüglich wurden im Zivilrecht zahlreiche Lösungsansätze entwickelt, wie etwa die Regulierung von *Class Actions* im Bereich des Verbraucherschutzes, kollektive Klagen durch Opferverbände usw.[60]

Aber: „das ist eine andere Geschichte und soll ein andermal erzählt werden".[61]

---

59 Einige Autoren haben versucht, unter Zugrundelegung laxer Formulierungen der Dogmatik der objektiven Zurechnung, solche Beweisfragen durch Modifizierung materiell-rechtlicher Konzepte zu lösen. Dies ist meiner Ansicht nach nicht nur unzutreffend, sondern oft unnötig. Eine minimale Modifizierung des letzten Beispiels mag dies verdeutlichen. Stellen wir uns vor, dass sich dieser Fall zu einem Zeitpunkt ereignet, in dem der wissenschaftliche Fortschritt aufgrund der Eigenschaften des Tumors die genaue Bestimmung zulässt, welche Krebsfälle durch den Giftstoff hervorgerufen wurden und welche nicht. Durch die Lösung dieser Frage auf der Ebene der Beweisführung zeigt sich, dass der Versuch, die Beweisdefizite durch eine Verformung materiell-rechtlicher Begriffe zu lösen, ein Fehler ist.

60 Im Zivilrecht gilt nicht der *reasonable-doubt*-Standard, sondern der Präponderanzkanon.

61 *Ende,* Die unendliche Geschichte, 1979, S. 480 et *passim*.

ANHANG Nr. 1: LEBENSMITTELSTRAFRECHT IN SPANIEN, 1848–1995

Código Penal 1848	Código Penal 1870	Código Penal 1944	Vereinheitlichter Gesetzestext 1973	Reform 1983
Art. 250. Derjenige, der durch gesundheitsschädliche Beimengung Getränke oder Lebensmittel verändert, die zum öffentlichen Verbrauch bestimmt sind, wird mit Besserungsstrafe und einer Geldstrafe von 10 bis 100 *Duros* bestraft.	Art. 356. Derjenige, der durch gesundheitsschädliche Beimengung Getränke oder Lebensmittel verändert, die zum öffentlichen Verbrauch bestimmt sind, *oder verdorbene Waren verkauft oder Sachen herstellt bzw. verkauft, deren Gebrauch zwangsläufig gesundheitsschädlich ist,* wird mit dem Mindestmaß der Besserungsstrafe und Geldstrafe von 125 bis 1250 *Peseten* bestraft. *Die veränderten Waren und Produkte sind stets zu vernichten.*	Art. 346. Derjenige, der durch gesundheitsschädliche Beimengung Getränke oder Lebensmittel verändert, die zum öffentlichen Verbrauch bestimmt sind, oder verdorbene Waren verkauft oder Sachen herstellt bzw. verkauft, deren Gebrauch zwangsläufig gesundheitsschädlich ist, wird mit minderer Freiheitsstrafe und Geldstrafe von 1000 bis 5000 Peseten bestraft. Die veränderten Waren und Produkte sind stets zu vernichten.	Art. 346. Derjenige, der durch gesundheitsschädliche Beimengung Getränke oder Lebensmittel verändert, die zum öffentlichen Verbrauch bestimmt sind, oder verdorbene Waren verkauft oder Sachen herstellt bzw. verkauft, deren Gebrauch gesundheitsschädlich ist, wird mit minderer Freiheitsstrafe und Geldstrafe von 5.000 bis 25.000 Peseten bestraft. Die veränderten Waren und Produkte sind zu vernichten.	Art. 346. *Der Hersteller, Distributor oder Händler, der auf dem Markt Lebensmittel unter Unterlassung oder Abänderung der durch Gesetze oder Verordnungen gemachten Vorgaben über Verfall oder Inhaltsstoffe anbietet und die Gesundheit der Verbraucher gefährdet, wird mit minderer Freiheitsstrafe und Geldstrafe von 750.000 bis 3.000.000 Peseten bestraft.* Mit derselben Strafe wird derjenige bestraft, der durch gesundheitsschädliche Beimengung Getränke oder Lebensmittel verändert, die zum öffentlichen Verbrauch bestimmt sind, oder verdorbene Waren verkauft oder Sachen herstellt bzw. verkauft, deren Inhaltsstoffe Substanzen oder Produkte enthalten, die dazu führen, dass der Gebrauch gesundheitsschädlich ist. Wenn diese Handlungen oder Unterlassungen fahrlässig erfolgen, ist die Strafe minderer Arrest und Geldstrafe von 30.000 bis zu 1.500.000 Peseten.

Código Penal 1848	Código Penal 1870	Código Penal 1944	Vereinheitlichter Gesetzestext 1973	Reform 1983
	Art. 357: Die im vorherigen Artikel genannte Strafe gilt auch für:	Art. 347: Die im vorherigen Artikel genannte Strafe gilt auch für:	Art. 347. Die im vorherigen Artikel genannten Strafen gelten auch für:	Art. 347. Die im vorherigen Artikel genannten Strafen gelten auch für:
	1. Denjenigen, der zum Zwecke des Verkaufs oder Kaufs Handelswaren verbirgt oder entwendet, die zur Vernichtung oder Desinfektion bestimmt sind. (…).	1. Denjenigen, der zur Vernichtung oder Desinfektion bestimmte Handelswaren verbirgt oder entwendet, um diese zu verkaufen oder zu kaufen. (…).	1.ºDenjenigen, der zur Vernichtung oder Desinfektion bestimmte Handelswaren verbirgt oder entwendet, um diese zu verkaufen oder zu kaufen. (…).	1.ºDenjenigen, der zur Vernichtung oder Desinfektion bestimmte Handelswaren verbirgt oder entwendet, um diese zu verkaufen oder zu kaufen (…).
		Art. 348: Im Falle, dass aufgrund einer in diesem Kapitel genannten Tatsache der Tod eintritt, sind gegenüber dem Schuldigen die Strafe des minderen Arrests sowie die in den entsprechenden Fällen vorgesehene Geldbuße zu verhängen.	Art. 348. Im Falle, dass aufgrund einer in den vorherigen Artikeln genannten Tatsache der Tod eintritt, sind gegenüber dem Schuldigen die Strafe des minderen Arrests sowie die in den entsprechenden Fällen vorgesehene Geldbuße zu verhängen.	Art. 348. Im Falle, dass aufgrund einer in den vorherigen Artikeln genannten Tatsache der Tod eintritt, sind gegenüber dem Schuldigen die Strafe des minderen Arrests, sowie die in den entsprechenden Fällen vorgesehene Geldbuße zu verhängen.

ANHANG NR. 2. LEBENSMITTELSTRAFRECHT IN SPANIEN SEIT 1995

Art. 363. Mit Freiheitsstrafe von 1 bis zu 4 Jahren, Geldstrafe von 6 bis 12 Monaten und dem besonderen Verbot, Beruf, Handwerk, Gewerbe oder Handel für die Dauer von drei bis sechs Jahren auszuüben, werden Hersteller, Distributoren oder Händler bestraft, welche die Gesundheit der Verbraucher [folgendermaßen] gefährden:

1. Durch das Anbieten auf dem Markt von Lebensmitteln unter Unterlassung oder Abänderung der durch Gesetze oder Verordnungen gemachten Vorgaben über Verfall oder Inhaltsstoffe; *(1983 eingeführt).*
2. Durch die Herstellung oder den Verkauf von Getränken oder Lebensmitteln, die für den öffentlichen Verbrauch bestimmt und gesundheitsschädlich sind; *(1870 eingeführt)*.
3. Durch Handel mit verdorbenen Waren; *(1870 eingeführt).*
4. Durch die Herstellung von Produkten, deren Verbrauch nicht genehmigt und die gesundheitsschädlich sind, oder durch Handel mit denselben; *(In Bezug auf Lebensmittel wurde dieser Tatbestand 1995 eingeführt; im Hinblick auf Arzneimittel und andere gefährliche chemische Substanzen gilt er seit 1848)*.
5. Durch das Verbergen oder Entwenden von Handelswaren, die zur Vernichtung oder Desinfektion bestimmt sind, um mit denselben zu handeln; *(1870 eingeführt)*.

Art. 364.
1. Wer durch Zusatzstoffe oder andere nicht zugelassene und gesundheitsschädliche Stoffe Lebensmittel, Substanzen oder Getränke, die für den Lebensmittelhandel bestimmt sind, verändert, wird mit den im vorherigen Artikel genannten Strafen bestraft. Wenn der Täter Eigentümer oder Verantwortlicher der Produktion einer Fabrik für Lebensmittel ist, so ist zusätzlich zur Strafe das besondere Verbot, Beruf, Handwerk, Gewerbe oder Handel für eine Dauer von sechs bis zehn Jahren auszuüben, zu verhängen. (*Mit technischen Modifikationen stammt dieser Tatbestand aus dem Jahr 1848*).
(...)

Art. 367. Sollten die in den vorherigen Artikeln genannten Umstände auf grobe Fahrlässigkeit zurückzuführen sein, so sind die entsprechenden Strafen zu mindern.

Liching Chang

Landesreferat zum Thema des strafrechtlichen Umgangs mit Produktgefahren in Taiwan

Zur Gefährdung der Lebensmittelsicherheit und -hygiene

I. Einführung in die Problematik

Die Risikobewertung von Produkten ist eine der wichtigsten Aufgaben für einen Rechtsstaat. Zu deren Erfüllung ist primär die Gesetzgebung aufgerufen. Die Gefahren, die von Produkten ausgehen, können darin bestehen, dass ein Produkt nicht mit den Erwartungen des Marktes übereinstimmt, der Hersteller seine Verkehrssicherungspflichten nicht erfüllt, einschließlich der Gefahren, die mit der Qualität, der Marktpositionierung, der Marke usw. des Produktes zusammenhängen. Zu den bedeutendsten Maßnahmen gegen Produktgefahren zählen die Regelungen zur Lebensmittelhygiene, da Lebensmittel die Gesundheit des Menschen beeinträchtigen oder sogar dessen Tod verursachen können, wenn Speisen von Bakterien befallen sind oder falsche Inhaltsstoffe hinzugefügt wurden. In diesem Zusammenhang muss ein Täter auch strafrechtlich sanktioniert werden (können), wenn er gegen Hygienebestimmungen verstößt und damit die Sicherheit von Lebensmitteln beeinträchtigt.

Heutzutage betreiben Taiwan und viele Länder Im- und Export mit Lebensmitteln. Infolgedessen ist es sehr wichtig, die Kooperation zu stärken. Im September 2008 wurde ein Skandal über giftiges Milchpulver, das mit Melamin versetzt wurde, in China bekannt. Allerdings hatten viele Verbraucher die giftige Milch schon getrunken. Ebenso konnte Taiwan eine Katastrophe nicht vermeiden.[1] Auch danach traten noch vereinzelt vergleichbare Fälle in Taiwan auf, etwa giftige Sojasauce, die Falschbezeichnung von Speisen oder giftige Tapioka.[2]

---

1 Der Fall beeinflusste nicht nur Taiwan und China, sondern hatte weltweite Auswirkungen. Zur aktuellen Entwicklung des Falls s.: *Liching Chang*, in: Juristische Forschung der Tunghai Universität, Bd. 31, 2009, S. 109 ff.

2 Kürzlich traten viele Fälle über ungeeignete Lebensmittel auf. Zu weiteren Nachrichten s. etwa: ETTV-Nachricht, http://www.ettoday.net/news/20130517/209179.htm; NOWnews, http://www.nownews.com/2013/05/20/320-2940713.htm; AppleDaily, http://www.appledaily.com.tw/appledaily/article/headline/UHO; Üho http://www.uho.com.tw/hotnews.asp?aid=26482 (alle Informationen, Stand: 10.09.2013).

Aktuell herrscht in Taiwan wieder weitverbreitete Furcht vor vergifteter Stärke. Wegen der zahlreichen die Lebensmittelhygiene und -sicherheit betreffenden Fälle wird davon ausgegangen, dass die Sicherheit der Lebensmittel noch wichtiger geworden ist.

Außer den oben genannten Fällen gab es noch gewichtigere Straftaten. Bei diesen Fällen handelten die Täter gegen die Lebensmittelsicherheit zum Zwecke der Verunsicherung der Bevölkerung, um rechtlich unzulässige finanzielle Vorteile zu erlangen. Ein Beispiel sind die Fälle eines vergifteten Energie-Getränks[3] und des vergifteten Wasserturms an der Tunghai-Universität[4]. Die Täter drohten dem Geschäft und der Universität mit Vergiftungen und erpressten Geld.

Die strafrechtlichen Probleme, die von Produktgefahren aufgeworfen werden, sind vielschichtig: Sie können etwa die allgemeinen Fragen von Vorsatz oder Fahrlässigkeit, die Unterlassungsverantwortlichkeit des Herstellers, die Verantwortlichkeit des Personals bei der Herstellung sowie die Amtsträgerverantwortlichkeit betreffen. Gegenwärtig kann das Kernstrafrecht nicht auf alle Bedrohungen für die Sicherheit von Lebensmitteln reagieren. Daher ist es notwendig, die diesbezüglichen Regeln über die Sicherheit und die Hygiene von Lebensmitteln zu diskutieren. Vor allem die strafrechtlichen Verantwortlichkeiten bezüglich der Gefährdung der Lebensmittelhygiene werden in diesem Aufsatz untersucht und kritisiert. Am Ende werden Vorschläge unterbreitet, um das strafrechtliche System taiwanesischer Lebensmittelsicherheit zu verbessen.

II. Strafrechtliche Sanktionen zum Schutz der Sicherheit bei der Lebensmittelhygiene

Zum Schutz der Sicherheit bei der Lebensmittelhygiene gibt es zwei Regeln im taiwanesischen StGB: § 191 des taiwanesischen Strafgesetzbuchs enthält den Straftatbestand der Verletzung hygienischer Standards. Diese Vorschrift sieht die Bestrafung des Täters vor, der vorsätzlich Lebensmittel unter Nichteinhaltung von Hygienestandards herstellt, verkauft oder zum Verkauf bereitstellt. Es handelt sich dabei um ein *abstraktes* Gefährdungsdelikt. Neben diese Vorschrift tritt § 191-1 tStGB. Strafbar macht sich danach, wer Gift oder andere schädliche Substanzen Lebensmitteln zuführt oder einen anderen Gegenstand verfälscht bzw. mit Lebensmitteln vermischt, der von anderen Personen öffentlich zum Verkauf

---

3 Der Fall aus dem Jahr 2002 fand große Beachtung, s.: NOWnews, http://www.nownews.com/2010/03/19/545-2581637.htm(Stand: 10.09.2013).

4 Info aus: Apple Daily, http://www.appledaily.com.tw/appledaily/article/property/20090502/31594771/ (Stand: 10.09.2013).

angeboten wird. In Absatz 2 sind weitere Varianten der Vermengung von Lebensmitteln mit anderen Stoffen erfasst. Darüber hinaus enthält die Vorschrift eine Qualifikation, die bei Eintritt einer schweren Folge in Gestalt des Todes oder einer schweren Körperverletzung zur Anwendung gelangt. Der Versuch ist strafbar. Bei beiden Vorschriften kommt als Täter ausschließlich eine natürliche Person in Betracht. Derzeit gibt es im taiwanesischen StGB keine Vorschrift zur Sanktionierung juristischer Personen.

Neben die kernstrafrechtlichen Vorschriften tritt der Schutz der Lebensmittelhygiene durch nebenstrafrechtliche Normen. Als wichtigste zu nennen sind hier § 49 des Gesetzes über die Verwaltung der Lebensmittelhygiene und die §§ 21 ff. des Gesetzes über die Verwaltung gesunder Lebensmittel. In diesem Bereich ist, anders als im Kernstrafrecht, eine Sanktionierung juristischer Personen möglich. § 49 des Gesetzes über die Verwaltung der Lebensmittelhygiene erfasst im Wesentlichen Verstöße in den Bereichen der Kennzeichnung, Registrierung, Werbung, Verpackung, Verarbeitung sowie Rücknahme von Lebensmitteln als Gefährdungsdelikte.

III. Allgemeine strafrechtliche Probleme im Bereich der Lebensmittel- bzw. Produktverantwortlichkeit

1. Die Schwierigkeit des Nachweises der vorsätzlichen Kriminalität

Im Bereich der Straftaten, die den Umgang mit Lebensmitteln erfassen, fällt der Vorsatznachweis nicht selten schwer. Es bleibt zumeist allein die Möglichkeit der Bestrafung wegen fahrlässigen Fehlverhaltens. In Betracht kommt eine Erweiterung der Strafbarkeit um die Kategorie der groben Fahrlässigkeit. Im taiwanesischen Strafrecht erfolgt bislang keine (rechtsfolgenrelevante) Differenzierung unterschiedlicher Fahrlässigkeitsgrade.

2. Spezifische Fahrlässigkeitsprobleme

a. Unterschiedliche Theorien zur Bewertung fahrlässigen Fehlverhaltens

Einen Schwerpunkt der strafrechtlichen Verhaltensbewertung im Bereich der Produkt- und vor allem Lebensmittelverantwortlichkeit bildet die Frage, wann von fahrlässigem Fehlverhalten des Einzelnen ausgegangen werden kann. Hier werden inhaltlich erheblich voneinander abweichende Theorien vertreten. Nach der fruheren Fahrlässigkeitstheorie liegt ein fahrlässiges Verhalten vor, wenn der Täter seine Pflicht nicht erfüllt hat, eine schädigende Verhaltensfolge abzuwenden, sich diese aber gleichwohl realisiert und der Betreffende dies in Erwägung gezogen hat. Demgegenüber stellt eine neuere Fahrlässigkeitstheorie zentral auf die Verletzung der Pflicht zur Vermeidung der Folge ab. Dem Täter wird zum Vorwurf gemacht, keine Maßnahmen getroffen zu haben, die das Eintreten des Erfolgs hätten vermeiden können. Die Verantwortlichkeit des Täters wird nach dieser Theorie also auf den Umstand gestützt, dass er bei Vorhersehbarkeit der Fehlverhaltensfolge keine Abwendungsmaßnahmen eingeleitet hat.[5]

Beide Theorien können aber kein fahrlässiges Verhalten des Täters begründen, wenn dieser keinen konkreten Erfolgseintritt in Erwägung gezogen hat. Aus diesem Grund wurde die sogenannte „Befürchtungstheorie" entwickelt.[6] Nach dieser Theorie muss der Täter sofort Maßnahmen ergreifen, um das Risiko zu vermeiden, wenn er eine Befürchtung hinsichtlich dessen Realisierung hegt, und zwar unabhängig davon, ob er den konkreten Erfolg oder die konkrete Art und Weise seiner Herbeiführung vorhersehen kann.

Demgegenüber werden in Japan Fahrlässigkeitstheorien diskutiert, die mehr auf die Produktüberwachung abstellen.[7] Erfasst sind davon Überwachungsfehler von Führungspersonen in einem Unternehmen gegenüber einem Angestellten.[8] Dem entspricht es auch, wenn eine Garantenstellung in den Fällen angenommen wird, in denen ein Unternehmer den Mangel seines Produkts erkennt, einen Rückruf aber unterlässt.

b. „Vertrauensgrundsatz" und fahrlässiges Fehlverhalten

Im Zusammenhang mit der Beurteilung eines Verhaltens als fahrlässiges stellt sich insbesondere die Frage nach dem Vertrauensgrundsatz. Ursprünglich wurde dieser bei Verkehrsdelikten relevant. In der Folgezeit wurde er immer stärker in den verschiedensten Lebensbereichen, einschließlich des Bereichs der gesellschaftlichen Arbeitsteilung, herangezogen.[9] Gemeint ist, ob sich ein Unternehmer, der bestimmte Produkte bzw. Lebensmittel in den Verkehr bringt, auf sein Vertrauen, dass der Verbraucher einen vernünftigen Umgang damit pflegt, berufen darf. Ein Beispiel sind Fast Food-Produkte, deren Verzehr vor allem in großen Mengen schädlich wirken kann. Hier gelten folgende Grundsätze: Das

---

5 *Liching Chang,* Die neue Forschung des Strafrechts (Neue Forschung), 2012, S. 396 ff.

6 Vgl. *Liching Chang,* Strafrecht Allgemeiner Teil – Theorie und Praxis, 2012, S. 414.

7 Vgl. *Keichi Yamanaka,* übersetzt von *Qingdong Zhou,* in: Juristische Forschung der Tunghai Universität, Bd. 38, 2012, S. 11 ff.

8 Vgl. *Keichi Yamanaka,* Strafrecht Allgemeiner Teil, 2008, S. 391 ff.

9 Vgl. *Dongmau Lin,* Übersicht des Strafrechts (Übersicht), 2012, S. 1–193.

Berufen auf den Vertrauensgrundsatz hängt vom Umfang des Risikos und der Möglichkeit der Informationsbeschaffung durch den Inverkehrbringer ab.

c. *Fahrlässige Mittäterschaft – Rechtsfigur zur Vermeidung von Schwierigkeiten des Kausalitätsnachweises bei Kollektiventscheidungen*

Weiter können sich im Bereich der Fahrlässigkeitsdelikte Fragen der Deliktsverwirklichung durch fahrlässige Mittäterschaft stellen. Denkbar sind hier etwa Konstellationen, in denen die Verantwortlichkeit für das Inverkehrbringen eines gefährlichen Produkts in einem kollektiven Beschluss liegt.[10] Denn die Entscheidung über den Verkauf oder die Rücknahme von fehlerhaften Produkten wird normalerweise durch den Beschluss des Vorstands eines Unternehmens getroffen. Bei solchen Gremienentscheidungen können insbesondere Schwierigkeiten beim Kausalitätsnachweis auftreten. Diese Nachweisprobleme sollen im Wege der Rechtsfigur der fahrlässigen Mittäterschaft überwunden werden, indem auf diese Weise der Beschluss als gemeinschaftliche Tat behandelt wird. So ließe sich für die Mittäterschaft in subjektiver Hinsicht lediglich das Erfordernis aufstellen, dass die Kenntnis einer gemeinsamen Handlung besteht. Nicht erforderlich wäre dann die Kenntnis bezüglich der konkret verbotenen Tat.[11] Dafür spricht insbesondere, dass der Grundsatz der Mitverantwortung bei Mittäterschaft in dem gemeinsamen Entschluss zu handeln liegt.

Indessen stößt diese Position sowohl in Deutschland als auch in Taiwan mehrheitlich auf Ablehnung. Einer Beurteilung von Gremienentscheidungen als Fälle fahrlässiger Mittäterschaft stehe entgegen, dass das Wesen der Mittäterschaft in subjektiver Hinsicht einen gemeinsamen Tatplan voraussetzt. Erforderlich sei also jedenfalls, dass die Mittäter den Unrechtsgehalt ihres Verhaltens kennen. Unrechtsbewusstsein weist der Fahrlässigkeitstäter aber gerade nicht auf.[12]

3. Die Bestimmung der Kausalität

Kausalitätsprobleme stellen sich im Bereich der Lebensmittelsicherheit häufig und in unterschiedlichen Facetten. Bei der Bestimmung der Kausalität wird

10 *Roxin,* Strafrecht Allgemeiner Teil I, 4. Aufl. 2006, § 25 Rn. 241.

11 *Liching Chang,* Neue Forschung (Fn. 5), S. 409.

12 Vgl. *Otto,* Grundkurs Strafrecht, Allgemeine Strafrechtslehre, 7. Aufl. 2004, § 21 Rn. 116 ebenso *Gropp,* Strafrecht Allgemeiner Teil, 3. Aufl. 2005, § 10b Rn. 97b; Judikatur Nr. 242 der strafrechtlichen Kammer des höchsten taiwanesischen Gerichts, 1955.

üblicherweise die Theorie der entsprechenden Kausalität vom Gericht angenommen. Die Theorie der entsprechenden Kausalität[13] geht von folgender Faustregel aus: Alle Fakten zum Zeitpunkt der Handlung werden gemeinsam nachträglich und objektiv daraufhin überprüft, ob der Erfolg in der Regel unter den gleichen Bedingungen in derselben Weise bei einer vergleichbaren Handlung ebenso aufgetreten wäre. Wenn dies bejaht wird, also dieses Ergebnis bei entsprechenden Bedingungen ebenso auftreten würde, kann angenommen werden, dass eine entsprechende Kausalität zwischen der Handlung und dem Erfolgseintritt vorliegt.[14]

In Fällen der Gefährdung der öffentlichen Sicherheit wird in Japan die „Theorie der immunologischen Kausalität" angewendet.[15] Danach werden in diesen Fällen regelmäßig die Fakten, wenn sie nicht durch die Medizin verifiziert werden können, durch statistische Formeln und unterschiedliche Beobachtungen ersetzt. Indessen kann auf diese Weise allenfalls eine abstrakte, nicht aber eine auf den konkreten Einzelfall bezogene Kausalität nachgewiesen werden. Ergebnisse solcher Kausalitätsnachweise sind lediglich starke Vermutungen. Solche können durch einen Gegenbeweis entkräftet werden.

4. Gründe für die Annahme einer Garantenstellung

Zur Begründung einer Garantenstellung in Unterlassungsfällen werden verschiedene Auffassungen vertreten.[16] Der Bundesgerichtshof nimmt eine Garantenstellung aus Ingerenz an.[17] Allerdings wird diese Auffassung in der Literatur überwiegend abgelehnt.[18] Ingerenz kann nur bei einem verbotenen Vorverhalten angenommen werden, das in den relevanten Fällen aber nicht vorliegt, in denen sich erst nachträglich ein dem Produkt anhaftendes Risiko herausstellt.

---

13 Die Entwicklung der Theorie sorgt sowohl subjektiv als auch objektiv für Kompromisse bei der Auslegung, vgl. *Ziping Chen,* Strafrecht Allgemeiner Teil, S. 167 ff.

14 Judikatur Nr. 192 des höchsten taiwanesischen Gerichts, 1987.

15 Zu den konkreten Fällen s. *Zhenhua Yu,* Strafrecht Allgemeiner Teil (AT), 2011, S. 151.

16 Vgl. *Roxin,* Strafrecht Allgemeiner Teil II (AT II), 2003, § 32 IV Rn. 195 ff.

17 BGHSt 37, 106, 115.

18 *Vgl. Beulke/Bachmann,* JuS 1992, 739; *Brammsen,* GA 1993, 102 ff.; *Hilgendorf,* Strafrechtliche Produzentenhaftung in der „Risikogesellschaft", 1993, 138 ff.; *Freund,* Erfolgsdelikt und Unterlassen, 1992, S. 219 Fn. 84; *Meier,* NJW 1992, 3196 ff.; *Otto,* WiB 1995, 933; *Schünemann,* in: Gimbernat/Schünemann/Wolter (Hrsg.), Internationale Dogmatik der objektiven Zurechnung und der Unterlassungsdelikte – Ein spanisch-deutsches Symposium zu Ehren von Claus Roxin, 1995, S. 49, 66 ff., 68 f.

Aus diesem Grund nehmen andere eine Ingerenzverantwortlichkeit bei gesteigert riskantem Vorverhalten an.[19] Dieser Position steht aber entgegen, dass der Täter nach hier vertretener Auffassung kein relevantes Risiko schafft, wenn er keine Pflichtverletzung verwirklicht. Darüber hinaus ist die referierte Meinung wenig exakt, da nicht eindeutig bestimmt werden kann, wie ein Risiko gesteigert werden soll. Im konkreten Fall entstehen daher Anwendungsschwierigkeiten.[20]

In Betracht kommt indessen eine Garantenstellung aus Gesetz, wie etwa die Anforderungen für Unternehmer aus dem Gesetz über die Verwaltung der Lebensmittelhygiene. Zu denken wäre in diesem Zusammenhang noch an eine gesetzliche Garantenstellung aufgrund der zivilrechtlichen Verpflichtung, keine unerlaubten Handlungen vorzunehmen. Allerdings verfolgen Zivil- und Strafrecht unterschiedliche Zielsetzungen. Die Bewertungen aus dem Zivilrecht lassen sich daher nicht einwandfrei auf das Strafrecht übertragen.[21]

Die Garantenstellung könnte dann aus der Überwachungspflicht im Hinblick auf das in den Verkehr gelangte Produkt abgeleitet werden. Danach hätte der Täter eine Sonderverantwortlichkeit, wenn er die Quelle des Risikos überwachen und beherrschen kann.[22] Jedoch werden davon gerade nicht diejenigen Fälle erfasst, in denen das Produkt bereits in den Verkehr gelangt ist, weil hier keine Risikobeherrschung des Herstellers mehr besteht.[23]

Zuletzt wird die Auffassung vertreten, die Garantenstellung folge aus der Übernahme einer Schutzfunktion.[24] Der Verbraucher selbst weist allenfalls eingeschränkte Kontrollmöglichkeiten im Hinblick auf die Qualität der gekauften Produkte auf. Demgegenüber hat der Hersteller eine erheblich verbesserte Position zur Überprüfung und ggf. zum Rückruf der Produkte, woraus sich eine Garantenstellung ableiten ließe.

---

19 *Jakobs*, Allgemeiner Teil, 2. Aufl. 1991, 29/42; *Freund*, Strafrecht Allgemeiner Teil – Personale Straftatlehre, 2. Aufl. 2009, § 6 Rn. 69; *Lackner/Kühl*, Strafgesetzbuch, 28. Aufl. 2014, § 13 Rn. 13.

20 *Brammsen*, in: Amelung (Hrsg.), Individuelle Verantwortung und Beteiligungsverhältnisse bei Straftaten in bürokratischen Organisationen des Staates, der Wirtschaft und der Gesellschaft, 2000, 116; *Otto*, in: FS Hirsch, 1999, S. 308.

21 *Roxin*, AT II (Fn. 16), § 32 IV, Rn. 206, 207.

22 *Brammsen*, GA 1993, 97 ff., 113; *ders*, in: Amelung (Hrsg.), Individuelle Verantwortung und Beteiligungsverhältnisse bei Straftaten in bürokratischen Organisationen des Staates, der Wirtschaft und der Gesellschaft, 2000, S. 105 ff., 113 ff.

23 *Roxin*, AT II (Fn. 16), § 32 IV Rn. 209.

24 *Roxin*, AT II (Fn. 16), § 32 IV Rn. 210 ff.

Sämtliche referierten Theorien weisen Vor- und Nachteile auf. Vorzugswürdig erscheint ein Mischmodell. Vor allem die zuletzt genannte Auffassung zeichnet ein annähernd vollständiges Bild. Der Hersteller kann in besonderem Maße die Gefahren, die von einem Produkt ausgehen, kontrollieren. Dieser Umstand begründet seine hervorgehobene Pflichtenstellung, die selbst bei nicht fahrlässigem Inverkehrbringen des Produkts den Rückruf einfordert.

5. Vorliegen der Verbotskenntnis

Weil viele Vorschriften der Lebensmittelsicherheit in Taiwan im Nebenstrafrecht angesiedelt sind, fehlt nicht selten die Verbotskenntnis des Einzelnen, was einen Verbotsirrtum zur Folge hat. Dieser ist in § 16 tStGB geregelt, der im Wesentlichen § 17 deStGB entspricht. Nach hier vertretener Auffassung muss die Frage der Vermeidbarkeit eines solchen Irrtums anhand der persönlichen Fähigkeiten des Täters beantwortet werden.[25] Er muss gegebenenfalls den Rat von Fachleuten, wie etwa eines Rechtsanwalts oder von Behörden, einholen, wenn es erforderlich ist. Jedoch kann der Täter die Unvermeidbarkeit des Verbotsirrtums geltend machen, wenn er auf den Rat von Fachleuten vertraut hat, obgleich diese Einschätzung der Berater vor Gericht keinen Bestand hat. Freilich ist die Annahme der Unvermeidbarkeit eines Irrtums in der Praxis nahezu ausgeschlossen.[26]

Vor allem angesichts des Standorts einer Vielzahl der in Rede stehenden Vorschriften im Nebenstrafrecht stellt sich die Frage nach der Angemessenheit einer Bestrafung des über das Verbot Irrenden wegen eines Vorsatzdelikts.[27] Im Kernstrafrecht kann die Verbotskenntnis unter weniger erschwerten Bedingungen erlangt werden.[28] Vor diesem Hintergrund erscheint es im Bereich des Kernstrafrechts angemessen, die üblichen Regeln zum Verbotsirrtum anzuwenden. Anders wird es zunehmend im Nebenstrafrecht gesehen.[29]

Im Hinblick auf das Lebensmittelstrafrecht ist Folgendes zu beachten: Die hier maßgeblichen Akteure betreiben mit Lebensmitteln gewerblichen Handel. Eine Person ist verpflichtet, größte Sorgfalt beim Umgang mit Lebensmitteln walten zu lassen, wenn sie ihren Unterhalt mit Lebensmittelhandel bestreitet. Sie ist auch verpflichtet, sich über die diesbezüglichen Gesetze zu informieren.

---

25 *Liching Chang,* Neue Forschung (Fn. 5), S. 73 f.

26 Das Urteil Nr. 335 von Taipeh Amtsgericht, 2011.

27 *Zhenhua Yu,* AT (Fn. 15), S. 292 f.

28 *Dongmau Lin,* Die Gefährdungsdelikte und das wirtschaftliche Strafrecht, 1996, S. 84 ff.

29 *Dongmau Lin,* Übersicht (Fn. 9), S. 1–279.

Mithin ist eine großzügige Anwendung der Vorsatztheorie nur in Ausnahmefällen möglich. Darüber hinaus stellen sich die einschlägigen Vorschriften nicht als unverständlich dar.

IV. Notwendigkeit einer kernstrafrechtlichen Implementierung von Vorschriften zur Lebensmittelhygiene

In Taiwan werden die strafrechtlichen Verordnungen zur Lebensmittelhygiene sowohl im Kernstrafrecht als auch im Verwaltungsrecht für Lebensmittelhygiene und gesunde Lebensmittel festgelegt. Der Aufbau der Vorschriften des Strafrechts und des Nebenstrafrechts sind nahezu identisch. Dies wirft daher die Frage auf, ob alle sich auf das Nebenstrafrecht beziehenden Gesetze in das Kernstrafrecht zurückgeführt werden sollten.

Für eine Implementierung der Vorschriften zur Lebensmittelhygiene im Kernstrafrecht spricht die erhöhte Warnfunktion, die damit einhergehen würde. Dagegen spricht freilich der darin liegende, erhöhte gesetzgeberische Arbeitsaufwand. Nicht auszuschließen ist dabei, dass es aufgrund der eigenständigen Systematik der jeweiligen Tatbestände im Strafrecht zu Verwirrungen sowie Einschränkungen der Gesetzesübersichtlichkeit kommen würde.

Von manchen wird vertreten, dass die Frage der Implementierung von Vorschriften im Bereich des Kernstrafrechts davon abhängig gemacht werden solle, ob sie strafrechtliche Belange betreffen.[30] Die Wahl zwischen Kern- und Nebenstrafrecht soll von der Gefährdung menschlichen Lebens abhängig gemacht werden.[31] Für die Einführung der lebensmittelrechtlichen Verbotsnormen im Kernstrafrecht sprechen danach zwei Gründe: die Systematik der Gesetzgebung und die Vermeidung einer Doppelung in der Gesetzgebung.[32]

V. Fazit

In wohlhabenden Zeiten fordert man nicht nur etwas zu essen, sondern auch, dass die Lebensmittel gesund und sicher sind. Taiwan wird als Gourmethimmel bezeichnet. Jedoch zweifelt man an der Lebensmittelhygiene, seitdem Fälle der Verwendung von Weichmachern und kontaminierter Stärke immer häufiger bekannt werden. Zum Beispiel fürchtet man die Verschmutzung von Reis durch Schwermetalle, die Verseuchung von Fleisch mit Ractopamin und Antibiotika,

30 *Rongjian Huang*, Die Grundlage des Strafrechts Teil I, 2006, S. 11.
31 *Tiangui Gan/Tinghuang Xie*, Der kürzeste Weg des Strafrechts AT, 2006, S. 21.
32 *Liching Chang*, Neue Forschung (Fn. 5), S. 18 f.

bei Obst oder Gemüse die Belastung mit Pestiziden, bei Getränken oder Säften eine Beigabe von Weichmachern, bei Milchpulver die Versetzung mit Melamin. Aus diesem Grund kann geschlussfolgert werden, dass die Lebensmittelsicherheit in Taiwan nicht unerheblich gefährdet ist. Zu den möglichen Ursachen können die Verschmutzung durch die Industrie, die Zuwiderhandlungen von Unternehmen oder das vorsätzliche Missachten der Lebensmittelhygiene gehören. Daher ist es notwendig, ein umfassendes Rechtssystem zur Sicherstellung der Lebensmittelhygiene zu schaffen, um die Bevölkerung möglichst vollständig vor Gesundheitsgefährdungen zu schützen. Dies zählt zu den Mindestanforderungen des Menschen an seine Lebensbedingungen.

Ali Kemal Yıldız

Landesreferat zum Thema des strafrechtlichen Umgangs mit Produktgefahren in der Türkei

Das Thema der strafrechtlichen Produktverantwortlichkeit ist sowohl in der türkischen Strafrechtslehre als auch in der türkischen Rechtsprechung bisher kaum behandelt worden, obwohl es in der Praxis ein relevantes Thema darstellt.[1] Die dabei auftretenden rechtlichen Probleme sollen anhand zweier Beispielsfälle aus dem türkischen Alltag und der Rechtspraxis aufgezeigt werden.

I. Ausgangsfälle

Fall 1: Am 29.03.2013 wurde in einem Artikel einer nationalen Zeitung („Hürriyet") darüber berichtet, dass ein türkisches Wirtschaftsunternehmen, welches aus dem Ausland Handschuhe importiert und diese in der Türkei vertreibt, eben diese Handschuhe mittels einer Zeitungsanzeige zurückgerufen hat. Hintergrund dieser Rückrufaktion war die Feststellung, dass die vom Unternehmen vertriebenen Handschuhe wegen eines darin enthaltenen Farbstoffes ein erhöhtes Gesundheitsrisiko darstellten.

Fall 2: Bei einem Verkehrsunfall aus dem Jahre 1998, bei dem ein Bus mit einem Öl-Tankwagen kollidierte, kamen 47 Personen durch Verbrennungen ums Leben. Die Führungskräfte des Busunternehmens wurden wegen fahrlässiger Tötung mehrerer Personen angeklagt. Im Rahmen dieses Strafprozesses wurde von der Staatsanwaltschaft behauptet, dass das Ausbrennen des Busses auf einen Produktionsmangel zurückzuführen war. Aufgrund dieser Behauptung wurde ein Gutachten erstellt, das die folgenden Angaben enthielt: *„Auch wenn die Bestimmungen der geltenden Verordnung zur Produktion, Montage und Modifikation der in Betracht kommenden Busmodelle bei der Produktion dieses Busses eingehalten worden sind, ist diese rechtliche Verordnung mit den Umständen bzw. Lebensbedingungen der Türkei eigentlich nicht vereinbar. Insofern ist davon auszugehen,*

1 Für einen aktuellen Produktverantwortlichkeitsfall, der insgesamt ca. 25.000 Paar gesundheitsgefährdende Schuhe betrifft, s. zur Presseerklärung des Zoll- und Handelsministeriums: http://www.gtb.gov.tr/haberler/basin-aciklamasi27112014. In diesem Fall geht es um exportierte Schuhe, die wegen ihres giftigen Herstellungsmaterials Krebs verursachen können.

dass die Beachtung dieser Verordnung bei der Produktionsphase hier keine strafbefreiende Wirkung für die Führungskräfte des Herstellerunternehmens begründen kann. Denn einer der beiden Öltanks des Busses liegt vor dem Vorderrad, während der zweite Öltank sich hinter dem Hinterrad befindet. Im Übrigen sind die beiden Öltanks nicht ausreichend vor äußeren Einwirkungen geschützt und zwischen den Öltanks und dem Fahrgastraum ist ein Isolationsmittel verwendet worden, das lediglich aus Holz hergestellt wird und im Falle eines Unfalls leicht zerbrechlich ist. Im konkreten Fall ging es darum, dass dieses Isolationsmittel durchgebrochen ist und das sich im Öltank befindliche Öl infolgedessen in den Fahrgastraum floss. Das Feuer im Fahrgastraum ist letztlich auf dieses in den Fahrgastraum geflossene Öl zurückzuführen." Infolge dieses Gutachtens hat das Gericht weitere 17 Führungspersonen des Busherstellers in das anhängige Verfahren als Angeklagte mit einbezogen. Weiterhin hat das Gericht noch ein zusätzliches Gutachten erstellen lassen. Zudem wurden zwei weitere Gutachten seitens der Angeklagten dem Gericht vorgelegt, welche allesamt die verordnungsgemäße Herstellung des Busses unterstrichen und daher die strafrechtliche Produktionsverantwortung im konkreten Fall ablehnten. Das Amtsgericht hat sich diesen Ausführungen in den letzten drei Gutachten jedoch nicht angeschlossen, sondern ist der Sichtweise des ersten Gutachtens gefolgt und hat die Klage mangels eigener Zuständigkeit an das zuständige Schwurgericht weitergeleitet. Seinen Beschluss hat das Gericht damit begründet, dass im konkreten Fall nicht der Tatbestand der fahrlässigen Tötung gem. Art. 455 des damaligen bzw. ehemaligen türkischen Strafgesetzbuchs (Gesetzesnr. 765), sondern der Tatbestand der Tötung durch fahrlässige Verursachung einer Explosion gem. Art. 383 des ehemaligen türkischen Strafgesetzbuchs einschlägig war. Allerdings hat auch das Schwurgericht die Klage mangels eigener Zuständigkeit abgewiesen. Letztlich wurde der Fall hinsichtlich der Zuständigkeitsfrage vom türkischen Kassationsgericht, das nach der (damals) geltenden türkischen Strafprozessordnung über die Zuständigkeitsfrage in letzter Instanz zu entscheiden hatte, behandelt. Nach Ansicht der Richter des türkischen Kassationsgerichts war das Amtsgericht für den konkreten Fall zuständig. Daher sei zwar das Verfahren vom Amtsgericht durchzuführen, allerdings hat das türkische Kassationsgericht in seinem Beschluss auch darauf hingewiesen, dass das anhängige Strafverfahren aufgrund eines nach der Klageerhebung in Kraft getretenen Gesetzes auszusetzen sei, was auch von den angeklagten Führungspersonen des Busunternehmens in ihrer Beschwerde gegen den Beschluss des Amtsgerichts über die Zuständigkeitsfrage beantragt wurde. Das Amtsgericht hat sodann die Klage gegen die Angeklagten infolge des Beschlusses des Kassationsgerichts ausgesetzt.

Das Busherstellerunternehmen hat während des gesamten Strafverfahrens den Produktionsmangel geleugnet und weder eine Warnung über das angebliche Problem ausgesprochen noch eine Rückrufaktion vorgenommen. Aufgrund zahlreicher Anzeigen darüber, dass weitere ähnliche Brandfälle bei denselben Busmodellen aufgetreten waren, hat das Amtsgericht jedoch vor dem Beschluss des türkischen Kassationsgerichts noch ein weiteres (Zusatz-) Gutachten bei der ersten Gutachterkommission in Auftrag gegeben, das aufklären sollte, ob die geschehenen Brandfälle bei diesen Busmodellen auf den behaupteten Produktionsmangel zurückzuführen sind. In diesem Zusatzgutachten wurde wiederholt festgestellt, dass das Problem auf eben diesem Produktionsmangel bei den Öltanks beruht. Ausgehend von diesem letzten Gutachten hat das Amtsgericht beschlossen, für die Busmodelle, die mit diesem Produktionsmangel behaftet sind, eine Rückrufaktion vornehmen zu lassen. Gegen diesen Beschluss wurde jedoch eine Beschwerde beim Schwurgericht eingelegt, welche im Ergebnis von diesem auch für begründet gehalten worden war. Nach der Meinung des Schwurgerichts hatte das Amtsgericht keine rechtliche Zuständigkeit, solch einen zwingenden Beschluss zur Rückrufaktion zu fassen. Nach der Aufhebung seines Beschlusses hat das Amtsgericht den Fall beim Ministerium für Industrie und Handel angezeigt und die erforderlichen Maßnahmen beantragt. Nach dem Verbraucherschutzgesetz (Art. 24 Abs. 1 des Gesetzes) ist unter anderem das Ministerium für Industrie und Handel dazu befugt, eine Klage bei den hierfür zuständigen Gerichten, gerichtet auf das Verbot der weiteren Herstellung und des Inverkehrbringens sowie auf den zwingenden Rückruf der im Rahmen dieses Gesetzes vertriebenen mangelhaften Serienprodukte, zu erheben. Die von dem Ministerium zur Ermittlung dieses Falles gegründete Kommission entschied jedoch, dass die Herstellung dieser Busmodelle gemäß den rechtlichen Bestimmungen hierzu erfolgte. Daher kam für die Kommission keine Rückrufaktion in Betracht.

Abgesehen von den oben dargestellten Fällen zur Massenproduktion gibt es in der türkischen Rechtspraxis keine bedeutenden Gerichtsurteile, die einen Überblick über die strafrechtliche Produktverantwortlichkeit geben können. Obwohl in einigen Fällen die zivilrechtliche Haftung (im Sinne des Schadensersatzes)[2]

2 So ist etwa nach dem 4. Zivilsenat des türkischen Kassationsgerichts das Unternehmen, das eine Gaskartusche nachgefüllt hat, obwohl deren Verfallsdatum schon abgelaufen war, für die entstandenen Schäden verantwortlich (Entscheidung vom 26.02.2003, Entscheidungsnr. 2003–1826). Für den gesamten Text des Urteils s. Kazancı İçtihat Bilgi Bankası, http://www.kazanci.com/kho2/ibb/giris.htm (Stand: 01.06.2013).

und die strafrechtliche Verantwortlichkeit[3] der Hersteller wegen der mangelhaften Produktion von den Gerichten diskutiert und bejaht wurde, haben sich die Gerichte lediglich mit den konkreten Umständen des Einzelfalles auseinandergesetzt und keine allgemeinjuristische Bewertung vorgenommen. In diesen Fällen haben die Zivilgerichte die Schadensersatzhaftung des Herstellers jedenfalls dann angenommen, wenn der schädliche Erfolg auf dessen sorgfaltspflichtwidriges Verhalten zurückzuführen war. Die strafrechtliche Behandlung solcher Fälle kam hingegen nur dann in Betracht, wenn aufgrund der mangelhaften Produktion ein Verletzungs- oder Todeserfolg entstanden ist. Die Strafgerichte haben in solchen Fällen die Täter nach den entsprechenden Tötungs- oder Verletzungsdelikten bestraft.

Die strafrechtliche Problematik der Produktverantwortlichkeit wird in der türkischen Strafrechtslehre kaum diskutiert, während sie eher aus der zivilrechtlichen Sicht behandelt wird.[4] Der Grund dieses Zustandes liegt höchstwahrscheinlich darin, dass weder im alten noch im neuen türkischen Strafgesetzbuch eine besondere Regelung über die Produktverantwortlichkeit vorgesehen ist. Es gibt jedoch sowohl im Strafgesetzbuch als auch im Nebenstrafrecht einige Regelungen, die die Gefahren wegen der auf den Markt gebrachten Produkte verhindern sollen. Beispielsweise ist im Bioschutzgesetz (Gesetzesnr. 5977) eine strafrechtliche Bestimmung (Art. 15 des Gesetzes) vorhanden, die die gesetzeswidrige Herstellung eines gentechnisch veränderten Organismus oder dessen gesetzeswidrige Einfuhr in das Land mit Gefängnis- bzw. Geldstrafe sanktioniert.

Im Folgenden sollen nach einer kurzen Darstellung der Straftatbestände im türkischen Strafgesetzbuch, die für die Produktverantwortlichkeit einschlägig sein können, die Todes- und Verletzungsfälle, welche auf mangelhafte Produkte zurückzuführen sind, nach der geltenden türkischen Strafrechtsordnung analysiert werden.

---

3 In einem Urteil des Großen Strafsenats des türkischen Kassationsgerichts aus dem Jahre 1981, das die Explosion einer Gaskartusche behandelt, wurde die strafrechtliche Verantwortlichkeit des Personals des Unternehmens, das die Gaskartusche nachfüllte, gesondert untersucht. Im konkreten Fall sind drei Personen ums Leben gekommen (Entscheidung vom 08.06.1981, 9–106/221 – Für das gesamte Urteil s. *Savaş/Mollamahmutoğlu,* Türk Ceza Kanunu Yorumu, B: 4, 3. Aufl. 1999, S. 4650 ff.).

4 S. zum Beispiel *Havutçu,* Türk Hukukunda Örtülü Bir Boşluk Üreticinin Sorumluluğu, 2005.

II. Die strafrechtliche Gefährdungsverantwortlichkeit bei Herstellungstätigkeiten

Im 3. Abschnitt des Besonderen Teils des türkischen Strafgesetzbuchs sind unter dem Haupttitel der „Straftaten gegen die Gesellschaft" auch „Straftaten gegen die öffentliche Gesundheit" enthalten.[5] Im Folgenden werden zunächst kurz die Gemeinsamkeiten dieser Titel dargestellt:

- In all diesen Tatbeständen sind lediglich Tatbegehungen durch aktives Tun vorgesehen. Ob diese Straftaten auch durch Unterlassen begangen werden können, ist zweifelhaft und später gesondert zu erörtern.
- Diese Tatbestände sind als Gefährdungsdelikte ausgestaltet. Insofern ist die Entstehung eines Schadens für die Strafbarkeit bei diesen Delikten nicht erforderlich. Zudem sind die Anwendbarkeit der Tötungs- und Verletzungsdelikte getrennt zu untersuchen, falls wegen der strafbaren gemeingefährlichen Handlungen (Herstellen, Inverkehrbringen oder Aushändigen der in den Tatbeständen geregelten Sachen, Lebensmittel oder Gesundheitsmittel an Dritte), die mit den Tatbeständen dieses Abschnittes unter Strafe gestellt werden, auch Menschen sterben oder verletzt werden. In Betracht kommen für solche Fallkonstellationen Totschlag gem. Art. 81 des tStGB, fahrlässige Tötung gem. Art. 85 des tStGB oder vorsätzliche oder fahrlässige Körperverletzung gem. Art. 86 und 89 des tStGB. Auf die Voraussetzungen für die Strafbarkeit der Produkthersteller, -lieferanten oder -verkäufer nach diesen Tötungs- und Verletzungsdelikten, welchen jeweils Auffangtatbestandsfunktion zukommt, wird im Folgenden noch eingegangen.
- Außer dem Tatbestand des Art. 185 Abs. 2 des türkischen Strafgesetzbuchs, der die Gesundheitsgefährdung anderer Menschen durch die fahrlässige Vergiftung des Trinkwassers und der zum öffentlichen Verbrauch bestimmten Gegenstände unter Strafe stellt, erfordern alle Tatbestände dieses Abschnittes ein vorsätzliches Verhalten des Täters. Mit anderen Worten ist nur bei diesem

5 Die Tatbestände in diesem Abschnitt sind „Vergiftung" (TCK m. 185), „Handel mit verdorbenen oder veränderten Lebensmitteln oder Medikamenten" (TCK m. 186), „Herstellung oder Verkauf von Medikamenten in einer Weise, die das Leben und die Gesundheit von Personen gefährdet" (TCK m. 187), „Produktion und Handel von Betäubungs- oder Aufputschmitteln" (TCK m. 188 vd.), „Herstellung von und Handel mit giftigen Substanzen" (TCK m. 193), „Verschaffen von gesundheitsgefährdenden Substanzen" (TCK m. 194), „Zuwiderhandlung gegen Maßnahmen bei ansteckenden Krankheiten" (TCK m. 195), „Vorschriftswidrige Bestattung eines Toten" (TCK m. 196).

Tatbestand, in dessen erstem Absatz die vorsätzliche Tatbegehung geregelt ist, auch eine Strafbarkeit wegen Fahrlässigkeit möglich.

III. Die strafrechtliche Produktverantwortlichkeit im Falle der Verursachung des Todes oder einer Körperverletzung

Wie oben bereits erwähnt, gibt es im türkischen Strafrecht keine besondere Regelung zur Sanktionierung der Verursachung der Todes- und Verletzungsfälle wegen Produkten bzw. der Gegenstände, die zum öffentlichen Verbrauch bestimmt sind. Aus diesem Grund kommt die Anwendung der reinen Tötungs- und Verletzungsdelikte des türkischen Strafgesetzbuchs für solche Fallkonstellationen in Frage. Im Rahmen dieser Untersuchung ist jedoch danach zu differenzieren, ob der Hersteller oder Lieferant (als Täter) von Anfang an weiß, dass die Produkte für die Verursachung des Todes oder der Verletzung von Menschen geeignet sind, oder ob er dies erst nach dem Inverkehrbringen der Waren bzw. Produkte erfährt. Ein weiterer Anknüpfungspunkt dieser Untersuchung ist die subjektive Tatseite. Hier ist die Sorgfaltspflichtwidrigkeit des Täters, die in dem Inverkehrbringen der gesundheitsgefährdenden Produkte liegt, besonders zu erörtern. Drittens ist die Kausalitätsfrage zu besprechen. Im Hinblick auf die Kausalität ist die Frage zu beantworten, ob das Verhalten des Herstellers bzw. Lieferanten für den eingetretenen Erfolg (Tod oder Verletzung eines Menschen) ursächlich geworden ist. Bejaht man diese Frage, kann von der strafrechtlichen Verantwortlichkeit dieser Tätergruppe geredet werden. Ansonsten scheidet deren Strafbarkeit gänzlich aus. Zuletzt soll auf die strafrechtliche Verantwortlichkeit eines Amtsträgers wegen eingetretenen Todes- oder Verletzungserfolges eingegangen werden, wenn dieser seine Kontroll- bzw. Überwachungspflicht bezüglich der in Verkehr gebrachten Produkte nicht oder nicht ausreichend beachtet hat.

1. Strafrechtliche Verantwortlichkeit des Herstellers oder Lieferanten im Falle der Kenntnis von der Gesundheitsgefährdung durch Produkte vor deren Inverkehrbringen

Weiß der Hersteller, dass die Produkte, die er auf dem Markt bereitstellt, für das Leben und die Gesundheit der Menschen gefährliche Konsequenzen haben können und verzichtet er trotz dieser Kenntnis auf das Inverkehrbringen dieser Produkte nicht, sondern vertreibt diese, so ist hier ein aktives Tun seitens des Herstellers vorhanden. Das gleiche gilt auch für den Lieferanten solcher Produkte. Da hierbei nicht ein Unterlassen der Herstellung der gesundheitsgefährdenden

Produkte, sondern das Vertreiben die Tathandlung bildet, steht hierbei eine Strafbarkeit wegen Unterlasses nicht im Raum.

Erfüllt das Vertreiben solcher gesundheitsgefährdender Produkte und infolgedessen die Schaffung einer Gefahr für die Menschen einen der von mir bereits erwähnten gemeingefährlichen Tatbestände, so ist der Hersteller, Lieferant oder Verkäufer dieser Produkte vor allem nach diesen Tatbeständen zu bestrafen. Im Falle des Eintritts eines körperlichen Schadens oder sogar des Todes eines Menschen kommt eine weitere strafrechtliche Verantwortlichkeit wegen aktiven Tuns hinzu. Nach hier vertretener Auffassung kommt es dabei nicht entscheidend darauf an, ob das Verhalten des Täters als „Tun" oder als „Unterlassen" einzustufen ist. Vielmehr handelt es sich bei Fragen der „Täterqualität", der „Kausalität" und der „subjektiven Tatseite" im Rahmen der strafrechtlichen Bewertung um problematische Termini.

In Bezug auf die Täterqualität des Herstellers solcher Produkte, die für Leib und Leben anderer Menschen schädlich sein können, ist hier auch über die Möglichkeit der Bestrafung als „mittelbarer Täter" und „Anstifter" nachzudenken. Falls der Hersteller die gesundheitsgefährdenden Produkte nicht selbst vermarktet bzw. vertreibt, sondern sich hierfür anderer Personen bedient, ist der Hersteller entweder als mittelbarer Täter oder als Anstifter zu betrachten. Hierfür ist entscheidend, ob es dem Lieferanten oder demjenigen, der die Produkte letztlich vertreibt, bekannt ist, dass die Produkte gesundheitsgefährdende Eigenschaften besitzen.

Fragen der Kausalität bzw. Ursächlichkeit wird nachfolgend ein eigenständiger Abschnitt gewidmet. Zunächst richtet sich der Blick der Untersuchung auf den dritten Problembereich, also auf die Auseinandersetzung mit der subjektiven Tatseite.

Sowohl der Vorsatzbegriff als auch der Begriff des „bedingten Vorsatzes" sind in Art. 21 des neuen türkischen Strafgesetzbuchs gesetzlich definiert. Demnach ist der Vorsatz die wissentliche und willentliche Verwirklichung der Merkmale des gesetzlichen Straftatbestandes, während beim bedingten Vorsatz der Täter die Tat begeht, obwohl er vorhersieht, dass er die Merkmale des gesetzlichen Tatbestandes verwirklichen könnte. Eine obligatorische Strafmilderung für den Täter ist für die Tatbegehung mit bedingtem Vorsatz gesetzlich (Art. 21 Abs. 2 S. 2 des tStGB) vorgesehen.

Meiner Meinung nach ist es bei den in Rede stehenden Fallkonstellationen kaum möglich, von unmittelbarem Tötungsvorsatz zu sprechen, der auf bestimmte Personen gerichtet ist. Es ist jedoch durchaus denkbar, dass der Täter zumindest mit bedingtem Vorsatz gesundheitsgefährdende Produkte vermarktet.

Im Hinblick auf die Feststellung des bedingten Vorsatzes ist der „in dubio pro reo"-Grundsatz besonders zu beachten. Für die Annahme des bedingten bzw. eventuellen Vorsatzes (dolus eventualis) muss im jeweiligen konkreten Fall unzweifelhaft bewiesen werden, dass der Täter (Hersteller, Lieferant oder Verkäufer) den eingetretenen Todes- oder Verletzungserfolg ernsthaft für möglich gehalten und billigend in Kauf genommen hat. Ansonsten greift der oben genannte „in dubio pro reo"-Grundsatz zugunsten des Täters ein und eine Strafbarkeit des Täters wegen vorsätzlicher Handlung scheidet aus. Nach ständiger Rechtsprechung des türkischen Kassationsgerichts kann auf dieses Erfordernis nicht verzichtet werden. So gibt es zahlreiche Urteile des türkischen Kassationsgerichts, in denen darauf hingewiesen wird, dass sich Zweifel am Vorsatz zugunsten des Täters auswirken müssen.[6]

2. Strafrechtliche Fahrlässigkeitsverantwortlichkeit des Herstellers oder Lieferanten von Produkten

In dieser Fallkonstellation geht es darum, dass der Hersteller oder Lieferant gegen seine Sorgfaltspflicht verstößt, indem er gesundheitsgefährdende Produkte vermarktet bzw. vertreibt und dadurch einen Todes- oder Verletzungserfolg verursacht, ohne dabei erkannt zu haben, dass die Produkte geeignet sind, Leib und Leben eines Menschen zu schädigen, wenngleich er es hätte erkennen können und müssen.

Auch die Begriffe der Fahrlässigkeit und der bewussten Fahrlässigkeit werden in Art. 22 des neuen türkischen Strafgesetzbuchs definiert. Demnach ist „Fahrlässigkeit" ein Verhalten, bei dem der im gesetzlichen Tatbestand bezeichnete Erfolg durch eine Sorgfaltspflichtverletzung verwirklicht wird, ohne dass er vorhergesehen wurde. Tritt ein Erfolg ein, den eine Person vorhergesehen, aber nicht gewollt hat, so liegt bewusste Fahrlässigkeit vor (Abs. 2).

In der türkischen Rechtspraxis werden die Hersteller oder Lieferanten der Produkte, deren Verwendung einen Todes- oder Verletzungserfolg verursacht, nach den diesbezüglichen fahrlässigen Tatbeständen bestraft. Diese sind die fahrlässige Tötung in Art. 85 des türkischen Strafgesetzbuchs und die fahrlässige Körperverletzung in Art. 86 des türkischen Strafgesetzbuchs.[7]

---

6 Für ein Beispiel vgl. Großer Strafsenat, Entscheidung vom 19.02.2013, Entscheidungsnr. 2013/84 – Für den Text des Urteils s. Kazancı İçtihat Bilgi Bankası, http://www.kazanci.com/kho2/ibb/giris.htm (Stand: 01.06.2013).

7 Vgl. die Entscheidung vom 08.06.1981, 9–106/221 – (Fn. 3).

3. Strafrechtliche Verantwortlichkeit des Herstellers oder Lieferanten für den Fall, dass sie von der gesundheitsgefährdenden Eigenschaft der Produkte, die sie bereits vermarktet bzw. vertrieben haben, nachträglich erfahren und dennoch nichts unternehmen (Unterlassungsverantwortlichkeit des Herstellers oder Lieferanten)

Wie bereits gesagt, wird hier die Auffassung vertreten, dass die Tat des willentlichen Inverkehrbringens der gesundheitsgefährdenden Produkte die Eigenschaften eines Verhaltens in der Form des aktiven Tuns aufweist. Ein Verhalten in der Form des Unterlassens liegt hingegen vor, wenn der Hersteller oder Lieferant nachträglich von diesen unerwünschten Konsequenzen bzw. Eigenschaften der Produkte erfährt und dennoch nichts unternimmt. In solchen Fällen sind sie dazu verpflichtet, eine Rückrufaktion vorzunehmen oder mindestens erforderliche Warnungen in Bezug auf die Produkte öffentlich zu machen. Tun sie dies nicht, dann kommt die strafrechtliche Unterlassungsverantwortlichkeit dieser Personen in Betracht.

Eine der erheblichen dogmatischen Schwächen des neuen türkischen Strafgesetzbuchs ist im Fehlen einer allgemeinen Regelung über die begehungsgleiche (sog. „unechte") Unterlassungsverantwortlichkeit (wie sie beispielsweise im deutschen Strafrecht in § 13 des StGB vorhanden ist) zu sehen. Auch wenn in einigen Tatbeständen im Besonderen Teil des türkischen Strafgesetzbuchs, wie etwa der vorsätzlichen Tötung oder der vorsätzlichen Körperverletzung durch Unterlassen[8] die Tatbegehung durch Unterlassen ausdrücklich normiert wird, ist in der türkischen Strafrechtslehre strittig, wie die anderen Tatbestände, deren Unterlassungsform nicht gesondert im Gesetz geregelt ist, zu behandeln sind. Nach einigen Autoren[9] ist die Strafbarkeit wegen begehungsgleichen Unterlassens bei den letztgenannten Delikten aufgrund der selektiven und damit abschließenden Regelung der „unechten" Unterlassungsverantwortlichkeit im Strafgesetzbuch ausgeschlossen. Diese Frage hat das türkische Kassationsgericht zwar offen gelassen, allerdings dennoch für manche Tatbestände (beispielsweise Betrug gem. Art. 157 des tStGB) solch eine Tatbegehung (also Tun durch Unterlassen) trotz der oben genannten Problematik für möglich gehalten.[10]

---

8 Art. 83: Tötung durch Unterlassen, Art 88: Vorsätzliche Körperverletzung durch Unterlassen.

9 S. *Hakeri,* Ceza Hukuku Genel Hükümler, 10. Aufl. 2011, S. 151; *Koca/Üzülmez,* Türk ceza Hukuku Genel Hükümler (Türk ceza), 5. Aufl. 2012, S. 345; *Yıldız,* Türk Ceza Kanunu Seminer Notları, 2007, S. 180.

10 Das türkische Kassationsgericht hat beispielsweise in einer seiner Entscheidungen den Betrug durch Unterlassen für möglich gehalten, obwohl diese Form der

Für die in diesem Beitrag zu untersuchende Fallgruppe ist diese Problematik gerade deshalb von entscheidender Bedeutung, weil die Tatbegehung durch Unterlassen beim Tatbestand der fahrlässigen Tötung sowie der Körperverletzung im Gesetz nicht speziell geregelt ist. Aus diesem Grund ist es fraglich, ob der Hersteller oder der Lieferant, der durch Unterlassen (und in einer vorsätzlichen oder fahrlässigen Weise) seinen Pflichten nicht nachkommt, auch bestraft werden kann. Dieses Problem besteht jedoch für die Tatbestände der vorsätzlichen Tötung und Körperverletzung nicht, da, wie bereits gezeigt, der türkische Gesetzgeber bei der Verabschiedung des neuen Strafgesetzes die Unterlassungsformen dieser beiden Tatbestände ausdrücklich im Gesetz vorgesehen hat.

In Art. 83 des türkischen Strafgesetzbuchs, der den Totschlag durch Unterlassen unter Strafe stellt, sind auch die Bedingungen der „Gleichwertigkeit" des Unterlassens gegenüber dem aktiven Tun geregelt. Demnach *(a) muss der Täter aus Gesetz oder Vertrag zu einem bestimmten aktiven Verhalten verpflichtet sein* oder *(b) muss sich eine das Leben anderer gefährdende Lage aus seinem vorangegangenen Tun ergeben.* Diese Bedingungen gelten wegen des ausdrücklichen Hinweises auch analog für den Tatbestand der vorsätzlichen Körperverletzung in Art. 88 des türkischen Strafgesetzbuchs.

Bei näherer Betrachtung ist die Unterlassungsverantwortlichkeit des Herstellers oder Lieferanten, die sich beim Nicht-Rückruf der Produkte bzw. der Nicht-Warnung der potentiellen Konsumenten zeigt, unter Umständen aus Ingerenz zu bejahen. Das setzt voraus, dass der Täter nach der Vermarktung der Produkte von der jeweiligen Gefahr erfährt. Von diesem Zeitpunkt an entsteht die Garantenstellung aus vorangegangenem (pflichtwidrigem) Tun. Hieraus ergeben sich die oben genannten besonderen (Garanten-)Pflichten zur Rückrufaktion und Bekanntmachung der erforderlichen Warnung. Erfüllt der Hersteller, Lieferant oder Verkäufer der betroffenen Produkte diese Pflichten nicht und tritt deshalb als Erfolg der Tod oder die Verletzung eines Menschen ein, so ist die Strafbarkeit wegen Totschlags oder vorsätzlicher Körperverletzung zu bejahen. Hinsichtlich der subjektiven Tatseite, nämlich des Vorsatzes, können die Beweisschwierigkeiten durch die Argumentation überwunden werden, dass der Täter dann zumindest mit bedingtem Vorsatz gehandelt hat, wenn er trotz seiner aktuell verhaltensrelevanten Kenntnis von der Gesundheitsgefährdung der von ihm vertriebenen Produkte nichts unternommen hat.

Tatbegehung im Gesetz nicht vorgesehen ist. (11. Strafsenat, Entscheidung vom 05.03.2009, Entscheidungsnr., 2009/1999 – Für den gesamten Text des Urteils s. *Yaşar/Gökcan/Artuç*, Yorumlu – Uygulamalı Türk Ceza Kanunu, B.: IV, 2010, S. 4638).

Auch wenn es im Strafgesetzbuch nicht geregelt ist, muss nach der herrschenden Ansicht in der Strafrechtslehre das gefahrbegründende Vorverhalten rechtswidrig sein.[11] Dem wird hier im Grundsatz zugestimmt. Allerdings ist die Frage für die vorliegende Fallgruppe irrelevant, denn die Garantenstellung des Herstellers entsteht jedenfalls aus der bedingten Gestattung einer qualifiziert riskanten Tätigkeit. Unabhängig davon, ob die Herstellung und das Inverkehrbringen der lebens- oder gesundheitsgefährdenden Produkte rechtswidrig oder rechtmäßig erfolgt, handelt es sich bei der Unterlassung des Rückrufs der betreffenden Produkte um die Verletzung einer qualifizierten Garantenpflicht.[12]

4. Kausalität

In Bezug auf die Kausalität werden in der türkischen Strafrechtslehre die „Bedingungstheorie (conditio-sine-qua-non Formel)"[13] und die „Theorie der Vereinigung der subjektiven und objektiven Betrachtungsweise"[14], die von der Adäquanztheorie abgeleitet wurde, vertreten. Die Rechtsprechung folgt hingegen der „Adäquanztheorie".[15] Die Anhänger der Bedingungstheorie schränken den unangemessenen Verantwortungsrahmen entweder durch die subjektiven Tatbestandsmerkmale oder durch die Anwendung der Lehre von der objektiven Zurechnung ein. Demgegenüber löst die Adäquanztheorie die Fragen vielmehr über den Verantwortungsvorwurf, ohne dabei die Kausalitätsfrage wirklich aufzuklären.

---

11 S. *Hakeri*, Ceza Hukukunda İhmal Kavramı ve İhmali Suçların Çeşitleri, 2003, S. 174; *Koca/Üzülmez*, Türk Ceza (Fn. 9), S. 354.

12 Zum Sachgedanken der bedingten Gestattung qualifiziert riskanter Verhaltensweisen s. etwa *Freund*, in: Münchener Kommentar zum StGB (MünchKommStGB), Band I, 2. Aufl. 2011, § 13 Rn. 122 ff.; vgl. auch *Reus*, Das Recht in der Risikogesellschaft – Der Beitrag des Strafrechts zum Schutz vor modernen Produktgefahren, 2010, passim.

13 S. statt aller *Artuk/Gökcen/Yenidünya*, Ceza Hukuku Genel Hükümler, 4. Aufl. 2009, S. 288; *Centel/Zafer/Çakmut*, Türk Ceza Hukukuna Giriş, 7. Aufl. 2011, S. 277; *Özgenç*, Türk Ceza Hukuku Genel Hükümler (Türk Ceza), 8. Aufl. 2013, S. 173; *Ünver*, Ceza Hukukunda İzin Verilen Risk, 1998, S. 253 ff.; *Zafer*, Ceza Hukuku Genel Hükümler, 2010, S. 159.

14 *Dönmezer/Erman*, Nazari ve Tatbiki Ceza Hukuku, B: I, 13. Aufl. 1997, S. 515 ff.

15 S. Großer Strafsenat, Entscheidung vom 16.05.2000, Entscheidungsnr. 2000/110; 4. Strafsenat, Entscheidung vom 22.11.1984, Entscheidungsnr. 1984/8641 – Für den gesamten Text der Urteile s. Kazancı İçtihat Bilgi Bankası, http://www.kazanci.com/kho2/ibb/giris.htm (Stand: 01.06.2013).

Hinsichtlich des kausalen Zusammenhangs bei den nichtbegehungsgleichen („echten") und begehungsgleichen („unechten") Unterlassungsdelikten gibt es in der türkischen Strafrechtslehre zwei unterschiedliche Ansichten. Nach dem ersten Ansatz[16] ist ein kausaler Zusammenhang auch bei diesen Delikten erforderlich. Demgegenüber vertritt die relativ neu begründete und der Bedingungstheorie folgende zweite Ansicht[17], dass bei diesen Delikten ohnehin kein kausaler Zusammenhang vorhanden sein kann. Insbesondere bei den „unechten" Unterlassungsdelikten sei lediglich eine normative Bewertung hinsichtlich des Zusammenhangs zwischen der Handlungspflicht und dem eingetretenen Erfolg geboten. Somit könne die Verantwortung durch die Handlung als solche festgestellt werden.

Das türkische Kassationsgericht hat in seiner ständigen Rechtsprechung über die Verursachung eines Todes oder einer Verletzung durch Unterlassen die Erforderlichkeit eines kausalen Zusammenhangs unterstrichen und die strafrechtliche Zurechnung nach diesem Zusammenhang beurteilt.[18]

Da die strafrechtliche Unterlassungsverantwortlichkeit des Herstellers bisher nicht Entscheidungsgegenstand des türkischen Kassationsgerichts war, wäre es nicht verfehlt, wenn man hier – ausgehend von der bisherigen Rechtspraxis – die Anwendbarkeit der Adäquanztheorie seitens der Rechtsprechung annehmen würde.

Bezüglich des kausalen Zusammenhangs bei den Straftatbeständen im Rahmen der strafrechtlichen Produktverantwortlichkeit, die durch aktives Tun verwirklicht werden, sind nach hier vertretener Auffassung zwei Aspekte besonders beachtenswert. Erstens ist zu klären, ob der eingetretene körperliche Schaden oder der Tod bei den Konsumenten auf das hergestellte Produkt zurückzuführen ist. Zweitens ist festzustellen, wessen Handeln bzw. Unterlassen für diesen Schaden ursächlich gewesen ist. Für den Fall, dass diese beiden Tatsachen nicht unzweifelhaft festgestellt werden können, muss nach dem „in dubio pro reo"-Grundsatz der Angeklagte freigesprochen werden. Das türkische Kassationsgericht weist ständig auf die Relevanz dieses Grundsatzes im Strafverfahren hin.[19]

Das eigentliche Problem bei der strafrechtlichen Behandlung der Fälle der strafrechtlichen Produktverantwortlichkeit liegt in der Garantenstellungsfrage,

16 *Dönmezer/Erman,* Nazari ve Tatbiki Ceza Hukuku, B.: I, S. 612 ff.; *Önder,* Ceza Hukuku Genel Hükümler, B.: II, 1989, S. 105.

17 *Özgenç,* Türk Ceza (Fn. 13), S. 225.

18 Vgl. 4. Strafsenat, Entscheidung vom 04.05.1976, Entscheidungsnr. 3128/3121 – Für den gesamten Text des Urteils s. *Özgenç,* Türk Ceza (Fn. 13), S. 224.

19 Vgl. Großer Strafsenat, Entscheidung vom 19.02.2013, Entscheidungsnr. 2013/84.

wenn das Unterlassen des Herstellers, Lieferanten oder Verkäufers im behandelten Fall bejaht wurde. Die Feststellung des eingetretenen Schadens und des kausalen Zusammenhangs zwischen dem Schaden und dem Produkt würde hingegen keine besonderen Schwierigkeiten bereiten. Insbesondere bei Gremienentscheidungen ist es schwer, die Garantenstellung und strafrechtliche Verantwortlichkeit der einzelnen Mitglieder bzw. Führungspersonen zu bestimmen. Das türkische Kassationsgericht versucht diese Problematik derart zu lösen, dass in diesen Fällen eben die Personen als Täter angesehen werden, die für die Herstellung zuständig bzw. verantwortlich sind.[20] Es erscheint zutreffend, dass alle Mitglieder des Gremiums die Verantwortung zumindest dann zu tragen haben, wenn die relevante Gremienentscheidung einstimmig beschlossen wurde. Die Befreiung von der strafrechtlichen Verantwortung für diejenigen Mitglieder, die dem Beschluss widersprochen haben, setzt nach hier vertretener Auffassung mindestens die Erstattung einer diesbezüglichen Anzeige bei den zuständigen Behörden voraus.

5. Strafrechtliche Verantwortlichkeit des Amtsträgers

Zuletzt soll noch die Frage der strafrechtlichen Verantwortlichkeit des Amtsträgers, der für die Kontrolle und Überwachung der vermarkteten Produkte verantwortlich ist, kurz erörtert werden.

Im türkischen Rechtssystem sind viele Strafnormen vorhanden, die die Verletzung oder Vernachlässigung der Amtspflicht unter Strafe stellen. Beispielsweise wird nach Art. 279 des türkischen Strafgesetzbuchs derjenige Amtsträger mit Gefängnisstrafe bestraft, der von Amts wegen von einer Straftat im Rahmen seiner dienstlichen Tätigkeiten erfährt und dennoch diesbezüglich keine Anzeige erstattet. Grundtatbestand bzw. Auffangtatbestand der Amtsträgerverantwortlichkeit im türkischen Strafgesetzbuch bildet hierbei der Tatbestand des Missbrauchs der amtlichen Befugnisse in Art. 257 des türkischen Strafgesetzbuchs. Mit diesem Tatbestand wird der Missbrauch der amtlichen Befugnisse sowohl durch aktives Tun als auch durch Unterlassen unter Strafe gestellt.

Für das vorliegende Thema ist die Frage zu beantworten, ob derjenige Amtsträger sich strafbar macht, der seine Aufgaben zur Kontrolle und Überwachung der Herstellung und Vermarktung der Massenprodukte nicht angemessen erfüllt. Auch wenn im türkischen Strafrecht eine allgemeine bzw. umfassende Garantenstellung für manche Amtsträgergruppen (wie etwa Polizisten, Feuerwehrpersonal usw.) angenommen wird, ist für die Produktverantwortlichkeit

20 2. Strafsenat, Entscheidung vom 03.05.1999, Entscheidungsnr. K. 1999/5783.

genau derjenige Amtsträger zu ermitteln, der für die Überwachung zuständig und verantwortlich ist. Nur nach der Feststellung des Adressaten einer solchen Garantenverantwortlichkeit kommt eine strafrechtliche Unterlassungsverantwortlichkeit dieses Amtsträgers in Betracht. In diesem Zusammenhang soll das zuvor bereits erwähnte Beispiel genannt werden, welches die Besonderheit der Amtsträgerverantwortlichkeit verdeutlicht. So ist – wie erwähnt – unter anderem das Ministerium für Industrie und Handel nach dem Verbraucherschutzgesetz (Art. 24 Abs. 1 des Gesetzes) dazu befugt, eine Klage bei den hierfür zuständigen Gerichten zu erheben, und zwar gerichtet auf das Verbot der weiteren Herstellung und des Inverkehrbringens sowie auf den zwingenden Rückruf der im Rahmen dieses Gesetzes vertriebenen mangelhaften Serienprodukte. Falls der zuständige Amtsträger des Ministeriums diese Gelegenheit zum Einschreiten gegen eine rechtswidrige Tat versäumt und mithin der Pflicht nicht gerecht wird, die Gesellschaft vor gesundheitsgefährdenden Konsequenzen des Konsums dieser Produkte zu warnen, könnte er wegen des Schadens, der auf Grund seines Unterlassens eintritt, strafrechtlich belangt werden. Disziplinarrechtliche Sanktionen bleiben hiervon unberührt.

IV. Zusammenfassung und Ergebnisse der Untersuchung

In der Türkei hat bisher kein relevantes Strafverfahren über die Produktverantwortlichkeit stattgefunden, in dem die dogmatischen strafrechtlichen Fragen detailliert geklärt werden konnten. Die von den türkischen Strafgerichten bisher behandelten Produktverantwortlichkeitsfälle behandelten vielmehr die Frage der Fahrlässigkeitsverantwortlichkeit wegen des Todes- oder Verletzungserfolgs, welcher auf die Mangelhaftigkeit der konsumierten Produkte zurückzuführen war. Ein für die dogmatische Diskussion sehr geeigneter Fall wurde jedoch, wie eingangs erwähnt, wegen eines Aussetzungsgesetzes vor der Urteilsphase vorzeitig beendet.

Vor der Verabschiedung des neuen türkischen Strafgesetzbuchs im Jahre 2005 wurde in der türkischen Strafrechtslehre überwiegend angenommen, dass die Delikte, die *prima vista* ein aktives Tun erfordern, auch durch Unterlassen begangen werden können. Allerdings hat der türkische Gesetzgeber diese Form der Tatbegehung im neuen türkischen Strafgesetzbuch in einer selektiven Weise nur bei einigen Tatbeständen (insbesondere bei den vorsätzlichen Tötungs- und Körperverletzungstatbeständen) akzeptiert. Trotz intensiver Recherche ließen sich keine wegweisenden Gerichtsurteile hinsichtlich dieser Tatbestände finden, die sich mit der Tatbegehung durch Unterlassen, also den begehungsgleichen (sog. „unechten“) Unterlassungsdelikten, auseinandergesetzt haben.

Trotz der oben genannten Probleme ist die strafrechtliche Verantwortlichkeit des Herstellers, Lieferanten und Verkäufers nach dem gegenwärtigen türkischen Strafrecht durchaus möglich, wenn durch die mangelhaften Produkte gesundheitsschädliche Erfolge verursacht werden. Diese strafrechtliche Verantwortlichkeit kann sich sowohl aus vorsätzlichem als auch aus fahrlässigem Verhalten ergeben. Die Tatbegehung durch Unterlassen ist ebenfalls denkbar. Die wesentlichen Voraussetzungen solch einer Verantwortlichkeit sind die Ursächlichkeit der Mangelhaftigkeit der Produkte für den eingetretenen gesundheitlichen Schaden und das Vorhandensein einer spezifischen Pflichtverletzung, auf welcher der eingetretene Erfolg beruht.

Einzelbeiträge

*Georg Freund**

Gefährdung als Straftat

Strafrechtliche Produktverantwortlichkeit de lege lata und de lege ferenda

I. Einführung in die Problematik

In der Bundesrepublik Deutschland gibt es keine strafrechtliche Verantwortlichkeit *des Unternehmens.* Möglich ist allenfalls dessen „Verantwortlichkeit" wegen einer Ordnungswidrigkeit für den Fall einer Straftat oder Ordnungswidrigkeit eines Organs oder Vertreters.[1] Eine Straftat kann dagegen nur eine natürliche Person begehen.[2]

1. Bedeutung strafrechtlicher Verantwortlichkeit

Die strafrechtliche Verantwortlichkeit natürlicher Personen ist von diesen ernster zu nehmen als eine sonstige Verantwortlichkeit – etwa als polizeirechtlicher

---

* Der Beitrag aktualisiert und ergänzt frühere Überlegungen in komprimierter Form; s. zu diesen Gedanken insbes. *Freund,* in: Münchener Kommentar zum StGB, 2. Aufl. 2013, Vor § 95 AMG Rn. 78 ff.; *dens.,* ZLR 1994, 261 ff.; *dens.,* in: Die Haftung der Unternehmensleitung – Risiken und ihre Vermeidung (Marburger Gespräche zum Pharmarecht, 1. Symposion), hrsg. v. D. Meurer im Auftrag der Forschungsstelle für Pharmarecht der Philipps-Universität Marburg, 1999, S. 67 ff. – Für die kritische Durchsicht des Textes und wertvolle Anregungen danke ich sehr herzlich meinen Mitarbeiterinnen und Mitarbeitern sowie einigen freundlichen Kolleginnen und Kollegen.

1 Vgl. § 30 OWiG.

2 An deren strafrechtlicher Verantwortlichkeit wird sich auch dann nichts ändern, wenn es irgendwann eine „Strafbarkeit" von juristischen Personen geben sollte. Vgl. zu dieser rechtspolitischen Frage etwa *Alwart,* ZStW 105 (1993), 752 ff.; *Frisch,* FS Wolter, 2013, S. 349 ff.; *Heine,* Die strafrechtliche Verantwortlichkeit von Unternehmen, 1995; *Hirsch,* Die Frage der Straffähigkeit von Personenverbänden, 1993 und ZStW 107 (1995), 285 ff.; *Otto,* Die Strafbarkeit von Unternehmen und Verbänden, 1993; *Ransiek,* Unternehmensstrafrecht: Strafrecht, Verfassungsrecht, Regelungsalternativen, 1996; *Zieschang,* GA 2014, 90 ff.; ferner *Freund,* in: Münchener Kommentar zum StGB (MünchKommStGB), Band I, 2. Aufl. 2011, Vor § 13 Rn. 146 ff.

Störer oder in Gestalt einer Verpflichtung zum Schadensersatz. Nichtstrafrechtliche Verantwortlichkeiten können weitgehend „abgewälzt" werden; sie sind zu einem großen Teil versicherbar. Mit der strafrechtlichen Verantwortlichkeit ist das anders: Das Strafrecht trifft jeden persönlich – sozusagen höchstpersönlich! Eine etwa verhängte Freiheitsstrafe muss immer selbst angetreten werden. Und sogar bei der Geldstrafe, die „die Firma" bezahlt, bleibt der Makel der Vorstrafe am Einzelnen „hängen". Das Risiko, als innerhalb eines Unternehmens Tätiger strafrechtlich belangt zu werden, mag zwar relativ gering sein, ist aber im Hinblick auf die drohenden Konsequenzen gleichwohl von erheblichem Gewicht. Selbst Untätigkeit schützt nicht vor unter Umständen hoher Strafe nach den Grundsätzen begehungsgleichen Unterlassens.[3]

2. Praktische Relevanz strafrechtlicher Produktverantwortlichkeit

Bei der im Folgenden näher untersuchten Frage der strafrechtlichen Verantwortlichkeit für das Produkt als solches ist zu beachten, dass trotz der gewählten konkreten Beispiele grundsätzlich jeder beliebige Gegenstand als potentiell gefährlich relevant werden kann. Die Problematik der allgemeinen strafrechtlichen Produktverantwortlichkeit[4] betrifft außer Arzneimitteln und Medizinprodukten auch Lebensmittel, Holzschutzmittel, Elektrogeräte, Werkzeuge und vieles andere mehr.

Freilich liegt der „leading case" der strafrechtlichen Produktverantwortlichkeit im Bereich der Arzneimittel: Das Contergan-Verfahren vor dem Landgericht Aachen[5] hat viel Aufsehen erregt und nicht zuletzt zu Sondernormen im

---

3 Näher zur strafrechtlichen Verantwortlichkeit wegen begehungsgleichen und wegen nichtbegehungsgleichen Unterlassens *Jescheck/Weigend,* Lehrbuch des Strafrechts, AT, 5. Aufl. 1996, §§ 58 ff.; *Freund,* Strafrecht Allgemeiner Teil (AT), 2. Aufl. 2009, § 6; s. auch *dens.,* Erfolgsdelikt und Unterlassen – Zu den Legitimationsbedingungen von Schuldspruch und Strafe (Erfolgsdelikt), 1992. – Speziell zur strafrechtlichen Produktverantwortlichkeit wegen Unterlassens vgl. *Bock,* Produktkriminalität und Unterlassen (Produktkriminalität), 1997 m. w. N.; für den Arzneimittelbereich s. ergänzend *Wagner,* Arzneimittel-Delinquenz, 1984, S. 84 f., 110, 111.

4 Näher zur Problematik der strafrechtlichen Produktverantwortlichkeit etwa *Hilgendorf,* Strafrechtliche Produzentenhaftung in der „Risikogesellschaft", 1993; *Kuhlen,* Fragen einer strafrechtlichen Produkthaftung, 1989; s. auch Span. Oberster Gerichtshof NStZ 1994, 37 ff.; *Freund,* Erfolgsdelikt (Fn. 3), S. 214 ff., 241 ff.; für den Lebensmittelbereich *dens.,* ZLR 1994, 261 ff.

5 LG Aachen JZ 1971, 507 ff.; s. dazu etwa *Armin Kaufmann,* JZ 1971, 569 ff.; *Bock,* Produktkriminalität (Fn. 3), S. 59 ff.

Arzneimittelstrafrecht geführt. Inzwischen haben aber auch Bereiche jenseits des Arzneimittelsektors – traurige – Berühmtheit erlangt. Die Lederspray-Entscheidung des BGH[6] und der Holzschutzmittelprozess[7] haben gezeigt: Sachlich haben wir es gar nicht mit einem spezifischen Arzneimittelproblem zu tun, sondern mit einem Problem, das sektorübergreifend auftritt. Weitere Stichworte sind in diesem Zusammenhang: BSE-Seuche, nitrofen- und dioxinverseuchte Lebensmittel, platzende Autoreifen und versagende Bremsen.

3. Sonderproblem der „Schadensursächlichkeit" bei der strafrechtlichen Produktverantwortlichkeit und dessen Einfluss auf den Arzneimittelbereich

Innerhalb der strafrechtlichen Produktverantwortlichkeit ist schon seit langem das Kausalitätsproblem bekannt. Das liegt an einer Besonderheit der prima vista relevanten Tatbestände. Eine strafrechtliche Verantwortlichkeit etwa wegen fahrlässiger Tötung (§ 222 StGB) oder fahrlässiger Körperverletzung (§ 229 StGB) setzt nicht nur voraus, dass ein entsprechendes tatbestandsspezifisches Fehlverhalten (i. e. S.) vorliegt. Das tatbestandsspezifische Fehlverhalten muss auch sicher nachweisbar zu spezifischen Fehlverhaltens*folgen* geführt haben.[8] Dafür reicht der bloße – auch der dringende – Verdacht nicht aus. Mindesterfordernis für die Feststellung spezifischer Fehlverhaltensfolgen ist aber allemal die „Schadensursächlichkeit". Im Bereich etwa der fahrlässigen Tötung oder Körperverletzung durch begehungsgleiches Unterlassen (§§ 222, 13 StGB; 229, 13 StGB) gilt Entsprechendes für die Quasi-Kausalität des Fehlverhaltens. Und das bedeutet vereinfacht ausgedrückt: Es muss sicher nachweisbar sein, dass der konkrete schadensträchtige Verlauf bei richtigem Verhalten vermieden worden wäre.

Bereits im Contergan-Verfahren spielte das Problem der „Schadensursächlichkeit" eine große Rolle und dürfte wohl einer der Gründe für die Einstellung des Verfahrens wegen „Geringfügigkeit" (§ 153a StPO[9]) gewesen sein. Dieses

6 BGHSt 37, 106; s. dazu etwa *Kuhlen,* NStZ 1990, 566 ff.; *Samson,* StV 1991, 182; *Puppe,* JR 1992, 30; *Freund,* Erfolgsdelikt (Fn. 3), S. 182 Fn. 82, 219 Fn. 84.

7 Vgl. BGHSt 41, 206 ff.; s. dazu etwa *Schulz,* JA 1996, 185 ff., vgl. auch *dens.,* ZUR 1994, 26 ff.; *Bock,* Produktkriminalität (Fn. 3), S. 64 ff.

8 Näher dazu *Freund,* AT (Fn. 3), § 2 Rn. 45 ff., § 5 Rn. 64 ff., § 6 Rn. 101 ff.; s. auch *Frisch,* Tatbestandsmäßiges Verhalten und Zurechnung des Erfolgs (Tatbestandsmäßiges Verhalten), 1988, S. 507 ff.

9 Zur Verfahrenseinstellung unter Auflagen nach § 153a StPO sowie einer Art von strafrechtlicher Reaktion auf ein Fehlverhalten und zu den Voraussetzungen dafür näher *Freund,* GA 1995, 4, 16 f.

Problem ist auch der Hintergrund für die spezielle Vorschrift des § 5 I AMG.[10] Danach ist es „verboten, bedenkliche Arzneimittel in den Verkehr zu bringen". Und § 5 II AMG bestimmt: „Bedenklich sind Arzneimittel, bei denen nach dem jeweiligen Stand der wissenschaftlichen Erkenntnisse der begründete Verdacht besteht, dass sie bei bestimmungsgemäßem Gebrauch schädliche Wirkungen haben, die über ein nach den Erkenntnissen der medizinischen Wissenschaft vertretbares Maß hinausgehen." Damit sagt § 5 AMG nur das klarstellend, was auch unabhängig davon im Interesse des Rechtsgüterschutzes gilt. Für die Annahme eines rechtlichen Fehlverhaltens ist die Vorschrift nicht konstitutiv![11]

Strafrechtlich bedeutsam wird die Sonderregelung des § 5 AMG erst wegen der daran anknüpfenden Sanktionsnorm des § 95 I Nr. 1 AMG, nach der entsprechende Verhaltensnormverstöße auch ohne weitergehende Fehlverhaltensfolgen selbständig als Straftat erfasst werden. Die Strafdrohung lautet – wie bei der vollendeten fahrlässigen Körperverletzung nach § 229 StGB(!) – auf Freiheitsstrafe bis zu drei Jahren oder Geldstrafe. Für den Fahrlässigkeitsfall droht § 95 I Nr. 1, IV AMG immerhin noch Freiheitsstrafe bis zu einem Jahr oder Geldstrafe an. Wohlgemerkt: Diese Sonderstrafnorm gilt nur bei Arzneimitteln – nicht dagegen bei sonstigen Produkten, insbesondere auch nicht bei Lebensmitteln. Lediglich Medizinprodukte werden über §§ 4 I Nr. 1, 43 I Nr. 1 MPG von einer entsprechenden Strafvorschrift erfasst.[12] Bereits an dieser Stelle sei deshalb die kritische – oder vielleicht auch schon rhetorische – Anfrage an die für die Gesetze Verantwortlichen erlaubt: Was soll eigentlich ein aus Bestandteilen einer BSE-verdächtigen Kuh gewonnenes und deshalb bedenkliches Arzneimittel von einem von derselben Kuh stammenden Stück Fleisch unterscheiden und die abweichende strafrechtliche Behandlung rechtfertigen?

---

10 Vgl. dazu etwa *Räpple,* Das Verbot bedenklicher Arzneimittel, 1991, S. 77 f.; *Göben,* Arzneimittelhaftung und Gentechnikhaftung als Beispiele modernen Risikoausgleichs, 1995, S. 58 ff. – Seit geraumer Zeit gibt es eine entsprechende Vorschrift in § 4 I Nr. 1 MPG (s. dazu etwa *Ratajczak,* in: Arzneimittel und Medizinprodukte, hrsg. von der Arbeitsgemeinschaft Rechtsanwälte im Medizinrecht e. V., Schriftleitung T. Ratajczak u. a., 1997, S. 75 ff.).

11 Dass sich das aufgrund des AMG zu erzielende Ergebnis für den hier interessierenden Bereich auch bereits aufgrund des allgemeinen Polizeirechts ergäbe, betont mit Recht *Räpple,* Das Verbot bedenklicher Arzneimittel (Fn. 10), S. 71 f.

12 Vgl. dazu etwa *Deutsch,* Medizinrecht: Arztrecht, Arzneimittelrecht und Medizinprodukterecht, 3. Aufl. 1997, Rn. 1027.

II. Grundlagen der Problemlösung

Das Strafrecht ist eine sekundäre Normenordnung, die auf Verstöße gegen bestimmte rechtliche Verhaltensnormen missbilligend reagiert.[13] Eine solche Reaktion ist ein geltungssichernder Ausgleich für die Infragestellung der Geltungskraft der übertretenen Verhaltensnorm. Die Frage nach der rechtlichen Legitimation einer Verhaltensnorm aber gehört nicht dem eigentlichen Strafrecht an. Sie ist sachlich und systematisch eine solche der vorgelagerten (primären) Normenordnung. Deshalb ist sie auch nach den dafür maßgeblichen Kriterien zu entscheiden. Die Verhaltensnorm muss einen legitimen Zweck verfolgen und die geeignete, erforderliche und angemessene Lösung im Widerstreit der kollidierenden Interessen sein.[14] Ein angemessenes System des Verkehrsschutzes muss die möglichen Gefahren in den Blick nehmen; es muss sodann deren qualitativen Unterschieden Rechnung tragen und im Rahmen des tatsächlich und rechtlich Möglichen entsprechende Verhaltensnormen zur Gefahrenvermeidung statuieren.

1. Vorfrage der Legitimation von Verhaltensnormen (Ver- und Geboten) durch Rechtsgüterschutzinteressen

Verhaltensnormen bedürfen der Legitimation durch Rechtsgüterschutzinteressen, also durch Interessen an der Vermeidung bestimmter Schädigungsmöglichkeiten („Gefahren").[15] Gemeinsam ist den Gefahren, bei denen ein Vermeideinteresse in Betracht kommt, die Gefährdung der freien Lebensgestaltung beim Umgang mit irgendwelchen Gegenständen. Es geht um die Freiheit zu entscheiden, welche speziellen Gegenstände man z. B. erwirbt oder zu sich nimmt oder mit welchen Gegenständen genau man sonst umgeht. Diese Dispositionsfreiheit ist mannigfachen Gefahren ausgesetzt.

---

13 Zum Strafrecht als sekundärer Normenordnung s. bereits *Binding*, Handbuch des Strafrechts, Bd. 1, 1885, S. 9; vgl. ergänzend etwa *Frisch*, Tatbestandsmäßiges Verhalten (Fn. 8), S. 112 ff.

14 Näher dazu etwa *Freund*, Erfolgsdelikt (Fn. 3), S. 51 ff. m. w. N.; zur Normbildung als einer autonomen Leistung des betroffenen Subjekts und den sich daraus ergebenden inhaltlichen Konsequenzen *ders.*, GA 1991, 387 ff., 396 ff.; s. ergänzend *Renzikowski*, in: Matt/Renzikowski, Kommentar zum StGB, 2013, Vor § 13 Rn. 11.

15 Näher zum grundlegenden verhaltensnormbegründenden Datum des berechtigten Nutzens der Normeinhaltung *Freund*, Erfolgsdelikt (Fn. 3), S. 54 ff.; s. auch *dens.*, AT (Fn. 3), § 2 Rn. 10 ff.

a. Dispositionsfreiheit in Bezug auf Leben und Gesundheit

Der Schutz menschlichen Lebens und menschlicher Gesundheit ist seit langem ein zentrales Anliegen und in der Sache grundsätzlich als berechtigt anerkannt. Die praktische Umsetzung des entsprechenden Schutzgedankens ist allerdings nicht durch eine einfache „erfolgsorientierte" Norm zu erreichen. Selbst bei klassischen Straftatbeständen – wie denen des Totschlags oder der Körperverletzung – hat sich inzwischen die Einsicht durchgesetzt, dass diesen Tatbeständen kein „Verbot" der *Verursachung* des Todes oder der Körperverletzung zugrunde liegt.[16] Ansonsten verstieße strenggenommen auch der Vater des Mörders durch dessen Zeugung gegen ein solches „Verbot" der Todesverursachung. Das Kriterium der Verursachung schafft so gut wie keine Eingrenzung und wirkt nicht verhaltensleitend. Zum angemessenen Schutz bestimmter Rechtsgüter ist ein differenziertes System von Verhaltensnormen nötig. Für die jeweiligen Lebensbereiche muss geklärt werden, welche Ver- oder Gebote im Interesse des Schutzes von Leben oder Gesundheit anderer Menschen legitimierbar sind.[17]

Auch der Schutz des Lebens und der Gesundheit kann eben niemals ein absoluter sein. Dieser Schutz muss sich Abstriche und Relativierungen gefallen lassen. Sonst bliebe die Handlungsfreiheit auf der Strecke. Die trotz Einhaltung der Verkehrspflichten verbleibenden Möglichkeiten der Schädigung sind als toleriertes Restrisiko hinzunehmen.[18] Jede Teilnahme am Straßenverkehr ist trotz verkehrsgerechten Verhaltens mit der Gefahr eines für andere tödlichen Unfalls verbunden – etwa infolge plötzlichen Versagens der Bremsen. Davor gibt es keinen rechtlichen Schutz. Ganz genauso besteht bei jedem Arzneimittel, das in den Verkehr gelangt, die Möglichkeit, dass es sich gesundheitsschädlich auswirkt, auch wenn alle rechtlich vorgesehenen Vorkehrungen eingehalten worden sind.

---

16 Näher zur Problematik von Verursachungsverboten *Freund,* Erfolgsdelikt (Fn. 3), S. 9 ff., 121 ff. m. w. N.; s. ergänzend *dens.,* AT (Fn. 3), § 1 Rn. 14, § 2 Rn. 24, 28 ff., § 5 Rn. 16 ff.

17 Zu diesen Problemen s. *Frisch,* Tatbestandsmäßiges Verhalten (Fn. 8), S. 69 ff. (insbes. für das Begehungsdelikt); *Freund,* Erfolgsdelikt (Fn. 3), S. 51 ff. (insbes. für das begehungsgleiche Unterlassungsdelikt); ergänzend *dens.,* AT (Fn. 3), § 2 Rn. 8 ff. et passim. – Instruktiv insofern auch die Konkretisierung für den Arzneimittelbereich bei *Räpple,* Das Verbot bedenklicher Arzneimittel, S. 84 ff., 104 ff.

18 Dass es sich auch im Arzneimittelbereich sachlich um das Problem der Abgrenzung von rechtswidriger Arzneimittelgefahr und zulässigem Restrisiko handelt, sieht auch *Räpple,* Das Verbot bedenklicher Arzneimittel (Fn. 10), S. 104. Zur Arzneimittelsicherheit als „Risikomanagement" vgl. auch *Wagner,* in: Wagner (Hrsg.), Arzneimittel und Verantwortung, Grundlagen und Methoden der Pharmaethik, 1993, S. 295 ff.

Diese Schädigungsmöglichkeit ist dann als von Rechts wegen „einkalkuliert“ hinzunehmen.

b. Dispositionsfreiheit in Bezug auf das Vermögen

Das geltende deutsche Recht schützt die Freiheit der Disposition mit Blick auf das Vermögen eher noch schwächer als mit Blick auf Leben und Gesundheit. Das folgt bereits aus dem minderen Rang des betroffenen Rechtsguts. Außerdem kann die regelmäßige Reparabilität eines eingetretenen Schadens das Gewicht des Interesses an entsprechender Prävention nochmals reduzieren. Man denke beispielsweise an die Herstellung eines bestimmten Produkts, bei der die weitere Senkung der Zahl minderwertiger (aber nicht gesundheitsschädlicher) „Ausreißer“ mit unverhältnismäßigen Kosten verbunden ist. Hier erscheint es angemessen, den potentiellen Käufer des minderwertigen Produkts auf seine Mängelrechte zu verweisen, statt die Produktionskosten in extreme Höhen zu treiben. Wenn die eingesparten Kosten auch dem potentiellen Käufer zugute kommen, hat sogar er ein Interesse daran, dass nicht alle Möglichkeiten der Gefahrenvermeidung ausgeschöpft werden.

c. Dispositionsfreiheit in Bezug auf sonstige (Rechtsgüterschutz-)Interessen

Jenseits des Bereichs des Schutzes von Leben, Gesundheit und Vermögen fällt es auf den ersten Blick eher noch schwerer, Verhaltensnormen zu begründen. Indessen gibt es auch hier schutzbedürftige und schutzwürdige Interessen. Man denke an die Speiseregeln mancher Religionen oder einfach an die persönliche Entscheidung bestimmter Menschen, kein Pferdefleisch zu essen. Auch wenn das als Schweinegulasch servierte Pferdefleisch nicht gesundheitsschädlich und „sein Geld wert“ ist, darf die Entscheidung, kein Pferdefleisch zu essen, jedenfalls nicht durch eine bewusste Lüge hintertrieben werden. Nichts anderes gilt aber auch für die bewusste Lüge über bestimmte „anstößige“ Bestandteile oder die nichtgentechnische Erzeugung eines Arzneimittels: Unabhängig von einem wirtschaftlichen Minderwert muss die Entscheidung, solche Arzneimittel nicht zu erwerben, respektiert werden.

Als erste *Zwischenbilanz* können wir Folgendes festhalten: Durch das geltende Recht ist die Freiheit der Disposition mit Blick auf Leben, Gesundheit, Vermögen und sonstige Interessen geschützt – allerdings nicht absolut. Als effektives, aber eben nur beschränkt wirkendes Schutzinstrument dienen rechtliche Ver- und Gebote. Solche Verhaltensnormen bedürfen für ihre Legitimation bestimmter Legitimationsgründe. Diese Legitimationsgründe müssen in der Situation und aus der Perspektive ihres Adressaten vorliegen. Als solche Legitimationsgründe fungieren die Möglichkeiten des schadensträchtigen Verlaufs. Diese Möglichkeiten der Schädigung müssen hinreichend gewichtig sein, um dem Adressaten gegenüber ein Ver- oder Gebot zu rechtfertigen, das die Schädigungsmöglichkeit vermeiden soll.

2. Schutz von Verhaltensnormen durch Sanktionierung von Verhaltensnormverstößen

Die sekundäre Sanktionsordnung hat nur die Aufgabe, den Verstoß gegen bereits legitimierte Verhaltensnormen auszugleichen und dadurch deren Geltungskraft zu wahren. Das Strafrecht darf nicht dazu missbraucht werden, die Entscheidung des in Wahrheit noch nicht eindeutig geklärten Konflikts in einem bestimmten Sinne zu beeinflussen.

Deshalb muss Folgendes nochmals nachdrücklich betont werden: Der Einsatz von Strafe oder Geldbuße setzt voraus, dass *vor* der Vornahme eines bestimmten Verhaltens in der Situation und aus der Perspektive des Betroffenen klar und eindeutig festgestellt werden konnte, dass etwas als rechtlich missbilligtes Verhalten zu gelten hatte. Nach traditionellem Strafrechtsverständnis fehlt sonst die Bestrafungsvoraussetzung der individuellen Schuld. Nach einer im Vordringen begriffenen Auffassung fehlt bereits das rechtverstandene *personale* Verhaltens*unrecht*. Denn personales Unrecht muss konsequent individualisierend bestimmt werden.[19] Ein angemessenes System des Schutzes von Verhaltensnormen durch Sanktionsnormen ist weitgehend vorgezeichnet durch die gestellte Aufgabe: Verhaltensnormen sind in ihrer Geltungskraft gefährdet, wenn auf Verhaltensnormverstöße nicht reagiert wird. Zum Schutz ihrer Geltung muss ein zur Normbestätigung geeignetes Mittel gewählt werden. Nötig ist eine dem begangenen Normverstoß angemessene Reaktion zur Wiederherstellung des gestörten Rechtsfriedens.[20]

---

19 S. dazu *Freund,* AT (Fn. 3), § 2 Rn. 23 ff., § 3 Rn. 9 ff., § 4 Rn. 1 ff., § 5 Rn. 22 ff. m. w. N.

20 Strafe ist also zu verstehen als Widerspruch gegenüber dem Normbruch zur Beseitigung der Gefahr eines Normgeltungsschadens; i. d. S. etwa *Jakobs,* Strafrecht AT, 2. Aufl. 1993, 1/9 ff. (s. auch *dens.,* Norm, Person, Gesellschaft: Vorüberlegungen zu einer Rechtsphilosophie, 1997, S. 103 ff.). – Im Sinne eines strafrechtlichen Konzepts geltungssichernder ausgleichender Ahndung auch *Timm,* Gesinnung und Straftat – Besinnung auf ein rechtsstaatliches Strafrecht, 2012, S. 40 ff., insbesondere S. 52 ff., die sich in ihrem retributiven straftheoretischen Modell gegen jedwede präventive Ausrichtung der Strafzwecklehre wendet. Strafe dient danach der Kommunikation

a. Erfordernis eines richtigen Schuldspruchs

Die sachgerechte Sanktionierung eines begangenen Verhaltensnormverstoßes muss das verwirklichte personale Verhaltensunrecht (nebst Folgen) richtig kennzeichnen.[21]

aa. Richtige Kennzeichnung des Verhaltensnormverstoßes i. e. S.

Das Erfordernis der richtigen Kennzeichnung des begangenen Verhaltensnormverstoßes i. e. S. folgt aus der Aufgabe, das Verhalten entsprechend zu missbilligen. Durch die richtige Bezeichnung des missbilligten Verhaltens soll die Geltungskraft der übertretenen Verhaltensnorm gewahrt werden. Diese Aufgabe macht es notwendig, dass nicht nur ein „farbloses" schlichtes Tun oder Unterlassen vorgeworfen wird. Genau das geschieht aber z. B., wenn ein formaler Verstoß gegen irgendeine Rechtsverordnung „gerügt" wird. Die richtige Umschreibung des *sachlichen Gehalts* eines Verhaltensnormverstoßes erfordert es, die materialen Verbotsgründe zu bezeichnen. Nur so wird klar, ob es um den Schutz des Lebens, der Gesundheit, des Vermögens oder eines sonstigen Interesses geht. Ein sachgerechter Schuldspruch muss jedenfalls gravierenden Unterschieden Rechnung tragen.[22]

bb. Richtige Kennzeichnung sonstiger Vorwurfsgegenstände (jenseits des Verhaltensnormverstoßes i. e. S.)

Der mit der Bestrafung erhobene Vorwurf erschöpft sich meist nicht darin, dass dem, der gegen eine Norm verstößt, sein rechtlich fehlerhaftes Verhalten vorgeworfen wird. Ein auf das Fehlverhalten beschränkter Vorwurf findet sich bei den allerwenigsten Sanktionsnormen – beispielsweise in Fällen des Versuchs.

---

mit dem Täter, der durch seinen Verhaltensnormverstoß das Recht in Frage gestellt hat. Die gesellschaftliche Antwort in Gestalt von Strafe bestätigt die fortdauernde Geltungskraft der übertretenen Norm sowie den Status des Delinquenten als Mitglied der Rechtsgemeinschaft. In Abkehr insbesondere auch von positiv generalpräventiven Straftheorien richtet sich der Zweck von Strafe danach auf den Ausgleich des individuellen Normverstoßes im Wege der Kommunikation mit dem Täter. Auf spezifische Drittinteressen – etwa in Gestalt der Stärkung des kollektiven Rechtsbewusstseins – greift dieses Konzept von Strafe nicht zurück, sodass es ihm im Gegensatz zu sämtlichen *insofern* präventiv ausgerichteten Straftheorien gelingt, die Subjektqualität des Einzelnen zu wahren.

21 Näher dazu und zum Folgenden *Freund*, Erfolgsdelikt (Fn. 3), S. 107 ff.

22 Das gegenwärtige Arzneimittelstrafrecht verstößt in eklatanter Weise gegen dieses Erfordernis; s. dazu unten III.

Vielfach ist der erhobene Vorwurf aber weitergehend. Der Vorwurf umfasst z. B. im Fall der Bestrafung wegen vollendeten Delikts gewisse Folgen, die dem Täter zusätzlich zur Last gelegt werden. Ein solcher weitergehender Vorwurf ist nur unter einer Voraussetzung berechtigt: Die Vermeidung des konkreten erfolgsverursachenden Geschehens muss – gedanklich antizipierter – Legitimationsgrund der übertretenen Verhaltensnorm gewesen sein. Eine tatbestandsmäßige Fehlverhaltensfolge liegt nur vor, wenn sich ein schadensträchtiger Verlauf ereignet, der durch richtiges Verhalten hätte vermieden werden können und sollen.[23]

b. Erfordernis angemessener Reaktion im Übrigen – Adäquität der Sanktionsart und der Sanktionshöhe

Nicht nur der „Schuldspruch" muss „passen". Auch die Sanktionsart und -höhe muss zugeschnitten sein auf den in Frage stehenden „Normbruch". Die angemessene Reaktion muss sachgerecht differenziert werden. Man darf nicht in gleicher Weise auf die massive Gefährdung von Leben und Gesundheit wie auf die geringer Vermögenswerte reagieren. Vielmehr muss entsprechend dem unterschiedlichen Gewicht des Normbruchs (nebst Folgen) abgestuft werden.

Diese Abstufung ist einmal innerhalb des Instituts der Strafe mit ihrem spezifischen rechtlichen Vorwurf nötig. Beginnend mit der zur Verfügung stehenden massivsten Strafe (in Deutschland des „lebenslänglich", insbesondere für Mord) muss über die zeitige Freiheitsstrafe zur Geldstrafe hin abgestuft werden. In Gestalt des Instituts der Ordnungswidrigkeit besitzen wir ein Instrumentarium, das sachlich nichts anderes darstellt als die Verlängerung dieses Abstufungsgedankens „nach unten hin".

Ziehen wir eine *weitere* kurze *Zwischenbilanz:* Für die richtige Kennzeichnung des verwirklichten Verhaltensunrechts erlangen die Legitimationsgründe der jeweils übertretenen Verhaltensnormen weichenstellende Bedeutung: Zu diesen Legitimationsgründen muss der Schuldspruch „passen"! Der mit der Bestrafung oder sonstigen Sanktionierung erhobene Vorwurf umfasst oft gewisse Folgen, die dem Täter zusätzlich zur Last gelegt werden. Ein solcher weitergehender

---

23 Zu diesem Erfordernis näher *Freund,* AT (Fn. 3), § 2 Rn. 45 ff., § 5 Rn. 64 ff., § 6 Rn. 101 ff.; s. auch *Frisch,* Tatbestandsmäßiges Verhalten (Fn. 8), S. 507 ff. – Da das gegenwärtige Arzneimittelstrafrecht bereits die oben (II 2 a aa) angesprochene grundsätzliche Spezifizierungsleistung im Bereich des Schuldspruchs nicht erbringt, geht natürlich auch die hier (sub bb) behandelte wichtige weitere Abschichtung verloren; genauso verhält es sich mit dem sogleich sub b behandelten Gesichtspunkt der Sanktionsart und -höhe; s. dazu noch unten III.

Vorwurf ist nur berechtigt, wenn die Bedingungen erfüllt sind, unter denen eine bestimmte Folge gerade als unrechtmäßig herbeigeführt oder nicht abgewandt angelastet werden kann: Das konkrete erfolgsverursachende Geschehen muss ein Geschehen sein, dessen Vermeidung – gedanklich als Möglichkeit antizipiert – Legitimationsgrund der übertretenen Verhaltensnorm war. Weiterhin muss zur angemessenen Reaktion je nach dem Gewicht des Normverstoßes (nebst Folgen) abgestuft werden.

III. Angemessene strafrechtliche Produktverantwortlichkeit de lege ferenda

Die Konzeption bereichsspezifischer „Sonderstrafrechte" deutscher Prägung, die man etwa bei Lebens- und Arzneimitteln vorfindet, hält kritischer Prüfung nicht Stand. Beispielsweise „krankt" nicht nur das Arzneimittelstrafrecht an einer ganzen Reihe von Mängeln, die so gewichtig sind, dass ein „Herumdoktern" am Detail nur die Symptome beträfe. Das habe ich an anderer Stelle bereits näher dargelegt. Die kritisierte Regelungstechnik zieht sich wie ein roter Faden durch das Recht der strafrechtlichen Produktverantwortlichkeit.[24] Um Abhilfe zu schaffen, gilt es, das Übel an der Wurzel zu packen und die eigentliche Ursache der Krankheit zu beseitigen. Ein angemessenes System von Sanktionsnormen, das den Herausforderungen der Zukunft mit ihren Neuerungen auf allen Gebieten gewachsen ist, muss ganz anders aussehen. Nur eine Rückbesinnung auf die Bedingungen angemessener Sanktionierung führt zu einem System von Sanktionsnormen, das nicht ständig der fortschreitenden Entwicklung hinterherhinkt.

Im Hinblick auf produktbedingte Leibes- und Lebensgefahren schlage ich folgende Strafvorschrift vor:

Lebens- und Gesundheitsgefährdung durch Produkte

(1) Wer zu verantworten hat, dass ein Gegenstand in Verkehr gelangt oder bleibt oder zum Inverkehrbringen bereitgehalten wird, obwohl dieser geeignet oder dringend verdächtig ist, andere widerrechtlich[25] an Leib oder Leben zu schädigen, wird mit Freiheitsstrafe bis zu fünf Jahren oder mit Geldstrafe bestraft.

---

24 Vgl. etwa die Kritik zum Lebensmittelstrafrecht bei *Freund*, ZLR 1994, 261 (281 ff.); s. außerdem *Reus*, Das Recht in der Risikogesellschaft – Der Beitrag des Strafrechts zum Schutz vor modernen Produktgefahren, 2010, insbes. S. 142 ff.

25 Die Erwähnung der Widerrechtlichkeit (der Schädigung anderer) ist als klarstellender Hinweis auf das Erfordernis der Schaffung oder Nichtvermeidung rechtlich zu missbilligender Schädigungsmöglichkeiten zu verstehen. Der Hinweis soll dem

(2) Wer in den Fällen des Absatzes 1 fahrlässig handelt, wird mit Freiheitsstrafe bis zu drei Jahren oder mit Geldstrafe bestraft.

Die vorgeschlagene Strafnorm erfasst die Lebens- und Gesundheitsgefährdung durch „bedenkliche" Produkte.[26] Ihr unterfallen außer Arzneimitteln etwa auch Lebensmittel, Kosmetika, Kleidung, Farben, Lacke sowie alle sonstigen Utensilien, die für Menschen im Alltag gefährlich werden können. Nicht erforderlich ist ein Nachweis, dass ein bestimmter Gegenstand tatsächlich geeignet ist, bestimmte Schäden hervorzurufen. Vielmehr genügt es, wenn er in dieser Hinsicht als bedenklicher Gegenstand anzusehen ist. Auf diese Weise kann der Fall erfasst werden, dass jemand trotz zahlreicher und massiver Schadensmeldungen weiterhin ein bestimmtes Produkt (man denke nur an bestimmte Ledersprays oder Holzschutzmittel) in Verkehr bringt. Zu nennen ist aber etwa auch der Fall des Metzgers, der eine BSE-verdächtige Kuh „verarbeitet".[27] Lassen sich nachträglich keine Untersuchungen mehr durchführen, weil die Kuh von den nichtsahnenden Kunden verzehrt ist, versagt das geltende Kernstrafrecht. Und auch das „Nebenstrafrecht" hält keine dem Unrechtsgehalt entsprechende Sanktionsnorm bereit.

Im Bereich des deutschen Arzneimittelrechts findet gegenwärtig eine punktuelle Erfassung derartiger Fälle statt. Nach § 95 Abs. 1 Nr. 1 AMG wird bestraft, „wer … Arzneimittel, bei denen begründeter Verdacht auf schädliche Wirkungen besteht, in den Verkehr bringt". Wenn derselbe Verdacht bei anderen Produkten besteht, ist der Unrechtsgehalt der Tat indessen nicht geringer. Deshalb ist die Sonderbehandlung von Arzneimitteln historisch zufällig bedingt und nicht etwa sachlich begründet. Die vorgeschlagene Strafvorschrift könnte die Problematik der strafrechtlichen Produktverantwortlichkeit ganz allgemein auf eine tragfähige gesetzliche Grundlage stellen.

Missverständnis vorbeugen, etwa der Hersteller von bekanntermaßen für Leben und Gesundheit anderer schädlichen Zigaretten oder der Verkäufer eines – kaum minder gefährlichen – Gleitschirms werde vom Unrechtstatbestand erfasst.

26 S. dazu bereits *Freund,* ZStW 109 (1997), 455, 478 ff.; *dens.,* in: Die Haftung der Unternehmensleitung – Risiken und ihre Vermeidung (Marburger Gespräche zum Pharmarecht. 1. Symposion), hrsg. v. D. Meurer im Auftrag der Forschungsstelle für Pharmarecht der Philipps-Universität Marburg, 1999, S. 67, 86 ff.; vgl. zuvor schon *dens.,* ZLR 1994, 261, 297 ff. – S. auch *Domeier,* Gesundheitsschutz und Lebensmittelstrafrecht, 1999, S. 284 f., 298 ff.; *Putz,* Strafrechtliche Produktverantwortlichkeit, insbesondere bei Arzneimitteln, 2004, S. 46 ff.; *Reus,* Risikogesellschaft (Fn. 24), S. 171 ff. (m. Besprechung durch *Hilgendorf,* JZ 2011, 465 f.).

27 Vgl. zu diesem Fall bereits *Freund,* ZLR 1994, 261, 287 Fn. 76.

Wolfgang Frisch

Strafrechtliche Produktverantwortlichkeit und Strafbarkeit juristischer Personen

I. Unterschiede zwischen zivilrechtlicher und strafrechtlicher Produktverantwortlichkeit in Deutschland, insbesondere bei Beteiligung juristischer Personen

1. Die Produktverantwortlichkeit auch des Herstellers einschließlich juristischer Personen im Zivilrecht

Wer sich dem Problem der Verantwortlichkeit für die Auswirkungen eines fehlerhaften Produktes von der Seite des Zivilrechts her nähert, also die Frage des Schadensersatzes im Blick hat, geht mit großer Selbstverständlichkeit von einem aus: Für etwa fehlerhafte Produkte verantwortlich und ersatzpflichtig für die durch das fehlerhafte Produkt entstandenen Schäden ist nicht nur der, der im Herstellungsprozess selbst fehlerhaft gehandelt oder z. B. Aufsichtspflichten verletzt hat. Schadensersatzpflichtig ist prinzipiell auch der, in dessen Betrieb oder Unternehmen die fehlerhafte Sache hergestellt worden ist – der Hersteller oder Produzent der fehlerhaften Ware.[1] Das gilt nicht nur dann, wenn der Hersteller, also der den Betrieb Unterhaltende, eine natürliche Person ist – die Person eben, der der Betrieb „gehört". Es gilt nicht weniger, wenn es sich dabei um eine juristische Person handelt, wie dies heute bei den Massenprodukten größerer Unternehmen fast durchweg der Fall ist – mag es sich dabei um eine Aktiengesellschaft, eine Gesellschaft mit beschränkter Haftung oder eine jener anderen Formen der juristischen Person handeln, die das deutsche Recht kennt oder die sich in anderen Rechtsordnungen finden.

---

1 Das unabhängig davon, ob Anspruchsgrundlage das BGB (insbes. § 823 Abs. 1 BGB – deliktische Produkthaftung) oder das Produkthaftungsgesetz vom 1.1.1990 (dort insbes. §§ 1–4 – Gefährdungshaftung) ist. Vgl. i. S. eines Überblicks z. B. Erman/*Schiemann*, BGB-Kommentar, 14. Aufl. 2014, § 823 Rn. 108 ff.; Jauernig/*Teichmann*, Kommentar zum BGB, 15. Aufl. 2013, § 823 Rn. 124 ff.; *Wagner*, Münchener Kommentar zum BGB (MünchKommBGB), 2013, § 823 Rn. 108 ff.; Palandt/*Sprau*, BGB, 73. Aufl. 2014, § 823 Rn. 156 ff. und Kommentierung zu §§ 1–4 Produkthaftungsgesetz; Staudinger/*Hager*, BGB, Neubearbeitung, 2009, § 823 F 1 ff.

Für den durch die Gefahren und Auswirkungen eines fehlerhaften Produktes Geschädigten ist diese Verantwortlichkeit und Schadensersatzpflichtigkeit des Herstellers des Produkts und damit bei vielen Massenprodukten gerade auch einer juristischen Person in aller Regel sogar interessanter und bedeutsamer als eine etwaige Verantwortlichkeit jener Personen, denen im Rahmen des Herstellungsprozesses des Produktes Fehler unterlaufen sind. Dies nicht nur deshalb, weil es für den Geschädigten oft schwer, vielleicht sogar unmöglich sein wird, festzustellen, an welcher Stelle des Herstellungsprozesses von bestimmten natürlichen Personen Fehler gemacht worden sind, die die Voraussetzungen eines Schadensersatzanspruchs erfüllen. Vor allem bei großen Schäden, deren Ersatz den fehlerhaft handelnden einzelnen Betriebsangehörigen überfordern würde, nützt ein etwaiger Schadensersatzanspruch gegen den fehlerhaft Handelnden wenig; hier ist weitaus bedeutsamer die Verantwortlichkeit und Schadensersatzpflicht des herstellenden Unternehmens – und damit auch einer juristischen Person.

Kurz: Im Zivilrecht ist es eine rechtspraktisch bedeutsame Selbstverständlichkeit, dass für die durch fehlerhafte Produkte entstandenen Auswirkungen an den Gütern der diese Produkte nutzenden Personen – auch – der Hersteller verantwortlich und schadensersatzpflichtig ist; dies auch dann, wenn dieser Hersteller, wie bei Massenprodukten häufig, eine juristische Person ist. Den Hintergrund dessen bildet eine einfache Erwägung: Wer seine Freiheiten durch die Einschaltung der Tätigkeit von möglicherweise fehlerhaft handelnden Dritten erweitert und damit – freilich zugestandenerweise – Gefahren eröffnet, muss zum Ausgleich dafür Schadensersatz leisten (ist also in diesem Sinn für den Ausgleich etwaiger Schäden verantwortlich), wenn es im Zuge des zugestandenen Betriebs (der Herstellung und des Vertriebs) zu Beeinträchtigungen der Güter Dritter kommt.[2] Diese Einsicht besitzt Gültigkeit unabhängig davon, ob das produzierende Unternehmen einer einzelnen natürlichen Person „gehört“ oder sein Rechtsträger eine juristische Person ist.

---

2 So jedenfalls, soweit es um den Schadensersatz im Rahmen der Gefährdungshaftung nach dem Produkthaftungsgesetz geht; zu den Grundgedanken der Gefährdungshaftung z. B. *Deutsch,* NJW 1992, 73 ff. Soweit es um die verschuldensabhängige Haftung nach dem BGB geht, ist maßgebend, dass der, der zur Herstellung und zum Vertrieb von Produkten Dritte einsetzt, Adressat von Pflichten (zu ihnen z. B. Palandt/*Sprau* [Fn. 1], § 823 Rn. 169–175 m. w. N.) bleibt, die er durch dahinter zurückbleibendes Verhalten verletzen kann.

2. Voraussetzungen der strafrechtlichen Verantwortlichkeit des Herstellers und fehlende strafrechtliche Produktverantwortlichkeit juristischer Personen

Wendet man sich nach diesem Blick auf das Zivilrecht dem Strafrecht zu, so stößt man jedenfalls in Deutschland auf ein ganz anderes Bild.[3] Hier steht das im Vordergrund, mehr noch: ist das strafrechtlich allein interessant, was im Zivilrecht (aus den oben geschilderten Gründen) eher zurücktritt: das Fehlverhalten einzelner natürlicher Personen, dessentwegen es – über den Vertrieb fehlerhafter Produkte – zu Schädigungen von Produktnutzern (und ggf. auch anderen Personen) gekommen ist. Dieses Verhalten (Handeln oder Unterlassen) kann z. B. eine strafbare Körperverletzung oder ein Tötungsdelikt darstellen, wenn es die einzelnen Deliktsvoraussetzungen erfüllt. Auch der Unternehmer selbst kann, wenn er eine natürliche Person ist, strafbar sein. Aber er ist das nur, wenn er selbst schuldhaft eine Pflichtverletzung (z. B. in Richtung auf die körperliche Integrität oder das Leben Dritter, auch in Gestalt einer Verletzung der Aufsichtspflicht) begangen hat.[4] Fehlt es daran, so kann er nicht bestraft werden – der Umstand allein, dass das Tätigwerden anderer für ihn seine Freiheiten erweitert, reicht zwar für die schon erwähnte zivilrechtliche Gefährdungshaftung, nicht aber nach deutschem Verständnis dafür, ihn bei etwaigen Straftaten seiner Mitarbeiter im Zusammenhang mit der Herstellung oder dem Vertrieb von fehlerhaften Produkten selbst mit einer Strafe zu belegen.

Der weitgehende Ausfall einer strafrechtlichen Produktverantwortlichkeit des Herstellers wird zu einem vollständigen Ausfall, wenn das herstellende oder vertreibende Unternehmen als juristische Person organisiert ist. Dass Mitarbeiter eines Unternehmens im Zusammenhang mit der Herstellung oder dem Vertrieb von Produkten Straftaten begangen haben, ist nach geltendem deutschen Recht nicht ausreichend, um auch die juristische Person mit einer Strafe, etwa einer Geldstrafe, zu belegen – selbst dann nicht, wenn die Täter dieser Straftaten nicht nur irgendwelche Mitarbeiter des Unternehmens, sondern Mitglieder

3 Zur strafrechtlichen Produkthaftung näher z. B. *Hassemer*, Produktverantwortung im modernen Strafrecht, 1994; *Hilgendorf*, Strafrechtliche Produzentenhaftung in der „Risikogesellschaft", 1993; *Kuhlen*, Fragen einer strafrechtlichen Produkthaftung, 1989; *ders.*, in: Roxin/Widmaier (Hrsg.), 50 Jahre Bundesgerichtshof, Festgabe aus der Wissenschaft, Bd. IV, 2000, S. 947 ff.; *Samson*, StV 1991, 184 ff.; *Vogel*, GA 1990, 241 ff.

4 Eingehend zu den Pflichten des Herstellers *Contreras*, Normative Kriterien zur Bestimmung der Sorgfaltspflichten des Herstellers, 2012, insbes. S. 118 ff., 192 ff.

der Unternehmensleitung waren, die als Organe zur Vertretung der juristischen Person berechtigt sind. Auch in diesem Fall ist gegenüber der juristischen Person nach deutschem Recht – abgesehen von Maßnahmen wie der Abschöpfung der im Zusammenhang mit Straftaten zugeflossenen Gewinne usw.[5] – derzeit nur eines möglich: eine, freilich unter Umständen sehr erhebliche, Geldbuße.[6] Hinter deren Verhängung steht die Einsicht, dass juristische Personen – wie natürliche auch – der Gesellschaft eine straftatenfreie Betätigung schulden und daher bei Nichterfüllung dieser Bedingung mit dem belastet werden dürfen, was notwendig erscheint, um für die Zukunft die geschuldete straftatenfreie Organisation und Betätigung zu gewährleisten und der Gefahr sozialpsychologischer Schäden, zu denen es bei Unterbleiben einer nachhaltigen Erinnerung an diese Verpflichtung kommen könnte, entgegenzutreten.[7]

3. Zum Hintergrund der fehlenden strafrechtlichen Produktverantwortlichkeit der juristischen Person: keine Strafbarkeit juristischer Personen

Dass das deutsche Strafrecht im Bereich der strafrechtlichen Produktverantwortung keine Möglichkeit der Bestrafung einer juristischen Person kennt, in deren Betrieb ein zu straftatbestandlichen Folgen führendes Produkt hergestellt oder von der es vertrieben (oder nicht zurückgerufen) worden ist, hat dabei nichts mit einer speziell für diesen Problembereich getroffenen Entscheidung zu tun. Es ist die Folge einer Grundentscheidung des deutschen Strafrechts, die sich nur eben auch im Bereich der strafrechtlichen Produktverantwortlichkeit zeigt: der Entscheidung, dass juristische Personen (und Verbände als solche) als Subjekt einer Straftat ausscheiden – societas delinquere non potest. Diese Grundentscheidung hat nun zwar Tradition;[8] sie ist aber alles andere als unumstritten,

---

5 Vgl. z. B. § 73 Abs. 3 und § 75 StGB; dazu eingeh. *Engelhart,* Sanktionierung von Unternehmen und Compliance, 2. Aufl. 2012, S. 337 ff. m. w. N.

6 Vgl. dazu im Einzelnen § 30 OWiG; zur Ratio des § 30 OWiG und zur Problematik dieser Vorschrift näher *Rogall,* in: Senge u.a. (Hrsg.), Karlsruher Kommentar zum Gesetz über Ordnungswidrigkeiten, 3. Aufl. 2006, § 30 Rn. 1 ff. und *Engelhart,* Sanktionierung (Fn. 5), S. 373 ff.

7 S. dazu *Frisch,* FS Wolter, 2013, S. 349, 360 f. m. w. N. sowie noch eingehender unten IV. 2.

8 Zur durchaus schwankenden Behandlung dieser Frage in der früheren Zeit knapp und prägnant *von Liszt,* Lehrbuch des deutschen Strafrechts, 9. Aufl. 1899, S. 114 f., der selbst freilich in Grenzen eine Strafbarkeit für sinnvoll erachtet; eingeh. *Hafter,* Die Delikts- und Straffähigkeit der Personenverbände, 1903, S. 6 ff., 28 ff.

auch in Deutschland nicht[9] – wie nicht zuletzt die Diskussion um den erst kürzlich vorgelegten Entwurf der Landesregierung von Nordrhein-Westfalen zur Einführung einer Verbandsstrafbarkeit zeigt.[10] Auf Europa und die Welt insgesamt gesehen ist das deutsche Strafrecht mit dieser Grundentscheidung sogar in eine Außenseiterrolle geraten; immer mehr Staaten haben sich inzwischen für die Einführung der Möglichkeit der Bestrafung auch juristischer Personen entschieden.[11]

---

9 Vgl. dazu für Deutschland z. B. *Hirsch,* Die Frage der Straffähigkeit von Personenverbänden, 1993; *H.-J. Schroth,* Unternehmen als Normadressaten und Sanktionssubjekte, 1993; *Heine,* Die strafrechtliche Verantwortlichkeit von Unternehmen, 1995; *Tiedemann,* in: Schoch/Stoll/Tiedemann (Hrsg.), Freiburger Begegnung, Dialog mit den Richtern des Bundesgerichtshofs, 1996, S. 30; *v. Freier,* Kritik der Verbandsstrafe, 1998; *Bosch,* Organisationsverschulden in Unternehmen, 2002; *Jakobs,* FS Lüderssen, 2002, S. 559; *Maihold,* Strafe für fremde Schuld, 2005, S. 16 ff.; *Schünemann,* FS Tiedemann, 2008, S. 429 ff.; *Engelhart,* Sanktionierung (Fn. 5), S. 319 ff.; *Kudlich,* in: Kuhlen u.a. (Hrsg.), Compliance und Strafrecht, 2013, S. 209; grundsätzliche neuere Stellungnahmen, insbes. auch rechtsvergleichender Art (USA, Frankreich, Schweiz, Völkerstrafrecht) bei *Sunbeale, Tricot, Hilf, Meier* und *Böse,* ZStW 126 (2014), 27 ff., 55 ff., 73 ff., 105 ff., 122 ff. und 132 ff.; speziell für Spanien und Südamerika z. B. *Bacigalupo Saggese,* La responsabilidad penal de las personas jurídicas, 1998; *Gómez-Jara Díez,* La culpabilidad penal de la empresa, 2005; *Nieto Martín,* La responsabilidad penal de las personas jurídicas: Un modelo legislativo, 2008; *Zugaldía Espinar,* La responsabilidad penal de empresas, fundaciones y asociaciones, 2008; *Robles Planas,* InDret 2/2006, 1 ff.; *Pastor Muñoz,* InDret 2/2006, 1 ff.; *Robles Planas,* InDret 2/2009, 2 ff.; *van Weezel,* Polít. crim. Vol. 5 N° 9 (Julio 2010), Art. 3, 114 ff.; *Hernández Basualto,* Polít. crim. Vol. 5 (Julio 2010), Art. 5, 207 ff.; weit. umfassende Nachw. bei *Freund,* in: Joecks/Miebach (Hrsg.), Münchener Kommentar zum Strafgesetzbuch (MünchKommStGB), 2. Aufl. 2011, Vor § 13 Rn. 151 a.E.; *Schünemann,* in: Laufhütte/Rissing-van Saan/Tiedemann (Hrsg.), Leipziger Kommentar StGB, 12. Aufl. 2007, Vor § 25 (IV.).

10 Vgl. den Gesetzesantrag des Landes Nordrhein-Westfalen „Entwurf eines Gesetzes zur Einführung der strafrechtlichen Verantwortlichkeit von Unternehmen und sonstigen Verbänden" vom 17. September 2013, BR-Drucks. …/13; s. dazu z. B. die Stellungnahmen der Bundesrechtsanwaltskammer Nr. 18/2014 vom April 2014, des Deutschen Anwaltsvereins Nr. 54/2013 vom Dezember 2013 sowie *Schünemann,* ZIS 2014, 1 ff.; *Hoven,* ZIS 2014, 19 ff. und *Beulke/Moosmayer,* CCZ 2014, 146 ff.

11 Siehe etwa für Spanien Art. 31bis des Código Penal; für Frankreich Art. 121-2 Code Pénal; für Italien die gesetzesvertretende Verordnung (decreto legislativo) 231/2001; eingeh. Überblick über weitere einschlägige Regelungen bei Sieber/Cornils (Hrsg.), Nationales Strafrecht in rechtsvergleichender Darstellung, Allgemeiner Teil, Band 4: Tatbeteiligung – Straftaten in Unternehmen, Verbänden und anderen

II. Für eine Bestrafung der juristischen Person (Verbandsstrafe) vorgebrachte Gründe und Haupteinsatzfelder einer angestrebten Verbandsstrafe

1. Gründe für eine Bestrafung auch juristischer Personen (Verbandsstrafe)

Die Gründe, die für eine Ausdehnung der Strafe auf juristische Personen angeführt werden und mehr und mehr Staaten dazu bewogen haben, die Strafbarkeit auch juristischer Personen einzuführen, sind vor allem kriminalpolitischer Art. Für viele bleibt ein auf die Bestrafung natürlicher Personen beschränktes Strafrecht ohne zwingenden Grund hinter der erreichbaren Effizienz und präventiven Kraft zurück, wenn Straftaten seitens der Organe und Beschäftigten juristischer Personen begangen werden.[12] Denn natürlich ist der präventive Effekt der strafrechtlichen Reaktion größer, wenn das Strafrecht sich nicht mit einem Eingriff in die Freiheit der natürlichen Person oder einer an deren Vermögensverhältnissen orientierten Geldstrafe begnügt, sondern außerdem auch das Unternehmen mit einer an dessen Einkünften und Vermögen orientierten Strafe belegt: Massive Sanktionen dieser Art vermögen auch als juristische Personen organisierte Unternehmen nicht einfach „wegzustecken" wie die (von ihnen vielfach intern „übernommenen") Strafen ihrer Organe oder Beschäftigten.[13]

Freilich geht es nicht nur um Effizienz und Prävention. Auch Gerechtigkeitserwägungen oder dem nahestehende Überlegungen werden für eine solche Öffnung und Erstreckung des Strafrechts angeführt. Nicht selten sind Straftaten der Beschäftigten ja doch nur die Konsequenz einer bestimmten für das

Kollektiven, 2010 sowie in Heft 1 der ZStW 126 (2014), oben Fn. 9; siehe auch *Frisch*, FS Wolter, S. 349, 351 f.; *Heine*, ÖJZ 55 (2000), 871 ff. und LK/*Schünemann* (Fn. 9), Vor § 25 Rn. 20.

12 Vgl. LK/*Schünemann* (Fn. 9), Vor § 25 Rn. 21 f.; *ders.*, Unternehmenskriminalität und Strafrecht, 1979, S. 56 ff.; *ders.*, Die Strafbarkeit der juristischen Personen aus deutscher und europäischer Sicht, in: Schünemann/Suárez González (Hrsg.), Bausteine des europäischen Wirtschaftsstrafrechts, Madrid-Symposium für Klaus Tiedemann, 1994, S. 265, 271 ff.; in diese Richtung zielen auch die Ausführungen von *Heine*, Verantwortlichkeit (Fn. 9), S. 75 ff., der detailliert darstellt, inwieweit die Begrenztheit der klassischen Individualsanktionen bei Unternehmensdelinquenz Probleme bereitet. Siehe ferner *Ehrhardt*, Unternehmensdelinquenz und Unternehmensstrafe, 1994, S. 149 ff., 164 ff.

13 Das Gewicht dieses Arguments wird in Deutschland allerdings durch die erhebliche Ausweitung der Höhe der gegenüber Unternehmen möglichen Geldbußen (oben I.) relativiert.

Unternehmen typischen Grundeinstellung oder Attitüde, in anderen Fällen wurden und werden sie durch mangelhafte Kontrolle oder Aufsicht ermöglicht.[14] Bei dieser Sachlage erscheint es vielen nur gerecht und sachadäquat, die strafrechtliche Reaktion auf das für die Taten „letztlich verantwortliche" Unternehmen zu erstrecken – mag dieses auch nicht das Unternehmen einer natürlichen Person, sondern als juristische Person organisiert sein. Aber auch wenn man noch nicht von einer geradezu kriminellen Unternehmensattitüde oder von mafiaartigen Grundstrukturen[15] sprechen kann, sondern der eigentliche Grund für vorgefallene Güterbeeinträchtigungen in mangelhaften Organisationsstrukturen der juristischen Person liegt, ist das für viele ein sachgerechter Grund, strafend (auch) auf die defizitäre juristische Person zuzugreifen.

Eine dritte Argumentationslinie betrifft die Fallkonstellationen, in denen die Bestrafung einer natürlichen Person – etwa mangels Bestimmbarkeit oder Fassbarkeit eines Verantwortlichen, nicht zuletzt wegen defizitärer Organisationsstrukturen,[16] aber auch aus anderen Gründen[17] – ausscheidet oder die fassbaren natürlichen Personen so geringe Schuld trifft, dass ihre Bestrafung nicht geeignet ist, das vorgefallene Geschehen in angemessener Weise (strafrechtlich) aufzuarbeiten. Ein oft genanntes Beispiel bilden gravierende Umweltbeeinträchtigungen, für die es wegen defizitärer Organisationsstrukturen kaum

---

14 *Schünemann,* Symposium für Tiedemann (Fn. 12), S. 265, 270 ff.; *ders.,* Unternehmenskriminalität (Fn. 12), S. 18 ff.; *ders.,* Festschrift für Tiedemann (Fn. 9), S. 429, 445; s. auch speziell für den Bereich des Umweltstrafrechts *Heine,* Verantwortlichkeit (Fn. 9), S. 27 ff., 31 ff., 294 f.; einen Fall mangelhafter Aufsicht in einem Unternehmen trotz existierenden Compliance-Programms beschreibt *Engelhart,* Sanktionierung (Fn. 5), S. 1 ff., insbes. S. 4.

15 Dazu im Zusammenhang mit Strafe und Maßnahmen gegen Unternehmen *Militello,* FS Frisch, 2013, S. 145 ff.

16 S. dazu etwa *Eidam,* Straftäter und Unternehmen, 1997, S. 71 ff.; *ders.,* Unternehmen und Strafe, 3. Aufl. 2008, S. 303 ff.; *Heine,* Verantwortlichkeit (Fn. 9), S. 31 ff., 294 f.; *Schünemann,* Unternehmenskriminalität (Fn. 12), S. 30 ff., 107, 249 ff.; aus der spanischen Lit. z. B. *Nieto Martín,* La responsabilidad (Fn. 9), S. 145 ff.; *Feijoo Sánchez,* La responsabilidad penal de las personas jurídicas, in: Díaz-Maroto y Villarejo (Hrsg.), Estudios sobre las reformas del Código Penal operadas por las LO 5/2010 y 3/2011, 2011, S. 65, 104 ff.; *ders.,* cap. II–IV, in: Bajo Fernández/Gómez-Jara Díez/Feijoo Sánchez (Hrsg.), Tratado de Responsabilidad Penal de las Personas Jurídicas, 2012, S. 49 ff., 65 ff., 91 ff.; *Carbonell Mateu,* Die strafrechtliche Verantwortlichkeit juristischer Personen: Überlegungen zur „Dogmatik" und zum System der Reform des spanischen Strafgesetzbuchs 2010, ZStW 123 (2011), 331 ff.

17 Z. B. Schuldunfähigkeit der natürlichen Person, vgl. etwa die Fälle bei *Nieto Martín,* La responsabilidad (Fn. 9), S. 165; *Zugaldía Espinar,* La responsabilidad (Fn. 9), S. 145 f.

möglich ist, Verantwortliche zu benennen,[18] oder für die die fassbaren Verantwortlichen keine große Schuld trifft, aber offenbar eine weitaus größere „Schuld" des Unternehmens vorhanden ist. Die Strafbarkeit der juristischen Person soll hier weniger einer effizienzorientierten Strafbarkeitserweiterung als vielmehr dazu dienen, über die Bestrafung der juristischen Person die „eigentlich Schuldigen" zu bestrafen.[19]

2. Hauptsächliche Einsatzfelder der angestrebten Verbandsstrafe

Was die strafrechtlich relevanten Sachverhalte betrifft, deren Begehung die Diskussion um die Strafbarkeit juristischer Personen befeuert, so sind es – wie auch die schon genannten Beispiele zeigen – nicht in erster Linie die Sachverhalte der Produktverantwortlichkeit, die hier im Vordergrund stehen. Eine wichtige Rolle spielen gravierende Umweltbeeinträchtigungen, bei denen sich wirklich Schuldige oft nur schwer fassen lassen und die Einführung einer Strafbarkeit der juristischen Person es ermöglichen soll, durch den strafenden Zugriff auf die juristische Person sonst unbefriedigte Gerechtigkeitsbedürfnisse zu befriedigen und für die juristische Person zugleich ein starkes Motiv zu besserer Organisation und Sorge zu setzen.[20] Eher noch bedeutsamer erscheint vielen die Möglichkeit der Bestrafung der juristischen Person im Interesse eines effektiven Kampfes gegen die Korruption (durch massive Bestrafung der von der Bestechung begünstigten Unternehmen), gegen Steuerdelikte und gegen Vermögensdelikte im weitesten Sinn (z. B. auch Schutzgelderpressung, gravierende Bedrohungen und Nötigungen), welche von den Agenten juristischer Personen begangen werden, die unter dem Mantel formell einwandfreier juristischer Organisation über die

18 „Organisierte Unverantwortlichkeit", vgl. etwa *Schünemann,* Unternehmenskriminalität (Fn. 9), S. 34 und *Heine,* Verantwortlichkeit (Fn. 9), S. 34; *ders.,* ÖJZ 2000, 871, 874, 876, je m. w. N.

19 Vgl. dafür z. B. *Alwart,* Strafrechtliche Haftung des Unternehmens – vom Unternehmenstäter zum Täterunternehmen, ZStW 105 (1993), 752, 757, 767 f., 769 ff.; *Heine,* Verantwortlichkeit (Fn. 9), S. 33 ff., 41 f., 44 ff., 53 f., 196 f., 198 f., 294 ff., 308; *ders.,* ÖJZ 2000, 871, 874; im Sinne einer auf solche Situationen zugeschnittenen „Verbandsgeldbuße" auch *Schünemann,* Unternehmenskriminalität (Fn. 12), S. 232 ff., insbes. S. 254; s. auch *ders.,* Symposium für Tiedemann (Fn. 12), S. 265, 287 f.; s. ergänzend den Überblick über die verschiedenen in der Literatur vorgeschlagenen Modelle und deren Ausprägungen bei *Engelhart,* Sanktionierung (Fn. 5), S. 361 ff.

20 Zu derartigen Fällen etwa *Heine,* Verantwortlichkeit (Fn. 9), S. 54 ff., 243 ff.; *ders.,* ÖJZ 2000, 871, 874, 876; *Busch,* Unternehmen und Umweltstrafrecht, 1997, S. 22 ff., 28 ff., 440 ff.; *Contreras,* Sorgfaltspflichten des Produzenten (Fn. 4), S. 44 f.

Ausnutzung mafiaartiger Strukturen tätig werden.[21] Die Möglichkeit der Bestrafung der juristischen Person erscheint hier essentiell, um diese über (Geld-)Strafen, die an den Einkünften und dem angehäuften, häufig „gewaschenen" Vermögen dieser juristischen Personen orientiert sind, wirklich massiv und effektiv treffen zu können. Aber auch für eine Reihe anderer Wirtschaftsdelikte – vom Betrug bis zum Verstoß gegen Bestimmungen des Außenwirtschaftsgesetzes – erscheint die Strafbarkeit juristischer Personen vielen als heute unverzichtbares Instrument.

Wenngleich die Sachverhalte der strafrechtlichen Produktverantwortlichkeit nach allem nicht gerade den Motor der Diskussion um die Möglichkeit einer Bestrafung juristischer Personen bilden, so sind diese Sachverhalte für die einschlägige Diskussion doch auch nicht bedeutungslos. Das zeigen allein schon aufsehenerregende Einzelfälle aus dem Ausland (Spanien, China),[22] in denen es durch Schlamperei oder skrupelloses Verhalten auf verschiedenen Ebenen von Organisationen zum Tod von Hunderten von Menschen gekommen ist. Natürlich würde die Möglichkeit einer Bestrafung juristischer Personen auch auf diesem Problemfeld einiges verändern, und ebenso ist leicht ersichtlich, dass gewisse in der Diskussion immer wieder vorgebrachte Argumente auch auf die Fälle der Schädigung von Personen durch fehlerhafte Produkte zutreffen. Konkret: Auch dann, wenn es durch fehlerhafte Produkte zu schwersten Schädigungen von Personen gekommen ist, erscheint es denkbar, dass sich als Schuldige nur untere Chargen fassen lassen, deren Einzelschuld nicht allzu gewichtig ist und nur Strafen erlaubt, die für viele als Reaktion (z. B. auf den Tod einer Reihe von Menschen) unbefriedigend erscheint. Die Strafbarkeit der juristischen Person oder des Verbandes, deren mangelhafte Organisation es durch das Zusammenspiel vieler schwer fassbarer Schlampereien Einzelner ermöglicht hat, dass Menschen an fehlerhaften Produkten sterben, mag auch in solchen Fällen attraktiv sein, um Gerechtigkeitsbedürfnisse zu befriedigen und alle Verantwortlichen der juristischen Person für die Zukunft zu mehr Sorge zu motivieren. Und dass die Belegung juristischer Personen mit hohen, an ihren Einkünften und ihrem Vermögen orientierten, fast existenzbedrohenden Strafen ein zugkräftiges Motiv für Organe juristischer Personen sein könnte, die Sorge um das Wohl der Menschen, denen sie ihre Produkte verkaufen, mehr zu berücksichtigen als geschehen, belegen Fälle aus dem amerikanischen Schadensersatzrecht. In einem dieser Fälle hatten die Manager

21 Vgl. dazu etwa *Militello,* FS Frisch, S. 145 ff.

22 Vgl. dazu etwa *Contreras,* Sorgfaltspflichten des Produzenten (Fn. 4), S. 55 ff., insbes. zu den spanischen „Colza" (Rapsöl)-Fällen, S. 56 ff.

eines Unternehmens eine eigentlich dringend gebotene Rückrufaktion von unter bestimmten Bedingungen lebensgefährlichen Fahrzeugen deshalb unterlassen, weil die Rückrufaktion das Unternehmen teurer zu stehen gekommen wäre als die Gesamtsumme des Schadensersatzes bei etwa eintretenden Unfällen.[23] Es ist evident, dass die Kalkulation hier anders ausgesehen hätte, wenn die Manager als Belastung des Unternehmens nicht nur die normalen Schadensersatzansprüche, sondern an den Einkünften und Vermögen des Unternehmens orientierte massivste Geldstrafen für das Unternehmen hätten veranschlagen müssen.

Macht man sich diese Fallkonstellationen und die für eine Bestrafung auch von Unternehmen angeführten Argumente bewusst, so kann durchaus so etwas wie eine gewisse Sympathie für die Möglichkeit einer Bestrafung auch von Unternehmen aufkommen, die als juristische Personen organisiert sind. Jedenfalls sind die Gesichtspunkte gewichtig genug, um sich die Frage vorzulegen, welche Argumente Deutschland und seine Dogmatik der Strafbarkeit juristischer Personen entgegenzusetzen haben – und: ob diese Gründe wirklich ausreichen, um die inzwischen weltweit eher zu einer Außenseiterposition gewordene Ablehnung der Strafbarkeit juristischer Personen beizubehalten.

III. Gründe für die Ablehnung einer Strafbarkeit juristischer Personen

1. Strafe als sozialethischer Vorwurf und die daraus folgenden, von der juristischen Person nicht erfüllbaren Strafvoraussetzungen

Dass die in Deutschland lange Zeit ganz herrschende Sicht eine Strafbarkeit juristischer Personen abgelehnt hat (und wohl noch immer ablehnt),[24] hat seinen tieferen Grund in einem ganz bestimmten Verständnis der Straftat, dessen Hintergrund wiederum ein bestimmter, seinerseits sehr anspruchsvoller Begriff der Strafe bildet. Strafe ist danach mehr als ein bloßes Übel, das einer Person im Zusammenhang mit einem unwertigen (in einem Tatbestand umschriebenen) Geschehen auferlegt wird, in das die Person irgendwie involviert ist – nämlich so, dass auch ihr gegenüber die Auferlegung des Übels zur Durchsetzung und

---

23 Schilderung dieses Falles („Ford Pinto Case") bei *Matthew T. Lee*, in: Business and Economic History, Bd. 27, N° 2, 1998, 390 ff. m. w. N.

24 Recht deutlich geworden an den fast durchweg ablehnenden Stellungnahmen zum „Entwurf eines Gesetzes zur Verbandsstrafe" durch das Land Nordrhein-Westfalen (oben Fn. 10); s. ergänzend die Überblicke über den Meinungsstand bei MünchKommStGB/*Freund* (Fn. 9), Vor § 13 Rn. 146 ff.; *Lackner/Kühl*, StGB, 27. Aufl. 2010, § 14 Rn. 1a; LK/*Schünemann* (Fn. 9), Vor § 25 Rn. 20 ff.; *ders.*, ZIS 2014, 1 ff. m. w. N.

Aufrechterhaltung des Rechts legitimiert werden kann. Die Strafe beinhaltet neben ihrem Übelscharakter noch etwas gewichtiges Anderes: einen sozialethischen Vorwurf oder Tadel, der gegenüber dem Bestraften wegen seiner Tat erhoben wird.[25] Für die Erhebung eines solchen Vorwurfs reicht es nicht, dass eine Person eine Bedingung für das zustande gekommene unwertige Geschehen gesetzt hat (oder gar nur eine ermöglichende Bedingung dafür war[26]). Notwendig ist vielmehr, dass sich der zu Bestrafende in einer Weise verhalten – nämlich gehandelt oder unterlassen – hat, die sich als personales Fehlverhalten gegenüber der Rechtsordnung darstellt.[27] Für dieses Verhalten charakteristisch ist zugleich, dass es Ausdruck einer unrechtlichen, die Erwartungen des Rechts negierenden und hinter ihnen zurückbleibenden Gesinnung ist.[28] Der Vorwurf, der dem Bestraften wegen dieses von einer unrechtlichen Gesinnung getragenen Verhaltens gemacht wird, geht dabei dahin, dass er – als von den Normen des Rechts ansprechbare Person – in der Lage war, sich (über die Bildung einer dem Recht entsprechenden Gesinnung) dem Recht entsprechend zu verhalten.[29]

---

25 Vgl. zuletzt etwa BVerfGE 128, 326, 376 = NJW 2011, 1931, 1937 f.; s. weiter z. B. BGHSt 2, 194, 200; 18, 87, 94; 20, 264, 266; *Frisch,* FS Stree/Wessels, 1993, S. 69, 85 ff.; *ders.,* FS Wolter, S. 349, 359 f., 372 f.; *Freund,* Strafrecht Allgemeiner Teil (AT), 2. Aufl. 2009, § 1 Rn. 21; *Jescheck/Weigend,* Lehrbuch des Strafrechts Allgemeiner Teil, 5. Aufl. 1996, S. 65; *Roxin,* Strafrecht Allgemeiner Teil I, 4. Aufl. 2006, § 3 Rn. 46; eingehende weit. Nachw. bei *Kühl,* FS Eser, 2005, S. 149, 156 ff.

26 Wie das bei der juristischen Person im Grunde allein der Fall ist; dazu, dass Anknüpfungspunkt der Strafbarkeit, auch der Teilnehmerstrafbarkeit, üblicherweise Handlungen sind, nicht dagegen die Existenz einer Person oder ein an ihr von anderen geschaffener Zustand, vgl. *Lagodny,* Strafrecht vor den Schranken der Grundrechte, 1996, S. 322 f.; *Robles Planas,* La Ley N° 7705, 2011, 1, 3 = (deutsche Übersetzung) ZIS 2012, 347, 351; LK/*Schünemann* (Fn. 9), Vor § 25 Rn. 26.

27 Vgl. statt vieler MünchKommStGB/*Freund* (Fn. 9), § 13 Rn. 27 f.; *Roxin,* Strafrecht AT (Fn. 25), § 10 Rn. 38 ff.; Schönke/Schröder-*Eisele,* StGB, 29. Aufl. 2014, Vor § 13 Rn. 52 ff., je m. w. N.

28 Vgl. etwa *Jescheck/Weigend,* Strafrecht AT (Fn. 25), S. 421 f.; *Schmidhäuser,* Strafrecht AT, 2. Aufl. 1975, 6/16 ff.; *ders.,* FS Jescheck, 1985, S. 485, 490 ff.; Schönke/Schröder-*Eisele* (Fn. 27), Vor § 13 Rn. 119 m. w. N.; *Gallas,* ZStW 67 (1955), 1, 45 f.; wohl auch *Jakobs,* System der strafrechtlichen Zurechnung, 2012, S. 60 (aber auch *ders.,* Strafrecht AT, 2. Aufl. 1991, 17/17).

29 So z. B. BGHSt 2, 194, 200; BVerfGE 128, 326, 376; *Jescheck/Weigend,* Strafrecht AT (Fn. 25), S. 407 ff.; *Köhler,* Strafrecht AT, 1997, S. 350 ff.; Schönke/Schröder-*Eisele* (Fn. 27), Vor § 13 Rn. 110, je m. w. N. – Eingeh. zur Frage der Haltbarkeit derartiger Urteile im Blick auf die Ergebnisse der Hirnforschung *Frisch,* FS Kühl, 2014, S. 187 ff.

Es ist leicht ersichtlich, dass all diese Voraussetzungen der Verhängung einer mit dem Vorwurf eines personalen Fehlverhaltens verbundenen Strafe zwar von natürlichen, nicht aber von juristischen Personen erfüllt werden können. Schon die Handlungen, die den Kern der Straftat bilden – einen Menschen „töten", „verletzen", „erpressen", „das Wasser durch Einleitungen verunreinigen", aber auch „jemanden retten", „eine Gefahr abwenden" usw. – können nur natürliche Personen. Die juristische Kunstfigur der juristischen Person ist zu alledem nicht in der Lage.[30] Desgleichen ist die subjektive Seite der Straftat, die durch Vorsatz und Fahrlässigkeit gekennzeichnete unrechtliche Gesinnung, natürlichen Personen vorbehalten, die sich Verläufe vorstellen, Entschlüsse zu ihrer Verwirklichung fassen und darauf aufbauend in unrechtlicher Gesinnung betätigen können.[31] Erst recht gilt all das für die Fähigkeit, sich von den Normen des Rechts leiten zu lassen, ohne die der handelnden Person das rechtliche Fehlverhalten nicht vorgeworfen und ihr Verhalten nicht als Missachtung des Rechts angesehen werden kann. Diese Fähigkeit setzt eine Intelligibilität und Fähigkeit der Erkenntnis und Umsetzung des Richtigen voraus, die wir zwar bei der natürlichen Person vorfinden,[32] die der Kunstfigur der juristischen Person dagegen als eigene Fähigkeit fehlt.[33]

Dementsprechend fehlt es gegenüber einer juristischen Person in mehrfacher Hinsicht an der Grundlage, sie – wie eine natürliche Person – einer Straftat zu

---

30 Zutr. z. B. MünchKommStGB/*Freund* (Fn. 9), Vor § 13 Rn. 149 f.; *Jescheck/Weigend*, Strafrecht AT (Fn. 25), S. 225 f., 227 f.; *Alwart*, ZStW 105 (1993), 752, 756 f.; *Gracia Martín*, in: Mir Puig/Luzón Peña (Hrsg.), Responsabilidad penal de las empresas y sus órganos y responsabilidad por el producto, 1996, S. 35, 63 ff., 67 f.; weit. Nachw. bei *Ehrhardt*, Unternehmensstrafe (Fn. 12), S. 42 f. und *H.-J. Schroth*, Unternehmen (Fn. 9), S. 174 ff. – Dazu, dass sich dieser Mangel auch nicht über die Annahme nur eines Unterlassens der juristischen Person überspielen lässt, vgl. *Frisch*, FS Wolter, S. 349, 362 f.

31 Zutr. *Freund* und *Jescheck/Weigend* (wie in Fn. 30).

32 Auf die gegenwärtig intensiv geführte Diskussion über die berechtigte Annahme einer solchen Fähigkeit kann hier nicht näher eingegangen werden; s. dazu näher *Frisch*, FS Kühl, S. 187 ff., teilweise vorveröffentlicht in spanischer Fassung unter *Frisch*, Sobre el futuro del Derecho Penal de la culpabilidad, in: Cancio Meliá/Feijoo Sánchez (Hrsg.), Derecho Penal de la culpabilidad y neurociencias, 2012, S. 19 ff.

33 So schon *Jescheck*, ZStW 65 (1953), 210, 213; *Schünemann*, in: Schünemann/Suárez González (Fn. 12), S. 265, 282; in der Sache übereinstimmend *Jakobs*, FS Lüderssen, 2002, S. 559, 568 f.: „Fehlen der Fähigkeit einer Stellungnahme zur Norm"; dazu, dass dieses Defizit letztlich auch nicht durch die Annahme „mittelbarer Fähigkeiten" überspielt werden kann, vgl. *Frisch*, FS Wolter, S. 349, 363 ff., 367 ff.

zeihen und ihr deshalb einen Vorwurf zu machen. Die Straftat eines Beschäftigten der juristischen Person, auch eines Vorstandsmitglieds, bleibt deshalb eine Straftat der natürlichen Person; eine Straftat auch der juristischen Person, die es erlaubte, auch diese mit dem Vorwurf der Strafe zu belegen, wird sie schon deshalb nicht, weil dieser gleich mehrere dafür notwendige Fähigkeiten fehlen. Allein denkbar ist vielmehr, dass die juristische Person unter bestimmten Voraussetzungen für die Begehung der Straftat der natürlichen Person „einzustehen“, sich deswegen Belastungen gefallen zu lassen[34] hat (was man natürlich unterschiedlich benennen kann).

2. Organhandeln als Handeln der juristischen Person auch bei Begehung von Straftaten?

Gegen all das lässt sich nicht einwenden, dass wir doch durchaus vom Handeln auch juristischer Personen sprechen, dass die juristische Person durch ihre Organe handele, dieses Handeln als Handeln der juristischen Person gälte und dementsprechend die juristische Person eben auch selbst – durch ihre Organe – eigene Straftaten begehen könne – wie dies die so genannte Identifikationstheorie behauptet.[35] Denn abgesehen davon, dass durch diese Argumentation die jenseits der fehlenden Handlungsfähigkeit liegenden Defizite nicht ausgeräumt würden,[36] überzeugt schon der Versuch, so ein eigenes Handeln der juristischen Person zu begründen, bei näherem Hinsehen nicht.

---

34 Dazu schon *Frisch,* FS Wolter, S. 349, 358, 360 f. m. w. N.; näher noch unten IV.

35 In diesem Sinne z. B. *Hirsch,* Straffähigkeit (Fn. 9), S. 10 („Form des eigenen Handelns durch einen anderen“); *Kudlich,* in: Kuhlen u.a. (Fn. 9), S. 209, 211 f.; *H.-J. Schroth,* Unternehmen (Fn. 9), S. 177 („abgeleitete Handlungsfähigkeit“); auch *Engelhart,* Sanktionierung (Fn. 5) S. 667 f., 672 ff.; weit. Nachw. dieser Theorie bei KK-OWiG/*Rogall* (Fn. 6), § 30 Rn. 2, 4, 8, der auf dieser Basis im Rahmen des Ordnungswidrigkeitenrechts die Delinquenz des berufenen Vertreters als Eigendelinquenz des Verbandes begreift.

36 Es sei denn, man versuchte, auch die fehlenden anderen Fähigkeiten durch weitere „Verlängerungen“ als gegeben zu behaupten; auf dieser Linie z. B. *H.-J. Schroth,* Unternehmen (Fn. 9), S. 202; *Hirsch,* Straffähigkeit (Fn. 9), S. 14 („Willensfreiheit und Selbstbestimmung“ durch die für den Personenverband handelnden Menschen); *Kudlich,* in: Kuhlen u.a. (Fn. 9), S. 209, 213 f.; *Engelhart,* Sanktionierung (Fn. 5), S. 672 f.; KK-OWiG/*Rogall* (Fn. 6), § 30 Rn. 11. – Dass auf diesem Weg eine eigene Schuldfähigkeit oder eigene Schuld der juristischen Person nicht überzeugend begründbar ist, habe ich in der FS Wolter, S. 349, 364 ff. dargelegt. – Nicht wirklich weiterführend ist auch der vor allem von *Gómez-Jara Díez* (s. insbes. La culpabilidad [Fn. 9], S. 201 ff. und ZStW 119 [2007], 290 ff.) zur Begründung schuldhaften

Das, was hier etwas blumig als „(eigenes) Handeln der juristischen Person" bezeichnet wird, schlägt zwar eine sprachliche Brücke zum Begriff der Handlung als Kernbegriff der Straftat, es bedeutet aber inhaltlich etwas ganz anderes. Exakt analysiert bedeutet es, dass die Rechtsordnung bestimmten natürlichen Personen (die als „Organe" der juristischen Person fungieren) die Rechtsmacht verliehen hat, durch bestimmtes Handeln gewisse Rechtsfolgen herbeizuführen oder eintreten zu lassen, die die juristische Person treffen – *so, als habe* die juristische Person selbst die entsprechenden Handlungen vorgenommen.[37] Es geht also darum, dass die juristische Person bestimmtes Handeln ihrer Organe so für sich in Anspruch nehmen kann oder gegen sich gelten lassen muss, als habe sie es – als natürliche Person gedacht – selbst vorgenommen. Daraus schließen zu wollen, die juristische Person habe die Fähigkeit, strafbare Handlungen zu begehen und habe selbst eine Straftat begangen, wenn eine natürliche Person als ihr Organ eine Straftat begangen hat, entbehrt jedweder Grundlage. Dies nicht nur deshalb, weil derartige juristische „Als-ob-Fiktionen" der juristischen Person nicht jene reale Handlungsfähigkeit zu verleihen vermögen, die zur Ausführung einer Straftat ganz einfach benötigt wird.[38] Konstruktiv unerfindlich bleibt auch, warum die juristische Person eine von einem Organwalter begangene Straftat als eigene Straftat mit Straffolgen gegen sich soll gelten lassen müssen. Auf eine dem Organ erteilte Rechtsmacht, in Richtung auf die juristische Person verbindlich Rechtsfolgen herbeizuführen,[39] lässt sich eine solche Folge ersichtlich nicht stützen – denn in Richtung auf das, was dem Organwalter verboten ist, erteilt die Rechtsordnung natürlich keine Rechtsmacht.[40]

Unrechts in die Diskussion eingebrachte Gedanke des Unternehmens als autopoietisches System, der weder eine überzeugende noch eine auch nur konstruktiv transparente Begründung des Unrechts und der Schuld der juristischen Person ermöglicht (zur Kritik vgl. z. B. *Robles Planas,* La Ley N° 7705, 2011, 1, 2 ff. = [deutsche Übersetzung] ZIS 2012, 347, 349; *Schünemann,* FS Tiedemann, S. 429, 437 f.). S. dazu noch *Frisch,* FS Wolter, S. 349, 369 ff.

37 Die Identifikationstheorie kann, mit anderen Worten, nicht darüber hinwegtäuschen, dass es um ein Verfahren der Zurechnung fremden Verhaltens geht – so, *als sei es eigenes.*

38 Entsprechendes gilt, wie MünchKommStGB/*Freund* (Fn. 9), Vor § 13 Rn. 149 mit Recht betont, für die Fähigkeit, Entscheidungen zu treffen.

39 Also den Grund, der normalerweise die Rechtsfolgen für die juristische Person begründet!

40 Es ist schon erstaunlich, dass die Vertreter der Identifikationstheorie – weil sie sich mit blumigen Begriffen begnügen und eine exakte rechtstheoretische Analyse vermissen lassen – nicht einmal diesen offensichtlichen Schwachpunkt ihrer „Theorie" erkennen!

Zwar ist richtig, dass die juristische Person in bestimmten Zusammenhängen auch Verhalten ihrer Organe „gegen sich gelten lassen“ muss, zu dem die Rechtsordnung keine Rechtsmacht erteilt hat und das – im Gegenteil – der Rechtsordnung zuwiderläuft, wie die Nichterfüllung bestimmter rechtlicher Pflichten seitens des Vorstands einer juristischen Person. Aber dieses „gegen sich Gelten-Lassen-Müssen“ ist doch in einem weit weniger anspruchsvollen Sinn gemeint als die Feststellung, die juristische Person habe selbst eine Straftat (insbesondere mit all ihren subjektiven Voraussetzungen) begangen. In der Regel geht es um nicht mehr als die Selbstverständlichkeit, dass die juristische Person die objektive Untätigkeit ihrer Organe gegen sich gelten lassen muss, soweit diese durch ihr Handeln das Verstreichen einer Frist, die Verjährung eines Anspruchs oder die Entstehung von Schadensersatzansprüchen hätten abwenden können. Es erscheint schon einigermaßen kühn, aus diesen im Einzelnen durchweg sachlich begründbaren Rechtsfolgen für die juristische Person ableiten zu wollen, im Falle der Begehung einer Straftat durch ein Organ der juristischen Person habe zugleich auch die juristische Person selbst eine Straftat begangen.

3. Zwischenbilanz: Die Unhaltbarkeit der Annahme einer von der juristischen Person selbst begangenen Straftat – Offene Fragen

Damit lässt sich im Sinne einer Zwischenbilanz zusammenfassend sagen: Die Bestrafung einer juristischen Person wegen Straftaten ihrer Mitarbeiter oder Organe scheidet aus, wenn man den Begriff der Strafe in dem anspruchsvollen Sinn nicht nur eines Übels, sondern eines mit der Bestrafung verbundenen sozialethischen Vorwurfs gegenüber dem Bestraften wegen einer (auch) von ihm selbst begangenen Straftat versteht. Eine so begründete Bestrafung scheitert daran, dass die juristische Person eine Reihe jener Voraussetzungen nicht erfüllt, die beim Ausgang von einem solchen Strafbegriff als Voraussetzungen für die Annahme einer Straftat zu erfüllen sind. Diese Defizite lassen sich auch nicht dadurch überspielen, dass man – auf der Linie der Identifikationsthese – von den Organen der juristischen Person begangene Straftaten ganz einfach als Straftaten der juristischen Person qualifiziert. Eine solche Betrachtung zieht aus gewissen begrenzten, sachlich begründeten Annahmen über ein mit dem Handeln der Organe zusammenfallendes (fiktives) Handeln der juristischen Person im Zivilrecht und im Öffentlichen Recht Folgerungen in Richtung auf die angebliche Begehung einer Straftat auch durch die juristische Person, die schlicht inakzeptabel sind, weil sie den Grund und die daraus sich ergebenden Grenzen zulässiger Identifizierung aus den Augen verlieren.

Das damit gewonnene Ergebnis ist noch kein endgültiges Ergebnis. Es ist an zwei Voraussetzungen geknüpft: einen ganz bestimmten, nämlich mit einem sozialethischen Vorwurf verbundenen Begriff der Strafe, und die Annahme, dass eine solche Strafe nur gegen eine Person verhängt werden dürfe, die *selbst* die Voraussetzungen einer den Strafvorwurf rechtfertigenden Straftat erfüllt. Das Ergebnis könnte sich damit ändern, wenn man diese Voraussetzungen ändert. Es könnte sein, dass man auf der Basis eines weniger anspruchsvollen Begriffs der Strafe zur Möglichkeit der Bestrafung auch juristischer Personen gelangen und damit auf einer solchen Basis auch den eingangs genannten Gründen für eine Bestrafung juristischer Personen Rechnung tragen kann – mag man es vielleicht auch für sinnvoll erachten (müssen), die gegen die juristische Person verhängte Sanktion nicht als Strafe zu bezeichnen (s. dazu IV.). Nochmaliger Überprüfung bedarf aber auch die zweite Annahme: Setzt die Verhängung einer als Vorwurf verstandenen Strafe gegenüber der juristischen Person wirklich voraus, dass die juristische Person selbst eine Straftat begangen hat (was nicht begründbar ist!)? Könnte hier nicht auch weniger, etwa eine fundierbare Zurechnung der Straftat der natürlichen Person zur juristischen Person genügen – möglicherweise sogar die Bedürfnisse effektiver Kriminalpolitik? (dazu V.).

IV. Strafe ohne Vorwurf – Ein denkbarer Weg zur Bestrafung auch juristischer Personen?

Die aussichtsreichere Möglichkeit, eine Bestrafung auch juristischer Personen begründen zu können, bietet von den beiden angedeuteten Reflexionsansätzen zweifellos der erste: die nochmalige Reflexion der Problematik auf der Basis eines weniger anspruchsvollen Begriffs der Strafe. Im Rahmen einer Analyse des Problems der Bestrafung juristischer Personen auch einmal von einem solchen weniger anspruchsvollen Begriff der Strafe auszugehen, ist keineswegs dubios. Dies nicht nur deshalb, weil der Begriff der Strafe selbst ja keineswegs eindeutig ist, sondern historisch und im Ländervergleich erheblichen Schwankungen unterliegt.[41] Die Problematik von einem weniger anspruchsvollen, nämlich auf die Betonung des sozialethischen Vorwurfs verzichtenden Begriffs der Strafe her zu durchdenken, ist auch deshalb nicht dubios, sondern liegt im Gegenteil außerordentlich nahe, weil es ein Verständnis der Strafe gibt, das historisch vielleicht besser verwurzelt und international wohl sogar konsensfähiger ist als das

41 Vgl. dazu *Frisch,* Die Idee der Strafe, in: Koslowski (Hrsg.), Endangst und Erlösung 2, 2012, S. 53 ff.; *Stratenwerth/Kuhlen,* Strafrecht AT, 6. Aufl. 2013, S. 3 ff.; eingeh. *Achter,* Geburt der Strafe, 1951; *Nagler,* Die Strafe, 1918.

Verständnis der Strafe als sozialethischer Vorwurf: das Verständnis der Strafe als Übel oder als Rechtseingriff, der von den Menschen als Übel empfunden wird.

1. Strafe als Übel wegen einer Straftat, das bestimmten Zwecken dient

Dieses Verständnis der Strafe findet sich nicht nur in der Definition der Strafe durch bekannte Philosophen – wie etwa der berühmten Definition des Hugo Grotius, der die Strafe als Übel bezeichnet, das dem Täter wegen der von ihm begangenen Übeltat widerfährt.[42] Das Verständnis der Strafe als eines Übels ist vor allem auch das, woran die klassischen Strafzwecktheorien anknüpfen. Das gilt ersichtlich für die generalpräventive Theorie von Hobbes und Feuerbach bis in die heutige Zeit:[43] Das in der Strafe enthaltene und für den Fall der Begehung einer Tat angedrohte Übel ist das, was potentielle Täter von der Begehung von Straftaten abhalten soll – und das dann auch nach begangener Tat verwirklicht werden muss, soll die Drohung sich nicht als leere erweisen. Auch die spezialpräventive Abschreckungsstrafe setzt auf das Übel, welches die Strafe als Rechtseingriff für den Täter bedeutet. Noch deutlicher tritt uns das Verständnis der Strafe als eines Übels in der Vergeltungstheorie entgegen, die lange Zeit das Strafrecht beherrscht hat und in Gestalt von Ausgleichstheorien noch heute beherrscht: Vergeltung von Übeltaten meint Vergeltung von Üblem, das der Täter begangen hat, durch ein Übel, das er zur Strafe nun selbst hinzunehmen hat.[44] Selbst wenn die moderne Straftheorie von manchen dieser Formulierungen abrückt[45] – die Kalkulation mit dem Übelscharakter der Strafe in der (dann auch zu realisierenden) Strafdrohung ist noch heute unbestreitbar.[46] Man übertreibt

---

42 *Grotius,* De iure belli ac pacis, 1625, Lib. II Cap. XX (deutsche Übersetzung: Vom Recht des Krieges und des Friedens, hrsg. von W. Schätzel, 1950, dort S. 325 ff.).

43 Vgl. *Hobbes,* Leviathan, Zweiter Teil, 1651, 28. Kap. (Reclam-Ausgabe von J. P. Mayer, 1970/1980, S. 258 ff.); *Feuerbach,* Revision der Grundsätze und Grundbegriffe des positiven peinlichen Rechts, Band I, 1799, S. 5, 56; *ders.,* Lehrbuch des gemeinen in Deutschland geltenden peinlichen Rechts, 1801, § 19; s. ergänzend *Frisch,* in: A. Koch u.a. (Hrsg.), Feuerbachs Bayerisches Strafgesetzbuch, 2014, S. 191, 193; *Greco,* Lebendiges und Totes in Feuerbachs Straftheorie, 2009, S. 38; für das heutige Verständnis *Jescheck/Weigend,* Strafrecht AT (Fn. 25), S. 65 m. w. N. (wo freilich zusätzlich auch der Charakter des sozialethischen Unwerturteils betont wird).

44 Klassisch *Kant,* Metaphysik der Sitten, 1797; in der Ausgabe der Kantischen Werke von W. Weischedel, Bd. IV., 1956, S. 455.

45 Vgl. *Stratenwerth/Kuhlen,* Strafrecht AT (Fn. 41), S. 4 ff.; *Frisch,* Idee (Fn. 41), S. 53 ff.

46 Dies auch dann, wenn man der Strafdrohung auch noch andere Funktionen zuweist, vgl. *Frisch,* FS Schünemann, S. 54 ff.; eingeh. zu dieser Form des Einsatzes der Strafe *Greco,* Feuerbachs Straftheorie (Fn. 43), S. 356 ff., 419 f. und *Schünemann,*

daher bestimmt nicht, wenn man sagt, dass das Verständnis der Strafe als eines zur Verhinderung der Tat angedrohten und der begangenen Tat folgenden Übels im Bewusstsein der Bevölkerung und bei Politikern verbreiteter sein dürfte als der Gedanke eines in der Strafe liegenden sozialethischen Vorwurfs.

Dies alles gilt nicht nur für den nationalen Bereich (also Deutschland und den deutschen Rechtskreis), sondern international. In vielen Staaten der Welt sind die herrschenden, praktizierten und der gesetzgeberischen Tätigkeit zugrundeliegenden Straftheorien noch immer Vergeltungstheorien oder generalpräventive Konzepte auf der Linie Feuerbachs. Vor allem pragmatisch orientierte Rechtsordnungen könnten möglicherweise sogar grundsätzliche Bedenken gegen ein Verständnis der Strafe als eines sozialethischen Vorwurfs haben und darin eine problematische Ethisierung sehen.[47] Die Skepsis der modernen Hirnforschung gegenüber der Fähigkeit des Menschen, anders zu handeln, als er gehandelt hat,[48] hat zu zusätzlichen Bedenken gegen ein Verständnis der Strafe als Vorwurf geführt[49] – was damit bleibt, ist ein Verständnis der Strafe als Rechtseinbuße, die vom Bestraften (und der Allgemeinheit) natürlich als Übel empfunden wird und zumindest in der Stufe der Strafandrohung auch bewusst in diesem Sinn eingesetzt wird, aber selbst in der Stufe der Verwirklichung noch so beschaffen sein muss, dass sie das, worauf in der Androhung gesetzt wird, nicht konterkariert. All das wird bei einem Blick auf die transnationale Ebene bestätigt,[50] der im vorliegenden Zusammenhang deswegen nicht unwichtig ist, weil gerade von transnationaler Seite – etwa von den Institutionen der Europäischen Union – Druck in Richtung auf eine Strafbarkeit (oder zumindest effektive Sanktionierung) auch des „Handelns" juristischer Personen ausgeübt wird: Die insoweit

---

in: Schünemann/von Hirsch/Jareborg, Positive Generalprävention, 1998, S. 109, 112 f., 118 f.

47 Zu solchen Bedenken in Deutschland selbst z. B. *Ellscheid/Hassemer,* Strafe ohne Vorwurf, in: Civitas – Jahrbuch für Sozialwissenschaften, Bd. 9 (1970), S. 27 ff., 41 ff.; *Roxin,* FS Volk, 2009, S. 601, 603; auch in der Definition der Strafe bei *H.L.A. Hart,* Punishment and Responsibility, 1967, S. 41 f. taucht zwar das Übel, nicht aber der Vorwurf auf.

48 S. dazu *Frisch,* FS Kühl, S. 187 ff. m. w. N.; s. auch die Literaturangaben bei Schönke/Schröder-*Eisele* (Fn. 27), Vor § 13 Rn. 109a.

49 Vgl. beispielhaft *Hörnle,* Kriminalstrafe ohne Schuldvorwurf, 2013, insbes. S. 11 ff., 49 ff.

50 Vgl. etwa den Strafbegriff des Europäischen Gerichtshofs für Menschenrechte (EGMR): Der Gerichtshof legt den Begriff „autonom" im Sinne einer „Maßnahme" aus, die „nach Verurteilung wegen einer Straftat auferlegt worden ist", EGMR, Urteil vom 17.12.2009, 19359/04 – M. gegen Deutschland, NJW 2010, 2495, 2497 f., Rn 120 m. w. N.; aus der Rechtsprechung des EuGH vgl. noch die nachfolgende Fn.

stets geforderte hinreichend abschreckende oder abhaltende Wirkung[51] ist ohne das Verständnis der Strafe als eines empfundenen und in eben dieser Richtung eingesetzten Übels nicht denkbar.

All das lässt es nicht nur legitim, sondern geradezu dringend geboten erscheinen, die Problematik der Bestrafung juristischer Personen nicht allein aus der Perspektive des anspruchsvollen (heutigen!) deutschen Strafbegriffs (und der dem korrespondierenden Straftatvoraussetzungen) zu betrachten, sondern als alternativen Ausgangspunkt der Reflexion auch einen Strafbegriff gelten zu lassen, der wahrscheinlich viel verbreiteter ist als der in der heutigen deutschen Dogmatik (auch zur Formung der Strafverhängungsvoraussetzungen) benutzte.

2. Optionen eines solchen Strafbegriffs für die Diskussion der Strafbarkeit juristischer Personen

Ist man – vor diesem Hintergrund – bereit, die Problematik der Bestrafung juristischer Personen auf der Basis eines Strafbegriffs zu durchdenken, der in der Strafe (unter Verzicht auf das Element eines persönlichen Vorwurfs gegenüber dem Betroffenen) nur einen als Übel gedachten (eingesetzten) Rechtseingriff wegen einer begangenen unwertigen Tat (Straftat) sieht, so verfallen einige der Barrieren, die bei Zugrundelegung eines Verständnisses der Strafe als persönlicher sozialethischer Vorwurf der Bestrafung juristischer Personen unüberwindbar entgegenstehen. Das trifft insbesondere auf die – für die der Tat zugrundeliegende unrechtliche Gesinnung und für den Vorwurf zu fordernde (bei der juristischen Person ohne Fiktion nicht annehmbare) – Fähigkeit zu, sich rechtlich richtig zu entscheiden. Sie verliert mit dem Verzicht auf ein Verständnis der Strafe als (sozialethischer) Vorwurf ihre Selbstverständlichkeit. Zwar kann – natürlich – auch eine auf das Element des Vorwurfs verzichtende Strafe als zweckbezogener Rechtseingriff und empfundenes und zumindest funktional partiell so gedachtes

---

51 Zu dieser Forderung im Zusammenhang mit der Sanktionierung des Fehlverhaltens auch von Verbänden und juristischen Personen vgl. insbes. das „Zweite Protokoll zum Übereinkommen über den Schutz der finanziellen Interessen der Europäischen Gemeinschaft" (ABl. 1997 – C 221/11), Art. 3 Abs. 1; weit. relevante europarechtliche Rechtsquellen in der Begründung des Entwurfs des Landes Nordrhein-Westfalen zu einem Verbandsstrafgesetzbuch (Fn. 10), S. 34 ff. – Zum Verständnis der Strafe als einer Sanktion, die wirksam und abschreckend sein muss, z. B. EuGHE 1984, 1891, 1909 – Rs. 14/83 „von Colson und Kamann" (Rn. 28); EuGHE 1989, 2965 – Rs. 68/88 („griechischer Maisskandal") Rn. 23–25; EuGHE 1991, I – 4371 – Rs. 7/90 „Vandevenne", Rn. 11); s. ergänzend *Satzger,* Die Europäisierung des Strafrechts, 2001, S. 368 ff.; weit. Nachw. bei *Frisch,* GA 2009, 385, 402 ff.

Übel[52] nicht einfach beliebig oder nach bloßen Zweckmäßigkeitsüberlegungen verhängt werden. Auch bei einem Verzicht auf das Element des Vorwurfs ist der in der Strafe liegende zweckbezogene Rechtseingriff nur bei Gegebensein bestimmter Voraussetzungen als (sach-)gerecht anzusehen und legitimierbar. Aber diese Diskussion kann doch offener und freier erfolgen, weil sie ohne Rücksicht auf die Sachzwänge des persönlichen Vorwurfs und der sich aus diesem Element ergebenden Voraussetzungen geführt werden kann.

Ob eine solche Sichtweise im Bereich der Voraussetzungen der Straftat, also in Bezug auf das, was der Täter selbst erfüllen muss, damit man ihn bestrafen darf, zu gravierenden Veränderungen führt (wie manche in der gegenwärtigen strafrechtlich neurowissenschaftlichen Diskussion wohl annehmen[53]), muss hier nicht entschieden werden – ich meine, dass sich insoweit an den Sachanforderungen selbst nicht allzu viel ändern dürfte und wahrscheinlich nur einige Begriffe und Begründungen ausgetauscht werden dürften. Durchaus von Relevanz ist der Verzicht auf das Verständnis der Strafe als (sozialethischer) Vorwurf und die dadurch ermöglichte offene neue Diskussion der Frage nach den Voraussetzungen legitimierbarer Strafverhängung jedoch unter einem anderen Aspekt – und zwar dem uns gerade hier interessierenden Aspekt: der Frage nämlich, ob im Falle des eindeutigen Gegebenseins einer Straftat wirklich nur der Straftäter selbst bestraft werden kann. Oder: ob es in einem solchen Fall nicht auch unter gewissen Voraussetzungen legitimierbar ist, eine andere Person mit einem als Übel empfundenen Rechtseingriff zu belasten, der Zwecke verfolgt, die im herkömmlichen Sinn Strafzwecke sind – diese Person also *in diesem Sinne* zu bestrafen. Dabei braucht im vorliegenden Zusammenhang nicht diskutiert zu werden, ob Derartiges im Verhältnis zwischen natürlichen Personen in Betracht kommt. Was hier allein interessiert, ist, ob es sich im Verhältnis der z. B. von den Organen einer juristischen Person begangenen Straftaten und der juristischen Person legitimieren lässt.

Natürlich reichen dafür schlichte Zweckmäßigkeitserwägungen – die Nützlichkeit unter dem Aspekt der Kriminalprävention, die nicht zu bestreiten ist – nicht aus. Es muss auch gerecht sein, die juristische Person wegen der von ihren Organen (oder auch – bestimmten – Beschäftigten) begangenen Straftaten mit einer Rechtseinbuße zu belegen, welche Zwecke verfolgt, die als Strafzwecke gelten.

---

52 Nämlich in der Stufe der Androhung (der dann freilich eine Verwirklichung folgen muss, die die Drohung nicht „leer laufen" lässt).

53 Vgl. etwa *Hörnle*, Kriminalstrafe (Fn. 49), die Konsequenzen für die Verbrechenslehre und das Strafgesetz annimmt, S. 69 ff.

3. Zur Legitimierbarkeit der Bestrafung juristischer Personen bei einem Verständnis der Strafe allein als zu Strafzwecken wegen einer Straftat eingesetztes Übel

Mindestvoraussetzung dafür ist, dass die vorgefallenen Straftaten die juristische Person *etwas angehen*, genauer angehen müssen.[54] Das ist z. B. nicht der Fall, wenn Beschäftigte, aber auch Organe der juristischen Person, etwa in ihrer Freizeit, Straftaten begehen, die mit dem Tätigkeitsfeld der juristischen Person nichts zu tun haben. Durchaus anders ist es dagegen, wenn es im Rahmen der Wahrnehmung betrieblicher Tätigkeiten und Funktionen – etwa im Zusammenhang mit der Überwachung von Herstellungsprozessen, der Organisation betrieblicher Maßnahmen oder der Abwendung von Gefahren für die Allgemeinheit, der Unterlassung gebotener Rückrufaktionen usw. – zu Straftaten der Organe oder der von ihnen beauftragten Personen kommt. Derartiges muss sich die juristische Person unter dem Aspekt der Nichterfüllung dessen, was sie der staatlichen Gemeinschaft schuldet, nämlich eine straftatenfreie Erledigung ihrer betrieblichen Tätigkeiten, zurechnen lassen – so, wie ihr die Erfüllung rechtlicher Pflichten durch ihre Organe und deren Beauftragte zugerechnet wird (und sie Wert darauf legt, dass das geschieht). Kommt es zu solchen Straftaten, so bleibt die juristische Person in einer ihr zurechenbaren Weise hinter dem geschuldeten Organisationssoll zurück und muss es daher hinnehmen, dass dieses auf ihre Kosten – durch Realmaßnahmen, kostenpflichtige Erinnerungen oder anderes – hergestellt wird. Am leichtesten einsichtig ist dies, wenn es aufgrund von (strafbaren) Unterlassungen der Organe oder der von diesen Beauftragten zu Gefahren für Dritte kommt: Niemand bezweifelt, dass in diesen Fällen die juristische Person als Störer – nicht etwa als Unbeteiligter – zur Behebung der Störung herangezogen werden darf bzw. diese Störung auf ihre Kosten beseitigt werden darf.[55] Ganz in diesem Sinne gehen ja auch diejenigen, die eine Bestrafung der juristischen Person ablehnen, davon aus, dass dieser gegenüber (jenseits

54 Das entsprechende Erfordernis wird – meist unter dem Stichwort der Betriebsbezogenheit – auch im Zusammenhang mit der Frage diskutiert, wann sich ein Unternehmer oder ein Leitungsorgan im Hinblick auf die Straftaten seiner Mitarbeiter wegen Unterlassens strafbar machen kann; vgl. etwa *Jakobs,* Strafrecht AT (Fn. 28), Abschn. 29 Rn. 36; Schönke/Schröder-*Stree/Bosch* (Fn. 27), § 13 Rn. 53 f.; *Hernández Basualto,* FS Frisch, 2013, S. 333 ff.

55 Vgl. z. B. *Wolf/Stephan/Deger,* Polizeigesetz für Baden-Württemberg, 6. Aufl. 2009, § 6 Rn. 6 und 18 ff., § 7 Rn. 10 ff., 14 ff., 17 ff.; zur Zurechnung im Öffentlichen Recht z. B. *Hollands,* Gefahrenzurechnung im Polizeirecht, 2005; *Reinhardt,* Wissen und Wissenszurechnung im Öffentlichen Recht, 2010.

der Strafe liegende) Maßnahmen, die der Unterbindung zukünftiger Taten dienen, prinzipiell ergriffen werden dürfen.[56]

Bleibt die Frage, ob man angesichts all dessen noch einen Schritt weiter gehen und die juristische Person (nicht im anspruchsvollen Sinn der Erhebung eines sozialethischen Vorwurfs, sondern) in dem Sinn bestrafen kann (darf), dass sie mit einer – als Übel empfundenen und (zumindest partiell) so gedachten – Rechtseinbuße belegt wird, welche Zwecke verfolgt, die typische Strafzwecke sind. Solche Zwecke sind insbesondere die Unterbindung weiterer Straftaten im Betätigungsfeld der juristischen Person, indem über eine (vor Wiederholung warnende) Rechtseinbuße der juristischen Person in deren Tätigkeitsfeld das Motivationspotential, Straftaten zu unterlassen, spürbar verstärkt wird (Spezialprävention). Zum anderen geht es darum, durch die Belastung nicht nur des Täters, sondern auch der juristischen Person die Unverbrüchlichkeit der vom Täter verletzten strafrechtlichen Norm (Ordnung) auch im Tätigkeitsfeld juristischer Personen nachdrücklicher und wirksamer zu verdeutlichen und durchzusetzen und so der Gefahr von Normerosionen im Tätigkeitsfeld juristischer Personen wirksamer entgegenzutreten, als dies bei Bestrafung nur der natürlichen Person möglich wäre (Generalprävention).

Ich meine, dass eine so verstandene (also nicht mit sozialethischen Vorwürfen gegen die juristische Person verbundene) Strafe letztlich legitimiert werden kann. Natürlich sind gewisse Voraussetzungen zu erfüllen: Auch eine so verstandene Strafe muss zur Erreichung der angestrebten (an sich legitimen) Ziele geeignet und erforderlich und im Verhältnis zur juristischen Person angemessen (gerecht) sein. Aber das ist der Fall. Dass die zusätzliche spürbare Belastung der juristischen Person innerhalb des Systems der juristischen Person den Anreiz zu zukünftigem rechtskonformen Verhalten (um neuerliche Belastungen zu vermeiden) erhöht und auch die generalpräventive Wirkung des Strafrechts verstärkt, dürfte – nicht zuletzt wegen der hier bekanntermaßen stark leitenden – Risikokalkulationen letztlich unbestreitbar sein; und dass ein reines Individualstrafrecht mit seinen spezifischen Begrenzungen hier nur begrenzt wirken kann, hat die Vergangenheit an vielen Einzelbeispielen gezeigt. Bleibt die Frage, ob es auch *gerecht* ist, die juristische Person bei Begehung von Straftaten durch ihre Organe oder Mitarbeiter (im Tätigkeitsfeld der juristischen Person) zur Befestigung der Normgeltung und zur Erreichung der genannten präventiven Ziele mit einer von dieser als Übel empfundenen (und funktional auch so gedachten)

---

56 Vgl. etwa MünchKommStGB/*Freund* (Fn. 9), Vor § 13 Rn. 149; LK/*Schünemann* (Fn. 9), Vor § 25 Rn. 28 ff.

Rechtseinbuße zu belegen. Auch diese Frage ist zu bejahen. Denn die Gefahr, dass es bei einer bloßen Bestrafung der natürlichen Personen (welche die Straftaten begangen haben) wegen der nur begrenzten präventiven Kraft des Individualstrafrechts innerhalb eines durch bestimmte Kalkulationen geprägten Umfelds allmählich zu einer Nichternstnahme bestimmter strafrechtlicher Normen und einer Erosion ihrer Geltung im Tätigkeitsfeld juristischer Personen kommt, ist durch jene Personen geschaffen worden, die als Organe oder Beauftragte der juristischen Person gehandelt haben. Diese Gefahrenschaffung für die Geltung der Rechtsordnung muss sich die juristische Person nicht weniger zurechnen lassen als Gefahrenschaffungen für andere Güter, die von den Handlungen ihrer Organe und Beauftragten ausgehen[57] – so wie sie auf der anderen Seite von diesen Organen erwirtschaftete Gewinne für sich in Anspruch nimmt. Sie muss es deshalb auch hinnehmen, dass dieser Gefahrenschaffung auf ihre Kosten im Wege einer die Normschwächung durch eine sichtbare Belastung ihres Vermögens ausgleichende Reaktion entgegengetreten wird.[58] Ganz entsprechend muss sie es hinnehmen, dass aus den ihr (unter dem Aspekt des Bestehens etwaiger Organisations- und Motivationsdefizite in ihrem System) zurechenbaren Straftaten von Organen und Beauftragten Rückschlüsse in Richtung auf eine etwa benötigte Zusatzmotivation zur Erreichung eines eher rechtskonformen Verhaltens ihrer selbst – und d. h. letztlich: ihrer Organe und Beauftragten – gezogen werden. Eine so – als Belegung mit einer rechtlichen Belastung zu bestimmten, die Belegung als Strafe kennzeichnenden Zwecken – begründete Bestrafung ist durchaus nicht dubios, sondern baut auf einem Strafbegriff mit langer Tradition, anerkannten Strafzwecken, begründbaren Zurechnungsmustern und Prinzipien der Verantwortlichkeit für die (kostenpflichtige) Beseitigung zurechenbarer Gefahrenschaffungen auf.

4. Bewertung der internationalen Entwicklung und der deutschen Diskussion vor diesem Hintergrund

So gesehen ist es nicht verwunderlich, dass sich viele Staaten der Welt inzwischen dafür entschieden haben, auch eine Bestrafung juristischer Personen

57 Wie etwa polizeirechtliche Gefahrenschaffungen oder Gefahrenschaffungen durch Produkte für die Güter von Benutzern.

58 Zur Kompensationspflichtigkeit der juristischen Person für sozialpsychologische Folgen des Handelns ihrer Organe in Ausübung der ihr zuerkannten Handlungsfreiheit übereinstimmend *Jakobs,* FS Lüderssen, S. 559, 571 f.

einzuführen.[59] Wo dies explizit oder der Sache nach auf der Basis des den vorstehenden Überlegungen zugrundeliegenden Strafbegriffs geschieht, kann man dies schwerlich überzeugend kritisieren. Denn der Strafbegriff ist nicht eindeutig fixiert, sondern im historischen Längsschnitt wie im vergleichenden Querschnitt schwankend und natürlich auch abhängig von der Rechtskultur – man kann daher gerade an dieser Stelle kaum mit Richtigkeitsanspruch gegen Konzepte argumentieren, die von einem anderen Strafbegriff ausgehen und auf dieser Grundlage die Bestrafung auch juristischer Personen vorsehen. Das gilt umso mehr, als das, was andernorts unter dem Etikett der Bestrafung der juristischen Person geschieht, ja auch in Deutschland und in anderen Staaten, in denen die Bestrafung juristischer Personen (noch) überwiegend abgelehnt wird, der Sache nach praktiziert wird. Die Rechtsbelastungen, die der juristischen Person nach der Begehung von Straftaten durch ihre Organe oder von diesen Beauftragten auferlegt werden, heißen hier nur nicht Strafe, sondern tragen einen anderen Namen – in Deutschland den der Geldbuße.[60] Die Gründe, die zur Legitimation dieser Geldbuße gegen juristische Personen angeführt werden,[61] sind indessen ganz ähnliche Gründe wie die, mit denen man in anderen Strafrechtssystemen die Notwendigkeit und Legitimität einer – dort meist auf einen weniger anspruchsvollen Strafbegriff gestützten – Bestrafung der juristischen Person zu rechtfertigen versucht.

Also ein bloßer Streit um Worte oder Begriffe? – Nicht ganz, um etwas mehr geht es schon. Dies jedenfalls dann, wenn man, wie in Deutschland, mit guten Gründen an einem Begriff der Strafe festhält, der mit der Strafe nicht nur eine zu bestimmten Zwecken verhängte Belastung (oder ein zu bestimmten Zwecken verhängtes Übel) meint, sondern mit der Strafe auch einen inhaltlichen Ausdruck verbindet – in ihr einen Vorwurf wegen der Missachtung (oder Infragestellung) des Rechts und seiner Geltung sieht.[62] Wer ein solches Bild von der Strafe und

---

59 S. die Nachw. oben Fn. 10 und 11 sowie die Begründung des Entwurfs des Landes Nordrhein-Westfalen (oben Fn. 10), S. 26 f.

60 Von manchen als „Mogelpackung" bezeichnet (vgl. *Ransiek,* NZWiSt 2012, 46; *Hetzer,* EuZW 2007, 75, 78: „Etikettenschwindel"; zust. wohl der Entwurf von Nordrhein-Westfalen [Fn. 10], Begründung, S. 32) – was freilich hier genauso wenig überzeugt wie die Kritik an der Unterscheidung zwischen Strafen und Maßregeln; vgl. den nachfolgenden Text und eingeh. *Frisch,* ZStW 102 (1990), 343, 355 ff.

61 S. dazu etwa KK-OWiG/*Rogall* (Fn. 6), § 30 Rn. 1 ff., insbes. 16 f. m. w. N.; *Engelhart,* Sanktionierung (Fn. 5), S. 373 ff.

62 Zur Straftat als Infragestellung oder Missachtung des Rechts z. B. *Frisch,* FS Müller-Dietz, 2001, S. 237, 253 f.; ebenso *Bloy,* FS Frisch, S. 59, 71 ff.; *Feijoo Sánchez,* FS

dem einen solchen Vorwurf rechtfertigenden Verhalten des Betroffenen hat, kann schwerlich zugleich Sachverhalte mit einer so verstandenen Strafe belegen, die einen solchen Vorwurf nicht rechtfertigen – dies ist ein Postulat begrifflicher Klarheit, das nicht um seiner selbst, sondern um der Vermeidung von Missverständnissen und Fehlassoziationen willen zu Recht besteht. Es liegt hier ganz ähnlich wie bei der Unterscheidung von Strafen und Maßregeln der Besserung und Sicherung.[63] Dem Verständnis gegenüber Strafrechtssystemen, die auf der Basis eines anderen Strafbegriffs zu einer Bestrafung juristischer Personen kommen, sollte daher keineswegs ein „laissez faire" oder Gleichgültigkeit gegenüber solchen Konzepten entsprechen, die im eigenen Land durch unaufgedeckte schwammige Begrifflichkeit und die mehrdeutige Verwendung des Strafbegriffs begriffliches Durcheinander anrichten und Missverständnisse zu programmieren drohen – wie einige gegenwärtig vieldiskutierte, aber wenig durchdachte Entwürfe zur Strafbarkeit von juristischen Personen und Verbänden.[64] Hält man den eigenen anspruchsvollen Strafbegriff für richtig und gegenüber einem bloß auf das Übel abstellenden Strafbegriff für vorzugswürdig, so sollte man sich auch durch den nivellierenden Druck nicht irritieren lassen, der in Bezug auf die Bestrafung juristischer Personen von den Institutionen der Europäischen Union ausgeht.[65]

Eines sollte man freilich, bevor man mit Nachdruck an dieser Position festhält, doch noch etwas besser abklären, als das bislang geschehen ist: die Frage, ob es wirklich ganz und gar undenkbar ist, auf der Basis eines für vorzugswürdig gehaltenen, mit dem Element des Vorwurfs verbundenen Strafbegriffs zu einer Bestrafung der juristischen Person zu gelangen (denn wenn das der Fall wäre, entfiele ja der Vorwurf der Begriffsvermengung). Bislang ist das nur insoweit abgesichert, als eines jedenfalls nicht möglich ist: überzeugend eine von der juristischen Person selbst begangene Straftat zu konstruieren. Das scheitert an

---

Jakobs, 2007, S. 75, 85 ff.; *Freund,* AT (Fn. 25), § 1 Rn. 8 ff.; *Jakobs,* Staatliche Strafe, 2004, S. 24 ff.; *Köhler,* Der Begriff der Strafe, 1986, S. 9, 14 f., 69 ff.; *Murmann,* FS Frisch, S. 1131, 1135; *Pawlik,* Person, Subjekt, Bürger, 2004, S. 55 ff., 76 ff.; *Timm,* Gesinnung und Straftat, 2012, S. 43 ff., 55 ff.

63 Zur Berechtigung dieser Unterscheidung zuletzt grundsätzlich BVerfGE 128, 326, 376 f.; *Freund,* GA 2010, 193, 208; *Frisch,* FS Würtenberger, 2013, S. 959, 972 ff.; *Radtke,* GA 2011, 636, 640; *Streng,* JZ 2011, 827, 828.

64 Die vielfältigen – weit über die hier behandelten grundsätzlichen straftheoretischen Aspekte hinausgehenden – Mängel des Entwurfs eines Verbandsstrafgesetzbuchs durch das Land Nordrhein-Westfalen sind in den fast durchweg ablehnenden Stellungnahmen (oben Fn. 10) mit Recht hervorgehoben worden.

65 Vgl. nochmals dazu bei Fn. 50 und 51.

einer Reihe fehlender Fähigkeiten der juristischen Person und endet, wenn man es über die Etikettierung des Handelns der als Organe handelnden natürlichen Personen als Handeln der juristischen Person zu überbrücken versucht (Identifikationsthese), in nicht überzeugend begründeten Behauptungen und Fiktionen. Bislang nicht untersucht ist indessen die Frage, ob es nicht vielleicht doch möglich ist, auch ohne die Fiktion einer eigenen Straftat der juristischen Person zu einer Bestrafung zu kommen, die nicht nur Auferlegung eines Übels zu bestimmten Zwecken ist, sondern auch einen Vorwurf enthält – weil ein solcher der juristischen Person unter bestimmten Voraussetzungen vielleicht auch dann gemacht werden darf, wenn sie selbst keine Straftat begangen hat.

V. Vorwerfende Strafen, Zurechnung fremder Straftat und symbolisches Strafrecht (oder: die reine Kriminalpolitik)

1. Der denkbare Weg: Strafe und Vorwurf wegen einer der juristischen Peron zurechenbaren Tat

Grund dafür, dieser Frage am Ende nochmals nachzugehen, gibt der Begriff der Zurechnung. Mit seiner Hilfe ist – wie die bisherigen Überlegungen ergeben haben – doch jedenfalls eines begründbar: dass die juristische Person für die von ihren Organen oder auch Beauftragten begangenen Straftaten durch die Hinnahme von Rechtseinbußen einzustehen hat, die den durch solche Taten geschaffenen besonderen Gefahren einer Erosion der Rechtsordnung im Bereich des Tätigwerdens juristischer Personen entgegenwirken, indem sie durch eine zusätzliche Belastung der juristischen Person dieser wie anderen juristischen Personen und den für sie Verantwortlichen ein zusätzliches Motiv zu rechtskonformem Verhalten geben. Wenn das möglich und begründbar ist, so drängt sich ja doch geradezu als Folgefrage auf, ob auf diesem Wege – also über den Gedanken der Zurechnung – nicht möglicherweise auch mehr begründet werden kann, nämlich die Verhängung einer durchaus auch als sozialethischer Vorwurf gedachten Strafe gegenüber der juristischen Person.

Einen zusätzlichen Grund, so zu fragen, liefert dabei ein Blick auf das Strafrecht selbst. Zurechnung begegnet ja auch hier, mehr noch: Zurechnung ist geradezu ein Zentralbegriff des Strafrechts.[66] Und sie begegnet im Strafrecht mit

66 Vgl. etwa *Hardwig,* Die Zurechnung – Ein Zentralbegriff des Strafrechts, 1957; *Hruschka,* Strukturen der Zurechnung, 1976; *Kelsen,* in: Klecatsky u.a. (Hrsg.), Die Wiener Rechtstheoretische Schule, 1968, S. 663; *Koriath,* Grundlagen strafrechtlicher Zurechnung, 1994.

Inhalten bzw. Leistungen, die gerade unter dem hier interessierenden Aspekt bedeutsam sind: Sie ermöglicht es nämlich, Personen, die bestimmte Handlungen eindeutig nicht vorgenommen haben, ja möglicherweise nicht einmal vornehmen können, die Handlungen Dritter zuzurechnen – und zwar durchaus in dem Sinne zuzurechnen, dass dann auch den Personen, denen das Handeln Dritter zugerechnet wird, wegen des ihnen zugerechneten Verhaltens ein Vorwurf gemacht werden kann und sie deshalb in einem so verstandenen Sinne bestraft werden können. Bekannte Beispiele dafür bilden die Figuren der Mittäterschaft und der mittelbaren Täterschaft. In ihnen werden Verhaltensweisen, die der Betroffene eindeutig nicht selbst vorgenommen hat, vielleicht gar nicht vornehmen könnte,[67] ihm so zugerechnet, dass ihm ihretwegen ein Vorwurf gemacht und er (unter Einschluss eines solchen Vorwurfs) bestraft werden kann. Kann ein so begründeter, nämlich auf die Zurechnung der Straftaten der Organe und etwaiger Beauftragter gestützter Vorwurf (zusammen mit der schon begründeten Rechtseinbuße) nicht möglicherweise auch der juristischen Person gemacht werden?[68]

Man vermutet sicher nicht falsch, wenn man annimmt, dass nicht wenige von denen, die für eine Bestrafung juristischer Personen plädieren, sich insoweit von Erwägungen der Zurechnung leiten lassen. Ob dabei die Bestrafung der juristischen Person stets nur im Sinne einer dieser auferlegten Rechtseinbuße zu Zwecken der Normdurchsetzung und Prävention, also in dem nach dem Vorstehenden begründbaren Sinn,[69] gemeint ist, wird man bezweifeln dürfen. Manche dürften den Begriff wohl so verstehen, wie sie ihn auch bei Strafen gegenüber natürlichen Personen verstehen – nämlich unter Einschluss eines Vorwurfs. Das gilt nicht nur für einige ausländische Rechtsordnungen, die (wie das spanische Strafrecht) bisher einem ähnlichen Strafverständnis verpflichtet waren wie das deutsche Strafrecht (und in denen die Einführung der Strafbarkeit auch juristischer Personen – wohl aufgrund dieses Verständnisses – erhebliche Kritik an der Entscheidung des Gesetzgebers hervorgerufen hat[70]). Es gilt vor allem auch für Vorschläge, die zu dem hier interessierenden Fragenkreis in letzter Zeit in Deutschland selbst vorgelegt worden sind, für dessen Strafrecht sogar das Verfassungsgericht nachdrücklich an der Qualifikation der Strafe als eines

67 Etwa einen nur durch Spezialisten zu öffnenden Tresor zu öffnen usw.

68 Im Sinne einer klaren Verneinung für die Mittäterschaft *Hirsch*, Straffähigkeit (Fn. 9), S. 10; *Schünemann*, FS Tiedemann, S. 429, 433; *van Weezel*, Polít. crim. Vol. 5 N° 9 (Julio 2010), 114, 130.

69 Vgl. oben IV. 2.–4.

70 Vgl. etwa *Robles Planas*, La Ley N° 7705, 2011, 1 ff.

sozialethischen Vorwurfs festhält.[71] All das lässt es dringend geboten erscheinen, sich am Ende noch mit der letzten offenen grundsätzlichen Frage zu beschäftigen: der Frage nämlich, ob es nicht möglich ist, über Erwägungen der Zurechnung, sogar zu einer vollwertigen – den sozialethischen Vorwurf einschließenden – Bestrafung der juristischen Personen zu kommen.

Die Antwort auf diese Frage ist nicht einfach zu finden. Denn der Begriff der Zurechnung ist ein schillernder, durchaus mehrdeutiger Begriff.[72] Dass man einer juristischen Person das Verhalten bestimmter für sie tätig werdender natürlicher Personen unter dem Aspekt des Eintritts ganz bestimmter Folgen zurechnen darf, bedeutet noch lange nicht, dass eine Zurechnung auch sub specie des Eintritts anderer – selbst mit dem gleichen Wort (z. B. Strafe [im einen und im anderen Sinn]) belegter – Rechtsfolgen zulässig sein müsste. Stets kommt es auf den genauen Inhalt der Rechtsfolgen an, deren Eintritt über Erwägungen der Zurechnung begründet werden soll. Vom Inhalt dieser Rechtsfolgen hängt es ab, welche – objektiven oder/und subjektiven – Voraussetzungen erfüllt sein müssen, damit eine Zurechnung gerechtfertigt ist, deren Sinn darin besteht, zugleich den Eintritt der interessierenden Rechtsfolgen als erforderlich und sachgerecht zu legitimieren.[73]

2. Zurechnung auf Grund objektiver Kriterien – Berechtigung und Grenzen der Berechtigung

In vielen Fällen erscheint es sachgerecht, die Zurechnung bestimmter Sachverhalte als für den Eintritt bestimmter Rechtsfolgen maßgebend bereits an gewisse *objektive* Kriterien zu knüpfen – wie daran, dass die Person, deren Verhalten (oder vielleicht auch Wissen) zugerechnet werden soll, eine bestimmte Rechtsmacht in Bezug auf eine andere Person innehat oder für diese eine bestimmte Funktion wahrnimmt.[74] Das gilt nicht nur für den Fall, dass das Verhalten einer

71 Vgl. die Nachweise oben Fn. 25.

72 Vgl. *Frisch,* FS Wolter, S. 349, 354 ff.

73 S. dazu schon *Frisch,* FS Wolter, S. 349, 358 f.

74 Das gilt insbes. für eine Reihe von Rechtsfolgen des Zivilrechts und des Öffentlichen Rechts; zur Zurechnung im Zivilrecht z. B. *M. Baum,* Die Wissenszurechnung, 1999; *Deutsch,* FS Honig, 1970, S. 33 ff.; *Larenz,* Hegels Zurechnungslehre und der Begriff der objektiven Zurechnung, 1927; zur Zurechnung im öffentlichen Recht z. B. *Hollands,* Gefahrenzurechnung im Polizeirecht, 2005; *Reinhardt,* Wissen und Wissenszurechnung im öffentlichen Recht, 2010. – Zur Bedeutung des Begriffs der Zurechnung weit über das Recht hinaus vgl. etwa *Kaufmann/Renzikowski* (Hrsg.), Zurechnung als Operationalisierung von Verantwortung, 2005; *Köhler,*

natürlichen Person einer anderen natürlichen Person (bei der dann bestimmte Rechtsfolgen eintreten) zugerechnet wird.[75] Es gilt ebenso für die Zurechnung des Verhaltens (oder ggf. auch Wissens) einer natürlichen Person zu einer juristischen Person, welche ohne solche Zurechnungen überhaupt nicht rechtsverkehrsfähig wäre – nämlich ohne derartige Zurechnungen weder Rechte ausüben noch Pflichten erfüllen könnte. Die Zurechnung insoweit von bestimmten objektiven Kriterien abhängig zu machen, ermöglicht – bei Wahl des sachgerechten (richtigen) Kriteriums – sinnvolle und klare, rechtsverkehrsfähige Lösungen. Das gilt nicht nur für die Begründung oder den Verlust von Vermögensrechten und die Begründung oder Nichtbegründung von Schadensersatzansprüchen[76], sondern auch dafür, ob (insbesondere juristische) Personen öffentlich-rechtliche Pflichten erfüllt haben. Auch für die Frage, ob sich eine juristische Person kostenpflichtig bestimmte ordnungsrechtliche Maßnahmen gefallen lassen muss, ist es sachgerecht, darauf abzustellen, ob z. B. ein bestimmter Zustand dem Fehlverhalten ihrer Organe angelastet werden und damit nach einem objektiven Kriterium zugerechnet werden kann oder nicht.[77] Ganz entsprechend erscheint es sachgerecht, die objektive Macht oder Funktion bestimmter Personen für die juristische Person ausreichen zu lassen, wenn es darum geht, sozialpsychologischen Folgen des Fehlverhaltens der Organe der juristischen Person durch sichtbare Rechtseinbußen der juristischen Person entgegenzuwirken.[78] Für all das reicht es aus, dass natürliche Personen eine bestimmte Funktion für die juristische Person haben und in dieser Funktion tätig oder nicht tätig geworden sind. Wo dies der Fall ist, muss die juristische Person für die Folgen dieser Tätigkeit einstehen – wozu auch das Hinnehmenmüssen von Zugriffen auf ihre Rechte gehört, die notwendig erscheinen, um sozialpsychologische Folgen (Erosion der

---

FS H.-J. Hirsch, 1999, S. 65 ff.; *Loening,* Die Zurechnungslehre des Aristoteles, 1903; *Seebaß,* in: Wolters/Carrier (Hrsg.), Homo Sapiens und Homo Faber, 2005, S. 359 ff.; s. auch den Artikel „Zurechnung“, in: *R. Eisler,* Wörterbuch der philosophischen Begriffe, 1904.

75 Wie beim Vorhandensein einer gesetzlichen oder rechtsgeschäftlichen Vertretungsmacht; dazu auch noch weiter unten und 3.

76 In dem Sinne, dass sich eine Person das Verhalten einer anderen im Rahmen der Begründung von Schadensersatzansprüchen zurechnen lassen muss und daher für den Schaden (mit-)haftet; s. auch *Jakobs,* FS Lüderssen, S. 559, 572 ff.: „Mithaftung“.

77 S. schon oben IV. 2.

78 S. oben IV.; übereinstimmend *Jakobs,* FS Lüderssen, S. 559, 572 ff.; *Robles Planas,* La Ley N° 7705, 2011, 1, 4 ff. = (deutsche Übersetzung) ZIS 2012, 347, 353 f.; aus der deutschen Rechtsprechung z. B. BGHSt 5, 28, 32.

Normgeltung) zu verhindern oder sichtbar gewordenen Gefahren (spezialpräventiv) wirksam zu begegnen.

Durchaus anderes gilt dagegen, soweit es um die Frage geht, welche Kriterien erfüllt sein müssen, damit einer Person das Verhalten einer anderen Person so zugerechnet werden darf, dass ihr (der ersten Person, der zugerechnet werden soll) wegen dieses Verhaltens (im Wege der Strafe) ein Vorwurf gemacht werden darf. Dafür sind objektive Kriterien nicht ausreichend (schon gar nicht in Gestalt der Kriterien, die bei der Zurechnung des Verhaltens natürlicher Personen zur juristischen Person sonst eine Rolle spielen[79]). Das wird sofort klar, wenn man sich aus dem Bann der durch zahlreiche Fehlassoziationen verworrenen strafrechtlichen Diskussion zur Zurechnung des Handelns natürlicher Personen zu einer juristischen löst und stattdessen nach der legitimierbaren Erhebung eines Vorwurfs gegenüber einer natürlichen Person wegen des Verhaltens einer anderen natürlichen Person fragt, die zur erstgenannten in einem ähnlichen Verhältnis steht wie das so genannte „Organ"[80] der juristischen Person zur juristischen Person. Nehmen wir zur Exemplifizierung den Inhaber eines Betriebs (eine natürliche Person), der mit der Wahrnehmung seiner Rechte und der Erfüllung der ihn treffenden Pflichten einen Generalbevollmächtigten oder einen Prokuristen betraut hat. Wir wollen weiter annehmen, dieser Generalbevollmächtigte oder Prokurist begehe bei der Wahrnehmung der betrieblichen Tätigkeit Straftaten – etwa Bestechungsdelikte, Betrügereien oder Erpressungen, von denen der Inhaber des Betriebs nichts weiß. Niemand würde hier wohl ernsthaft vertreten wollen, dass in diesem Fall dem Inhaber des Betriebs das Verhalten seines (mit vergleichbarer Macht und Funktion wie ein „Organ" der juristischen Person ausgestatteten) Generalbevollmächtigten oder Prokuristen so zugerechnet werden könne, dass auch ihm gegenüber der Vorwurf erhoben werden darf, er habe eine Bestechung, Betrügereien oder Erpressungen begangen. Was man ihm allein

---

79 Also in Gestalt einer Organstellung, Vertretungsmacht oder objektiven Funktion. Wenn im Strafrecht überhaupt objektive Gesichtspunkte für die Zurechnung fremden Verhaltens maßgebend sind, so sind es in der Regel Gesichtspunkte einer Herrschaft oder Mitbeherrschung.

80 Tatsächlich ist ja auch das, was etwas blumig als „Organ" bezeichnet und so bildhaft zum Teil des Organismus der juristischen Person gemacht wird (im Grunde eine aus einer bestimmten Denkepoche stammende Terminologie; zu den sog. Organismustheorien näher *Zippelius,* Allgemeine Staatslehre, 16. Aufl. 2010, S. 22 ff., 80 ff.), bei exakter juristischer Analyse genau formulierbar – etwa als Rechtsmacht über fremdes Vermögen oder als aus bestimmten Sachgründen im Interesse anderer Rechtsträger hinzunehmende Folgen usw.

vorhalten würde und dürfte, wäre, dass es in seinem Betrieb zur Begehung von Straftaten gekommen ist und er sich nicht genügend um deren Verhinderung gesorgt, also (möglicherweise) seine Aufsichtspflicht verletzt habe.[81] Eine weniger stark differenzierende Lösung läge darin, ihn wegen des in seinem Betrieb nicht erfüllten Organisationssolls ganz grundsätzlich mit einer Rechtseinbuße zu belegen, um zu zeigen, dass die Einhaltung der straftatenfreien Betätigung durchgesetzt wird, und ihm in diese Richtung ein zusätzliches Motiv zu geben.[82] Der Vorwurf, die entsprechenden Straftaten sich wie eigene, von ihm begangene Taten zurechnen lassen zu müssen, würde ihm nicht schon auf der Basis der erwähnten objektiven Kriterien, sondern erst dann gemacht, wenn ganz andere Voraussetzungen erfüllt sind.

3. Zurechnungen, die ein eigenes subjektives Substrat voraussetzen – am Beispiel natürlicher Personen

Welche Voraussetzungen das sind – das zeigen nicht nur der Blick auf die lex lata vieler Rechtsordnungen, sondern auch eine grundsätzliche Reflexion. Das Minimum dafür, dass eine Person im Verhältnis unter natürlichen Personen als Täter einer ganz oder partiell von anderen ausgeführten Straftat angesehen werden kann, ist ein *subjektives* Kriterium:[83] Die Person muss das, was eine andere Person verwirklicht hat, überhaupt gewusst und gewollt, also einen auf das fremde Handeln gerichteten Willen gehabt haben.[84] Dieser subjektive Befund (und ebenso gewisse Absichten) ist niemals Gegenstand der strafrechtlichen

81 Was allenfalls ausnahmsweise zu einem strafrechtlichen Vorwurf führen könnte (nämlich bei verfügbaren fahrlässigen, nicht verhaltensgebundenen Allgemeindelikten); bei Vorsatzdelikten und verhaltensgebundenen Fahrlässigkeitsdelikten bleibt nichts weiter als jene Aufsichtspflichtverletzung, die heute in § 130 OWiG als Ordnungswidrigkeit mit einer Geldbuße bedacht ist.

82 Sachlich wäre das eine Art strict-liability-Lösung, die die juristische Person im Rahmen des heutigen § 30 OWiG praktisch trifft, wenn man auf die Feststellung eines schuldhaften Organisationsmangels verzichtet.

83 Übereinstimmend *Wolter,* Objektive und personale Zurechnung von Verhalten, Gefahr und Verletzung in einem funktionalen Straftatsystem, 1981, S. 18 ff., 41, 150 ff.; *ders.,* in: Schünemann (Hrsg.), Grundfragen des modernen Strafrechts, 1984, S. 103, 104, 109 ff.

84 S. dazu *Köhler,* FS H.-J. Hirsch, S. 65, 74 f.; *Wolter,* Objektive und personale Zurechnung (Fn. 83), S. 152 f.; dort S. 153 f. und S. 42 f. auch zum entsprechenden subjektiven Befund im Bereich der Fahrlässigkeitsdelikte (eigene Fähigkeit der Person, die Rechtsgutsbeeinträchtigung [bei Orientierung am Recht] zu vermeiden).

Zurechnung, sondern deren Grundlage und Begrenzung.[85] Fehlt es schon daran, so kann einer Person das von anderen begangene Verhalten niemals so zugerechnet werden, dass sie als Täterin oder auch nur Gehilfin des entsprechenden Delikts[86] angesehen werden kann.

Das alles ist keine zufällige Voraussetzung der lex lata in vielen Staaten der Welt. Es ist vielmehr die Konsequenz sehr grundsätzlicher allgemeiner Überlegungen. Mit dem Vorwurf, eine bestimmte Straftat begangen zu haben, wird dem, dem dies vorgeworfen wird, im Kernbereich des Strafrechts, also den Vorsatzdelikten, vorgehalten, dass er sich bewusst für einen bestimmten unwertigen Sachverhalt (der Bestechung, des Betrugs, der Erpressung) entschieden hat. Für diesen Vorwurf muss eben dieser subjektive Sachverhalt bei ihm gegeben sein; nur dann ist das objektive Geschehen im Sinne der Vorsatzdelikte das Werk einer Person. Die Erfüllung gewisser objektiver Kriterien reicht dafür nicht aus – allenfalls mögen zu diesem subjektiven Minimum noch weitere objektive Anforderungen hinzukommen.[87] Fehlt der natürlichen Person diese subjektive Seite, so ist das von anderen Verwirklichte nicht ihr Werk, sondern allenfalls das Werk anderer, gegen dessen Verwirklichung durch andere sie nicht genügend getan hat.

4. Folgerungen für die juristische Person und deren adäquate Behandlung

Das eben Gesagte gilt es auch bei der Behandlung *juristischer Personen* zu beachten. Kriterien, die unter natürlichen Personen nicht ausreichen, um einer Person das Verhalten einer anderen Person als angeblich eigene Straftat (als „ihr" Werk) zuzurechnen und ihr darauf gestützt einen Vorwurf zu machen, taugen dafür auch nicht im Verhältnis einer handelnden natürlichen Person zu einer juristischen Person. Es gibt auch keine tragfähigen kriminalpolitischen Gründe dafür, die juristische Person insoweit anders (ungünstiger) zu behandeln, als eine natürliche Person. Die Wahrnehmung bestimmter Tätigkeiten in der Form

---

85 Sachlich übereinstimmend MünchKommStGB/*Freund* (Fn. 9), Vor § 13 Rn. 149; hier liegt ein ganz entscheidender Unterschied zwischen der Zurechnung, die in Richtung auf die juristische Person notwendig wäre, um zu einer Straftat zu kommen, und zivilrechtlichen Zurechnungen, s. schon *Frisch*, FS Wolter, S. 349, 355 f.

86 Hier deshalb erwähnt, weil selbst im Falle einer begründbaren strafrechtlichen Verantwortlichkeit der juristischen Person bei dieser allenfalls Teilnahmeunrecht vorläge; vgl. *Frisch*, FS Wolter, S. 349, 356, 366 f.; auch *Robles Planas*, La Ley N° 7705, 2011, 1, 3.

87 Wie z. B. bei der Mittäterschaft ein eigener hinreichend gewichtiger Tatbeitrag.

der juristischen Person soll zwar keine sanktionenrechtlichen Freiräume eröffnen, die den Anreiz zur Begehung von Straftaten erhöhen. Dieses Ziel gilt es jedoch in sachgerechter Weise zu verwirklichen und nicht dadurch, dass man der juristischen Person auf der Basis von Kriterien zurechnet und vorwirft, die im Verhältnis zwischen natürlichen Personen niemals ausreichen würden, um einer Person das Verhalten der anderen als eigenes Verhalten zuzurechnen und als ihr Werk vorzuwerfen. Dies gilt umso mehr, als dieser Vorwurf gegenüber einer Person, die wir alle als juristische Kunstfigur wahrnehmen, in einem richterlichen Schuldspruch formuliert bei gewissen Delikten ohnehin leicht etwas skurril wirken kann.

An alledem ändert sich auch nichts dadurch, dass jene Möglichkeit, die unter natürlichen Personen besteht, nämlich dass der, dem zugerechnet werden soll, in einigen Fällen das Verhalten der natürlichen Person wirklich will (und ihm dieses deshalb unter gewissen weiteren Voraussetzungen vorwurfsermöglichend zugerechnet werden kann), im Verhältnis von natürlicher und juristischer Person keine Parallele hat, weil es bei der letzteren einen möglicherweise vergleichbaren natürlichen Willen prinzipiell nicht gibt. Diese fehlende Parallele kann nicht dadurch überspielt oder kompensiert werden, dass man nun einfach den natürlichen Willen der natürlichen Person der juristischen Person in allen Fällen als vorwurfsermöglichenden eigenen natürlichen Willen unterschiebt[88] (woran man ebenfalls im Verhältnis natürlicher Personen untereinander nicht ernsthaft dächte). Allein richtig ist es vielmehr, hier sofort auf jene allein bestehenden Sanktionsmöglichkeiten überzugehen, die gegenüber juristischen Personen überzeugend begründbar sind, und auf dieser Ebene für die notwendige Bestätigung der Normgeltung und die erforderliche präventive Wirkung zu sorgen – also zu jener Auferlegung von Rechtseinbußen zu kommen, die nach dem früher Gesagten legitimierbar ist.[89]

Dem berechtigten Anliegen, im Tätigkeitsbereich von als juristische Person organisierten Unternehmen und Verbänden nicht durch sanktionenrechtliche Freiräume Anreize zur Begehung von Straftaten zu schaffen, ist also nicht durch nicht überzeugend begründbare und künstlich wirkende Vorwürfe gegenüber der juristischen Person Rechnung zu tragen, sondern dadurch, dass diese im Falle der Begehung von Straftaten seitens ihrer Organe oder Beauftragten mit

88 Und das Zurechnung nennt, denn auch eine solche Zurechnung gibt es – anders als z. B. im Zivilrecht und z. B. auch im Öffentlichen Recht (vgl. *Reinhardt,* Wissen und Wissenszurechnung im öffentlichen Recht, 2010) – im Strafrecht *zum Zweck der Vorwurfsbegründung* nicht (vgl. *Frisch,* FS Wolter, S. 349, 355 f.).

89 Oben IV.

Rechtseinbußen belastet wird, die – im Rahmen des Verhältnismäßigen – die Geltung und Beachtung des Rechts (über spezialpräventive und generalpräventive Motivationseffekte) in hinreichendem Maße sichern. Maßgebende Kriterien für die Belastung haben dabei neben den je feststellbaren Bedürfnissen der Normbekräftigung und Motivation und dem, was wir über deren mögliche Befriedigung wissen, vor allem das Gewicht der von der natürlichen Person begangenen Taten und das Ausmaß der sie ermöglichenden organisatorischen Defizite des Unternehmens zu sein.[90]

VI. Gesamtergebnis und Bedeutung für die strafrechtliche Produktverantwortlichkeit

1. Gesamtergebnis – Folgerungen für die Diskussion über Pläne zur Verwirklichung einer Verbandsstrafbarkeit

Solange das deutsche Strafrecht – wofür gute Gründe sprechen – daran festhält, die Strafen, die es gegenüber natürlichen Personen vorsieht, auch im Sinne eines sozialethischen Vorwurfs gegenüber dem Bestraften wegen einer von diesem begangenen bzw. ihm (nach strafrechtlichen Zurechnungsprinzipien) zurechenbaren Straftat zu verstehen, lässt sich eine Bestrafung auch juristischer Personen nicht überzeugend begründen – auch nicht im Wege der Zurechnung.[91] Repressiven und präventiven Bedürfnissen auf den Feldern des Tätigwerdens juristischer Personen ist vielmehr durch eine Bestrafung (allein) der natürlichen Personen und durch Sanktionen gegenüber der juristischen Person Rechnung zu tragen, die auf konstruktiv nicht begründbare Vorwürfe verzichten und statt dessen auf finanzielle Belastungen der juristischen Person setzen, die so bemessen sind, dass sie hinreichende Normgeltung und Präventionswirkung auch auf den Tätigkeitsfeldern juristischer Personen gewährleisten. Auf

90 Zu den für die Bemessung der Geldbußen gegenüber juristischen Personen nach der lex lata (§ 30 OWiG) maßgebenden Kriterien näher KK-OWiG/*Rogall* (Fn. 6), § 30 OWiG Rn. 115 ff., m. w. N. (der freilich selbst statt auf Organisationsdefizite auf die Übereinstimmung der Tat mit einer etwaigen „kriminellen Verbandsattitüde" abstellt, Rn. 115 i.V.m. 118).

91 Vgl. ergänzend zum Folgenden noch *Schünemann,* Unternehmenskriminalität (Fn. 12), S. 234 f.; *v. Freier,* Kritik (Fn. 9), S. 95–123, 179 f.; *Jakobs,* FS Lüderssen, 2002, S. 559, 570 ff.; *Schünemann,* FS Tiedemann, S. 429, 431 f.; *Seelmann,* FS N. Schmid, 2001, S. 169, 176 ff.; zusammenfassend *Roxin,* Strafrecht AT (Fn. 25), § 8 Rn. 63; aus der spanischen Lit. zuletzt nochmals *Robles Planas,* La Ley N° 7705, 2011, 1 ff.

das deutsche Sanktionenrecht bezogen: Etwaigen Defiziten im Wirkungsbereich der Geldbußen des Ordnungswidrigkeitenrechts ist nicht durch den – verfehlten – Übergang zu einer Bestrafung juristischer Personen, sondern durch eine Optimierung des Rechts und der Verwirklichung jener Sanktionen Rechnung zu tragen, die gegenüber juristischen Personen als allein sachgerecht anzusehen sind – also Geldbußen.

Die gegenwärtig intensiv diskutierten Entwürfe und Stellungnahmen, die stattdessen eine Bestrafung juristischer Personen favorisieren,[92] müssen sich nicht nur einen viel zu oberflächlichen Umgang mit Grundbegriffen des Sanktionenrechts vorwerfen lassen. Sollten sie ernsthaft meinen, durch den Übergang vom Ordnungswidrigkeitenrecht mit der Sanktion der Geldbuße auf die Bestrafung der juristischen Person wegen des der Strafe eignenden Vorwurfscharakters eine wirkungsvollere Bekämpfung der in den Tätigkeitsfeldern der juristischen Person begangenen Straftaten zu erreichen,[93] so wäre darüber hinaus der Vorwurf gravierender Fehleinschätzung angebracht. Was im Bereich der Wirtschaftskriminalität im weitesten Sinne sowie der organisierten Kriminalität wirkt, ist ganz bestimmt nicht der sozialethische Vorwurf; es sind vielmehr Sanktionen, die rational kalkulierende Unternehmen durch ihre Höhe und das Risiko, ernsthaft mit ihnen rechnen zu müssen, realistischerweise wirklich zu motivieren vermögen. Das lässt sich ohne Schaffung eines Durcheinanders im Sanktionenbereich auch durch eine Optimierung der Verhängung von Geldbußen erreichen.[94] Sollte man dies selbst wissen und trotzdem für ein Bestrafungskonzept plädieren, etwa weil dies auch die europäischen Institutionen erwarten, so wäre noch ein weiterer Vorwurf zu erheben: der Vorwurf eines populistischen symbolischen Strafrechts, das allenfalls Personen zu befriedigen vermag, die – wie offenbar manche Politiker und ihr anvisiertes Wählerpotential – die Zusammenhänge nicht ganz durchschauen (oder nicht durchschauen wollen?).

---

92 Vgl. die Nachw. oben Fn. 10.

93 Ob dieser eigentlich entscheidende Punkt den Entwurf des Landes Nordrhein-Westfalen (oben Fn. 10) wirklich leitet, erscheint freilich zweifelhaft; mehr hat es den Anschein, dass die Verfasser des Entwurfs – zu Unrecht – davon ausgegangen sind, der Übergang auf die Strafe eröffne den Zugriff auf finanzielle Belastungen juristischer Personen, die im Rahmen der Geldbuße des Ordnungswidrigkeitenrechts nicht ohne Weiteres erreichbar seien (vgl. die Begründung S. 38: „Mehreinnahmen der Staatskasse infolge höherer Geldstrafen ...").

94 S. dazu zuletzt den Alternativvorschlag des Bundesverbands der Unternehmensjuristen, vorgestellt von *Beulke/Moosmayer*, CCZ 2014, 146 ff.

2. Zur Bedeutung für die strafrechtliche Produktverantwortlichkeit

Ich bin damit am Ende meiner Überlegungen angelangt, in denen mehr über die Strafbarkeit juristischer Personen als über die spezifischen Probleme der Produkthaftung nachgedacht werden musste. Was bedeutet das alles für die strafrechtliche Produktverantwortlichkeit?

Es bedeutet, dass Strafen mit dem Ausdruck eines sozialethischen Vorwurfs weiterhin richtigerweise allein gegen jene natürlichen Personen verhängt werden sollten, die im Rahmen der Herstellung, des Vertriebs und des Rückrufs von fehlerhaften Produkten vorwerfbare Pflichtverletzungen begangen haben. Gegenüber den juristischen Personen, deren Organe oder Beschäftigte im Rahmen der Herstellung und des Vertriebs (im weiteren Sinn) der Produkte vorwerfbare (oder auch nicht vorwerfbare) Pflichtverletzungen begangen haben, ist die Strafe auch in Zukunft als das falsche Mittel anzusehen – und zwar sowohl unter dem Aspekt der Leistungsfähigkeit zur Gewährleistung der Normgeltung und zur hinreichenden Prävention als auch unter dem der Adäquität der Strafe. Hier sollte als Sanktion die Geldbuße beibehalten werden – und zwar unter dem Aspekt der besseren Legitimierbarkeit dieser Sanktion ebenso wie unter dem ihrer besseren Leistungsfähigkeit. Der Verzicht auf vorwurfsorientierte Strafen befreit nicht nur von dem hoffnungslosen Unterfangen der Feststellung einer so genannten Unternehmensschuld (über die viel, aber wenig Überzeugendes geschrieben worden ist[95]). Er befreit auch von der ohnehin unpassenden Fessel der Schuld der juristischen Person im Rahmen der Sanktionsbemessung und ermöglicht es so, im Rahmen der Verhältnismäßigkeit der juristischen Person die Rechtseinbußen aufzuerlegen, die – unter Berücksichtigung der von der natürlichen Person begangenen Straftaten und des Zustands der Organisation der juristischen Person – erforderlich erscheinen, um auf dem Tätigkeitsfeld der juristischen Person Normgeltung und hinreichenden Rechtsgüterschutz durch Prävention zu gewährleisten.

95 Zu den unklaren bis verworrenen Konstruktionen einer so genannten eigenen Unternehmensschuld *Frisch,* FS Wolter, S. 349, 363 ff.

Yasuhiro Kanrei

Probleme einer (straf-)rechtlichen Produktverantwortlichkeit in Japan

Begründung und Individualisierung der Rückrufpflicht

I. Einführung in die Problematik

Die (straf-)rechtliche Produktverantwortlichkeit ist in Japan nicht nur rechtstheoretisch, sondern auch unter praktischen Gesichtspunkten ein wichtiges Thema. In der Vergangenheit gab es bereits einige Urteile, die sich mit Fragen der Rückrufpflicht in Verkehr gebrachter Produkte befassten. Als Beispiel kann der *HIV-Midorijuji-Blutprodukt-Fall* genannt werden: Hier bestand eine Pflicht zum Rückruf von in den Verkehr gebrachten hitzebehandelten Blutprodukten, die von der *Midorijuji* AG hergestellt und vertrieben wurden und bei denen die Möglichkeit einer HIV-Infizierung bestand. In jüngerer Zeit war es beim *Mitsubishi-Mangelfahrzeug-Fall* geboten, Kraftfahrzeuge zurückzurufen, deren Radaufhängung fehlerhaft war. Darüber hinaus wurde beim *Paloma-Gasboiler-Fall* die strafrechtliche Verantwortlichkeit des Herstellers und Vertreibers für den illegalen fehlerhaften Umbau des Gasboilers durch die Reparaturfirma thematisiert. In jedem dieser Fälle wurden die Angeklagten aufgrund der angenommenen Verletzung ihrer Rückrufpflicht wegen fahrlässiger Tötung oder Körperverletzung bei geschäftlicher Tätigkeit (§ 211 jap. StGB) verurteilt. Der folgende Beitrag gibt einen Überblick über die strafrechtliche Produktverantwortlichkeit vor allem im Hinblick auf die Begründung der Rückrufpflicht bezüglich fehlerhafter Produkte und die Individualisierung der Garantenpflicht in Schadensfällen bei Benutzung von durch Unternehmen hergestellten und vertriebenen Produkten.

II. Rückrufpflicht als Garantenrechtspflicht

1. Sorgfaltspflicht oder Garantenpflicht?

a) Anlässlich des BGH-Urteils im *Lederspray*-Fall wird auch in der japanischen Literatur lebhaft diskutiert, woraus sich eine Rückrufpflicht im Hinblick auf fehlerhafte Produkte ergeben kann. Wenn die Verletzung der Rückrufpflicht Schäden an Leib und Leben eines anderen zur Folge hat, kommen die strafgesetzlichen Tatbestände der Verletzungsdelikte in Betracht, wie etwa vorsätzliche Tötung (§ 199 jap. StGB), Körperverletzung (§ 204 jap. StGB), Körperverletzung mit Todesfolge (§ 205 jap. StGB) oder fahrlässige Tötung bei geschäftlicher Tätigkeit (§ 211 jap. StGB).[1] Eine Strafbarkeit im Zusammenhang mit einem in Frage stehenden Rückruf fehlerhafter Produkte ergibt sich in der Regel nicht im Hinblick auf positives Tun, sondern im Hinblick auf Unterlassen. Die strafrechtliche Rückrufpflicht setzt insofern eine Garantenstellung der Verantwortlichen voraus.

b) In der japanischen Rechtsprechung wird die Rückrufpflicht jedoch nicht als Garantenpflicht sondern als Sorgfaltspflicht behandelt, wenn es um das fahrlässige Unterlassen geht. Die Garantenstellung als Element der Unterlassungsstrafbarkeit spielt beim fahrlässigen Unterlassen in der Rechtsprechung keine Rolle. Demgegenüber wird im Schrifttum nach herrschender Meinung die Rückrufpflicht als Garantenpflicht behandelt. Das genaue Verhältnis zwischen den Elementen der Unterlassungsstrafbarkeit und der Fahrlässigkeitsdelikte ist allerdings im Hinblick auf das fahrlässige Unterlassen im Schrifttum nicht ausreichend diskutiert.

Begrifflich lässt sich die Garantenpflicht zwar von der Sorgfaltspflicht unterscheiden. Teilweise wird im Schrifttum behauptet, beim fahrlässigen Unterlassen sei die Garantenstellung als Voraussetzung der Täterschaft vor der Prüfung der Sorgfaltspflichtverletzung zu berücksichtigen. Auch wenn man dieser Betrachtungsweise folgt, fällt es schwer, zwischen dem Inhalt der Garantenpflicht und dem der Sorgfaltspflicht zu unterscheiden, da die Garantenpflicht nur durch sorgfaltsgemäßes Verhalten erfüllt werden kann.[2] Die Prüfung der Garantenpflicht deckt sich beim fahrlässigen Unterlassen sachlich mit der Prüfung der Sorgfaltspflicht.

2. Herrschaft über den erfolgsverursachenden Kausalverlauf

a) Im japanischen StGB existiert keine Vorschrift für begehungsgleiche Unterlassungsdelikte, die § 13 deStGB entspricht. Vorgesehen ist außerdem keine Norm, die die Strafmilderung bei begehungsgleichem Unterlassen regelt. Begehungsgleiche Unterlassungsdelikte können daher in Japan wie Begehungsdelikte bestraft werden. Dabei soll die Bestrafung begehungsgleichen Unterlassens strafrechtsdogmatisch wie bei einer Tatbestandsverwirklichung durch aktives Tun

---

1 Die Rechtsprechung hatte sich bislang noch nicht mit einem Fall zu befassen, bei dem es um die Verwirklichung vorsätzlicher Erfolgsdelikte ging.

2 Vgl. dazu etwa *Kühl*, Strafgesetzbuch, 28. Aufl., 2014, § 15 Rn. 54.

legitimiert werden. Umstritten ist freilich auch im japanischen Schrifttum die nähere Begründung der Garantenpflicht.

Die herrschende Meinung betont zur Begründung der Garantenpflicht die exklusive Herrschaft über den zum Erfolg führenden Kausalverlauf.[3] Unterlassen sei das Nichtvermeiden des Erfolgs, während positives Tun die Verursachung des Erfolgs sei. Es ist jedoch nicht klar, was der Begriff der „Herrschaft" eigentlich bedeutet und weshalb es einer solchen zur Begründung der Garantenstellung bedarf. Wenn die Vertreter dieser Meinung damit die ontologische Unterscheidung zwischen Tun und Unterlassen auszufüllen versuchen, ist das m.E. nicht überzeugend. Die ontologische Unterscheidung von Tun und Unterlassen kann nicht durch die Berücksichtigung der *tatsächlichen* Herrschaftsverhältnisse ausgeglichen werden. Zur Begründung der Gleichbehandlung ist vielmehr eine normentheoretische Betrachtung unerlässlich.[4] Darüber hinaus lässt sich der relevante Maßstab der Herrschaft bei der strafrechtlichen Produktverantwortlichkeit (insbesondere beim Rückruf-Fall) nur schwer bestimmen. Nach dem Inverkehrbringen eines Produkts kann der Hersteller (und auch der Vertreiber) dieses nicht mehr beherrschen, da es seinen Herrschaftsbereich verlassen hat. Wenn man nämlich den Begriff der „Herrschaft" in einem tatsächlichen Sinne zu erfassen versucht, wäre sie bei den in den Verkehr gebrachten Produkten nicht mehr vorstellbar.[5]

Nach einer anderen Auffassung, die ihrerseits auf das Kriterium der Herrschaft zur Begründung der Garantenpflicht abstellt, soll der Begriff der „Herrschaft" im Sinne der Informationserfassung verstanden werden. Die Vertreter dieser Meinung behaupten, dass die Herrschaft des Herstellers oder Vertreibers über die in Verkehr gebrachten Produkte zu bejahen sei, wenn er über die Informationen bezüglich der Produktgefährlichkeit verfügt (Herrschaft durch Informationserfassung). Auf dieser Basis kommt eine „Herrschaft" als Garantenpflicht auslösendes Merkmal allein dann in Betracht, wenn der Betreffende ein qualifiziertes Registrierungssystem wie etwa das Auto-Registrierungssystem besitzt. Die Informationen über die Gefährlichkeit der Produkte im Griff zu haben, ist jedoch etwas anders als die Beherrschung der in den Verkehr gebrachten Produkte. Diese Meinung beweist m.E. für sich genommen, dass der Maßstab der „Herrschaft" beim Rückruf-Fall versagt. Ob nur der Hersteller

3 Vgl. *Yamanaka,* in: Geschichte und Gegenwart der japanischen Strafrechtswissenschaft (Geschichte und Gegenwart), hrsg. v. Yamanaka, 2012, S. 361.

4 Näher dazu *Freund,* FS Herzberg, 2008, S. 225 ff.

5 Vgl. *Schünemann,* wistra 1982, 41, 44 f.

oder Vertreiber die Informationen über die Gefährlichkeit der Produkte erfasst, hat für die dogmatische Begründung der Rückrufpflicht keine Bedeutung.

c) Wie oben erwähnt, bleibt es in der japanischen Rechtsprechung ungeklärt, woraus die strafrechtliche Rückrufpflicht des Herstellers oder Vertreibers abzuleiten ist. Die Rechtsprechung erkennt freilich eine Rückrufpflicht mit Blick auf fehlerhafte Produkte auch in dem Fall an, in dem es an einer Herrschaft über die Produkte im tatsächlichen Sinne fehlt. Nach der Rechtsprechung ist zur Begründung der Rückrufpflicht die Herrschaft über die hergestellten und in den Verkehr gebrachten Produkte nicht erforderlich. Diese Position ist m.E. zutreffend.

3. Pflichtwidrigkeit des Vorverhaltens

a) Außerdem ist es der japanischen Rechtsprechung zufolge auch nicht erforderlich, dass die Gefährlichkeit eines Produkts im Zeitpunkt des Inverkehrbringens bereits bekannt war. Auch wenn es an der objektiven Pflichtwidrigkeit des Vorverhaltens fehle, lasse sich eine strafrechtlich relevante Rückrufpflicht begründen.

b) Beispielsweise hat das LG Osaka im *HIV-Midorijuji-Blutprodukt-Fall* die Rückrufpflicht im Hinblick auf die in Verkehr gebrachten nicht hitzebehandelten Blutprodukte, die eine HIV-Infektion verursachen konnten, bejaht.[6] Das LG Osaka hat allerdings offen gelassen, aus welchen Gründen die Rückrufpflicht des Herstellers (oder Vertreibers) abzuleiten sei. Es bleibt des Weiteren ungeklärt, ob schon das Inverkehrbringen der nicht hitzebehandelten Blutprodukte *pflichtwidrig* war, ob also die Rückrufpflicht des Arzneimittelherstellers aufgrund pflichtwidrigen Vorverhaltens (Ingerenz) anerkannt wurde. Berücksichtigt man aber, dass das LG Osaka davon ausging, dass die Nützlichkeit der nicht hitzebehandelten Blutprodukte nicht ohne Weiteres verneint werden kann, dann könnte man das so verstehen, dass das Inverkehrbringen der nicht hitzebehandelten Blutprodukte *nicht pflichtwidrig* war. Insofern verlangt das LG Osaka nicht die *Pflichtwidrigkeit des Vorverhaltens* als eine Voraussetzung der strafrechtlichen Rückrufpflicht.

Darüber hinaus ging es im *Paloma-Gasboiler-Fall* um die Frage, ob der Hersteller und Vertreiber für den illegalen fehlerhaften Umbau der Produkte durch einen Dritten strafrechtlich verantwortlich ist. Die Gasboiler als solche, die von der Paloma Industrie AG hergestellt und von der Paloma AG vertrieben

---

6 LG Osaka, Urteil vom 24.02.2000. S. auch das Obergericht Osaka, Urteil vom 21.08.2002. Näher dazu *Kanrei,* Matsuyama University Review Vol. 15, No. 3, 85 ff.

wurden,[7] waren keine fehlerhaften Produkte. In diesem Fall ging es darum, dass Dritte den Gasboiler einfach umzubauen vermochten. Allerdings konnten allein Facharbeiter wie etwa Schlosser, nicht aber Laien, diese Arbeit ohne Schwierigkeiten vornehmen. Aus diesem Grund konnte man nicht sagen, dass die Herstellung und der Vertrieb der Gasboiler im Zeitpunkt des Inverkehrbringens pflichtwidrig waren. Trotzdem hat das LG Tokio die Überprüfungs- und Rückrufpflicht der Paloma Industrie AG und der Paloma AG angenommen.[8] Die japanische Rechtsprechung nimmt die strafrechtliche Rückrufpflicht an, selbst wenn es an der objektiven Pflichtwidrigkeit des Vorverhaltens fehlt.

c) Meines Erachtens ist der Auffassung zuzustimmen, die auf die objektive Pflichtwidrigkeit des Vorverhaltens zur Bejahung der strafrechtlich relevanten Rückrufpflicht verzichtet. Zeigt sich die Gefährlichkeit eines Produkts erst nach dessen Inverkehrbringen, sind danach Hersteller und Vertreiber grundsätzlich dazu verpflichtet, bei sich herausstellender Gefährlichkeit die Rückrufaktion einzuleiten. Es ist nicht entscheidend, ob das Inverkehrbringen pflichtwidrig war oder nicht. „Produktion und Inverkehrbringen von Gütern sind in der heutigen Gesellschaft aber jedenfalls eine derart riskante Tätigkeit, die eine Garantenstellung von Hersteller und Vertreiber unabhängig davon auslöst, ob eine unangemessene Gefährlichkeit bestimmter Produkte schon bei deren Vertrieb erkennbar war oder nicht."[9]

4. Individualisierung der Rückrufpflicht

a) Der Hersteller oder der Vertreiber eines Produkts ist in der Regel keine natürliche Person, sondern ein Unternehmen, d. h. eine juristische Person. Im japanischen StGB gibt es jedoch keine Vorschrift, die die Bestrafung juristischer Personen zulässt.[10] Die strafgesetzlichen Tatbestände finden allein auf einzelne Unternehmensmitarbeiter Anwendung. Erforderlich ist daher eine Übertragung der Garantenstellung der Hersteller- und Vertriebsunternehmen

7 Die Paloma AG ist die Tochtergesellschaft der Paloma Industrie AG.

8 LG Tokio, Urteil vom 11.05.2010. – Näher dazu *Yamanaka,* Geschichte und Gegenwart (Fn. 3), S. 341 ff. S. ergänzend unten zur Individualisierung der Rückrufpflicht im Unternehmen.

9 *Kuhlen,* NStZ 1990, 566, 569; ähnlich *Freund,* Strafrecht Allgemeiner Teil (AT), 2. Aufl. 2009, § 6 Rn. 69, 71.

10 Allerdings ist im japanischen Nebenstrafrecht die Bestrafung juristischer Personen möglich. Es gibt viele Straftatbestände, welche die Strafbarkeit der Unternehmen beinhalten.

auf die einzelnen Unternehmensmitarbeiter, um sie etwa wegen vorsätzlicher oder fahrlässiger Tötung zur Verantwortung ziehen zu können.

b) Was die Individualisierung der Garantenpflicht betrifft, hat der BGH in der *Lederspray*-Entscheidung die unternehmensbezogene zweistufige Betrachtungsweise herausgebildet, wonach die strafrechtliche Beurteilung der einzelnen Verantwortungsvoraussetzungen in zwei Schritten erfolgt.[11] Nach dieser Betrachtungsweise kommt zuerst das „Verhalten" des Unternehmens selbst als Hersteller oder Vertreiber, dann das Verhalten des einzelnen Mitarbeiters in Frage.

In der japanischen Rechtsprechung ist es dagegen noch ungeklärt, wie sich die Pflicht des Unternehmens als Hersteller und Vertreiber auf einzelne Unternehmensmitglieder übertragen lässt. Zwar ist das LG Tokio beispielsweise im *Mitsubishi-Mangelfahrzeug-Fall* auf die „Unternehmerische Sozialverantwortung des *Autoherstellers*" zu sprechen gekommen, gegen Fehler eines Produkts angemessen vorzugehen und die Sicherheit des Straßenverkehrs und den Schutz von Leib und Leben aller Verkehrsteilnehmer zu beachten.[12] Im *HIV-Midorijuji-Blutprodukt-Fall* hat das LG Osaka die Pflicht des Herstellers und Vertreibers von Arzneimitteln erwähnt, für die Sicherheit des Arzneimittels ein Höchstmaß an Gewähr zu leisten.[13] Daneben ging es im *Paloma-Gasboiler-Fall* um die Überprüfungs- und Rückrufpflicht der Paloma Industrie AG als Herstellerunternehmen und der Paloma AG als Vertriebsunternehmen.[14] Es bleibt aber in der japanischen Rechtsprechung ungeklärt, wie diese Pflichten des Hersteller- oder Vertriebsunternehmens in Bezug auf die Unternehmensmitarbeiter wie etwa den Geschäftsführer zu individualisieren sind. Die japanische Rechtsprechung nimmt den sog. Grundsatz der Generalverantwortung und Allzuständigkeit der Geschäftsleitung in Krisen- und Ausnahmesituationen nicht ausdrücklich an, den der BGH in der *Lederspray*-Entscheidung anerkannt hat, wonach die Herstellung und der Vertrieb eines Produkts im Unternehmen allen Geschäftsführern als eigenes Handeln zuzurechnen ist.[15]

c) Die Individualisierung der Rückrufpflicht im Unternehmen ist auch im Schrifttum nicht abschließend diskutiert. Wenn man annimmt, dass die *riskante Tätigkeit* der Herstellung und des Vertriebs von Produkten die strafrechtliche

---

11 Näher dazu *Kuhlen,* in: 50 Jahre Bundesgerichtshof, Festgabe der Wissenschaft, Band V, 2000, S. 663 f., 667 f.

12 OGH, Beschluss vom 08.02.2012; näher dazu *Yamanaka,* Geschichte und Gegenwart (Fn. 3), S. 357 ff.

13 LG Osaka, Urteil vom 24.02.2000.

14 LG Tokio, Urteil vom 11.05.2010.

15 BGHSt 37, 106, 123.

Rückrufpflicht begründet, dann sollte das riskante Vorverhalten der Herstellung und des Vertriebs als *Vorverhalten des Unternehmens selbst* erfasst werden. Die Meinung, dass die Organisationstätigkeit nicht nach dem einzelnen Handeln der Organisationsangehörigen getrennt, sondern als *ein Handeln als Ganzes* erfasst werden soll, um die Pflichten der einzelnen Unternehmensmitarbeiter zu konkretisieren,[16] ist im japanischen Schrifttum nicht herrschend. Die Individualisierung der Rückrufpflicht gehört zu den bleibenden wichtigen Fragen der strafrechtlichen Produktverantwortlichkeit.

III. Fazit

Die japanische Rechtsprechung ist einer Garantenpflicht der Hersteller- und Vertriebsunternehmen aufgrund einer Herrschaft über den Kausalverlauf zum Erfolg nicht abgeneigt. Jedenfalls nimmt die Rechtsprechung eine Pflicht zum Rückruf der schon in Verkehr gebrachten und aus dem eigenen Herrschaftsbereich herausgetretenen fehlerhaften Produkte an. Darüber hinaus hat die japanische Rechtsprechung die strafrechtliche Rückrufpflicht angenommen, auch wenn es an der objektiven Pflichtwidrigkeit des Vorverhaltens fehlte. Das ist m.E. zutreffend. Die Herstellung und der Vertrieb von Produkten ist eine riskante Tätigkeit, die nur unter der Bedingung gestattet ist, nachträglich auftretende Schädigungsmöglichkeiten abzuwenden.[17]

Aus welchen Gründen die strafrechtliche Rückrufpflicht abzuleiten ist und wie die Garantenpflicht auf einzelne Organisationsmitglieder übertragen werden soll, ist allerdings in der Rechtsprechung noch offen gelassen. Es bleibt ferner noch ungeklärt, ob und wie die strafrechtliche Produktverantwortlichkeit der zivilrechtlichen untergeordnet werden soll (Akzessorietät der strafrechtlichen zur zivilrechtlichen Produktverantwortlichkeit).

---

16 Diese Betrachtungsweise wird in der japanischen Literatur als „*Kigyo-Soshikitai-Sekininron*“ (Die Lehre vom Organisationsverschulden des Unternehmens) bezeichnet. – Vgl. dazu *Itakura/Kanrei,* Nihon University Comparative Law, Vol. 10, 131 ff.

17 *Freund,* Erfolgsdelikt und Unterlassen – Zu den Legitimationsbedingungen von Schuldspruch und Strafe, 1992, S. 180 ff., 217 ff., *ders.*, AT (Fn. 9), § 6 Rn. 69, 71; s. auch *Kuhlen,* NStZ 1990, 566, 568.

Qi Xiong

Über die Schutzmodelle des chinesischen Produktstrafrechts und ihre strafrechtsdogmatischen Konsequenzen

Zugleich ein Rechtsvergleich mit dem deutschen Strafrecht

I. Einleitung

Nach chinesischer Auffassung handelt es sich bei Problemen des Verbraucherschutzes und der Produktverantwortung vor allem um Probleme des Zivilrechts und des Verwaltungsrechts.[1] Allerdings weist auch das heutige chinesische Strafgesetzbuch ein systematisches Schutznetz in dieser Regelungsmaterie auf. Wie das deutsche kennt das chinesische Strafrecht die Straftaten der Herstellung und des Inverkehrbringens von verfälschten Arzneimitteln bzw. giftigen Lebensmitteln usw. In diesem Sinne lässt sich sagen, dass das Strafrecht in beiden Ländern ähnlichen Konstellationen gegenüberstehen muss: Auf die Herstellung bzw. den Verkauf der problematischen Waren muss das Strafrecht, wenn nötig, im Interesse des Rechtsgüterschutzes reagieren. Unterschiedliche Gesetzgebungstechnik und abweichende rechtsdogmatische Grundsätze haben allerdings zur Folge, dass die strafrechtlichen Schutzmechanismen der beiden Länder deutliche Unterschiede aufweisen.

Bereits auf den ersten Blick lässt sich erkennen, dass sich das chinesische Strafrecht mindestens in einem Punkt von der deutschen Regelungstechnik unterscheidet. So findet die strafrechtliche Produktverantwortung in China anders

---

1 Es handelt sich hier eher nicht um „Lücken" des strafrechtlichen Schutzes im chinesischen Recht. Vielmehr gilt im chinesischen Recht ein Unrecht grundsätzlich erst dann als strafbare Tat, wenn es den Tatumständen nach nicht eindeutig geringfügig ist und die Gefährdung, die es darstellt, nicht unerheblich ist. Im Alltagsleben in China sind die meisten aktuellen Fälle im Bereich Produktverantwortung jedoch nicht über diese „Schwelle" getreten und werden daher nicht als Strafsachen behandelt. In diesem Sinne könnte gesagt werden, dass die „Schutzlücken" vom Gesetzgeber mit Absicht geschaffen wurden. Zur Funktion der „Schwelle" im chinesischen Strafrecht s. *Qi Xiong*, Vergleichende Forschung zu einigen Problemen des Strafrechts in Deutschland und China (Deguo Xingfa Wenti Yanjiu), 2009, S. 27–61; *ders.*, Massenmedien und Strafurteil, 2012, S. 97 ff.

als in Deutschland im Kernstrafrecht in Gestalt einer eigenständigen Gruppe von Delikten ihre Normierung. Während das deutsche Strafrecht Fragen der Produktverantwortlichkeit im Nebenstrafrecht (wie etwa im Arzneimittel- oder Lebensmittelgesetz) verortet, integriert das chinesische StGB diese im Bereich der Delikte gegen höchstpersönliche Rechte (1. Abschnitt des 3. Kapitels des Besonderen Teils des cnStGB). Von besonderem Interesse sind in diesem Zusammenhang vor allem die Strafbarkeit der Herstellung und des Feilbietens falscher oder gefälschter Arzneimittel[2] sowie die Strafbarkeit der Herstellung und des Feilbietens giftiger und schädlicher Lebensmittel.[3] Zum einen verdeutlichen die beiden Delikte in besonderem Maße die Gesetzgebungstechnik des chinesischen Strafgesetzbuchs durch ihre Verortung im Kernstrafrecht. Darüber hinaus lässt sich daran unschwer die in strafrechtswissenschaftlicher Literatur und

2 Art. 141 Abs. 1 cnStGB: Wer ein falsches oder verfälschtes Arzneimittel herstellt oder feilhält, wird mit zeitiger Freiheitsstrafe bis zu drei Jahren oder mit Gewahrsam bestraft, zugleich wird er mit Geldstrafe belegt; ist ernster und schwerwiegender Schaden an der Gesundheit eines Menschen oder sind andere schwerwiegende Umstände verursacht worden, wird er mit zeitiger Freiheitsstrafe von drei Jahren bis zu zehn Jahren bestraft, zugleich wird er mit Geldstrafe belegt; ist der Tod eines Menschen herbeigeführt oder sind besonders ernste und schwerwiegende Umstände verursacht worden, wird er mit zeitiger Freiheitsstrafe von mindestens zehn Jahren, mit lebenslanger Freiheitsstrafe oder mit dem Tode bestraft, zugleich wird er mit Geldstrafe oder mit Einziehung des Vermögens belegt. Abs. 2: Mit der im vorliegenden Paragraphen verwendeten Bezeichnung „falsches oder verfälschtes Arzneimittel" sind die im Einklang mit den Bestimmungen des „Gesetzes der Volksrepublik China über die Regelung der Arzneimittel" zu den falschen oder verfälschten Arzneimitteln gehörenden sowie wie falsche oder verfälschte Arzneimittel zu behandelnden Medikamente und Nichtmedikamente gemeint. (Übersetzung nach *Strupp*, Das neue Strafgesetzbuch der VR China [cnStGB], 1998, S. 141.)

3 Art. 144 cnStGB: Wer in Lebensmittel, deren Hersteller oder Verkäufer er ist, giftige oder schädliche Rohsubstanzen mischt, die ihrer Natur nach keine Lebensmittel sind, oder wer Lebensmittel feilhält in Kenntnis dessen, dass sie mit giftigen oder schädlichen Rohsubstanzen vermischt sind, die ihrer Natur nach keine Lebensmittel sind, wird mit zeitiger Freiheitsstrafe bis zu fünf Jahren oder mit Gewahrsam bestraft, zugleich wird er mit Geldstrafe belegt; ist ernster und schwerwiegender Schaden an der Gesundheit eines Menschen oder andere schwerwiegende Umstände verursacht worden, ergeht zeitige Freiheitsstrafe von fünf Jahren bis zu zehn Jahren, zugleich wird Geldstrafe verhängt; ist der Tod eines Menschen verursacht worden oder sind besonders schwerwiegende Umstände entstanden, ergeht Strafe nach Maßgabe der Bestimmungen in Art. 141 des vorliegenden Gesetzes. (Übersetzung nach *Strupp*, cnStGB [Fn. 2], S. 142–143.)

Praxis gegenwärtig in China vorherrschende Neigung zu produktspezifischen Schutzmodellen aufzeigen. Um den Forschungsbereich dieses Aufsatzes auf die typische Problematik zu fokussieren, wird eine Prämisse vorgegeben, dass bei diesen zwei Delikten (Art. 141, 144 cnStGB) das Leben und die Gesundheit einer unbestimmten Zahl von Menschen beeinträchtigt werden, d. h. entsprechend schwerwiegende Folgen hervortreten.

II. Kategorien der Schutzgüter und Typen der „Schutzmodelle"

1. Kategorien der Schutzgüter und theoretische Probleme

a. Unterscheidung zwischen den Kategorien der Schutzgüter

Das Schutzgut der Delikte, die die Produktverantwortlichkeit betreffen, ist im Gesetz als „wirtschaftliche Ordnung des sozialistischen Markts" bezeichnet. Kommt es zur Verletzung von Personen infolge des verbotenen Verhaltens sind (auch) Individualrechtsgüter betroffen. Weil der Gesetzgeber die in Rede stehende Deliktsgruppe als eigenständige normiert hat, findet dies seinen Niederschlag in deren praktischer Anwendung. Etwa bei Eintreten des Todes einer Person wird daher nicht die Strafbarkeit wegen eines fahrlässigen bzw. vorsätzlichen Tötungsdelikts geprüft, sondern das spezifische Delikt aus dem Bereich der Produktverantwortlichkeit.

Hier tritt ein Dilemma zu Tage, das gerade auch die Laiensicht auf diese Rechtsprechungspraxis betrifft. Die „tatsächlichen" Wirkungen, die aus den tatbestandlichen Erfolgen der Delikte der Produktverantwortung resultieren, betreffen primär nicht die sogenannte „wirtschaftliche Ordnung des sozialistischen Markts", sondern vor allem „das reale Leben und die Gesundheit der Allgemeinheit". Kurz gesagt: In der Rechtswirklichkeit wird der Schwerpunkt der Vorwerfbarkeit bei Vornahme entsprechender Verhaltensweisen zutreffend auf die Verletzung von Individualrechtsgütern gelegt. Die Rechtsanwender sind sich dessen bewusst und haben dem in der Vergangenheit in Urteilen Rechnung getragen. Zu denken ist in diesem Zusammenhang etwa an den sog. „Milchskandal 2008" oder „Melaminfall". Dabei wurde in Nordchina Melamin in Milchprodukte eingemischt, um trotz verdünnter Milch einen hohen Proteinanteil vorzutäuschen. Die gepanschten Lebensmittel wurden 2008 auch in Säuglingsnahrung verwendet und führten zu Nierensteinen und massivem Nierenversagen, so dass knapp 300.000 Babys erkrankten und sechs Säuglinge starben.[4] Der Rinderzüchter Zhang Yujun und der Molkerei-Betreiber Geng Jinping wurden 2009 zur Todesstrafe verurteilt und hingerichtet, wobei Zhang wegen Gefährdung der öffentlichen Sicherheit („mit anderen gefährlichen Mitteln" im Sinne von Art. 115 Abs. 1 Alt. 5 cnStGB[5]) und Geng wegen Herstellung und Verkaufs giftiger Nahrung (Art. 144 cnStGB) schuldig gesprochen wurden.[6] Hieran lässt sich erkennen, dass die hiesigen einschlägigen Schutzgüter nicht nur die Marktwirtschaftsordnung, sondern auch die allgemeine Sicherheit umfassen. Bei beiden Schutzinteressen handelt es sich um Rechtsgüter der Allgemeinheit.

b. Verhältnis der Delikte, die die Marktwirtschaftsordnung und die öffentliche Sicherheit erfassen

Es stellt sich angesichts des Urteils die Frage, in welchem Verhältnis die Schutzgüter der Marktwirtschaftsordnung und der öffentlichen Sicherheit und die sie erfassenden Delikte stehen. Im Urteilstenor des „Milchskandal-Falls" wurde kein ausdrücklicher Hinweis dahingehend gegeben. Allerdings wird man mit Recht vermuten können, dass der Grund für die Heranziehung von Art. 115 cnStGB (Gefährdung der öffentlichen Sicherheit) statt Art. 144 cnStGB (Herstellung und Feilbieten giftiger Lebensmittel) für den Angeklagten Zhang darin liegt, dass Zhangs Handlung nicht vom Tatbestand der Herstellung und des Feilbietens giftiger Lebensmittel umfasst wurde. So hat er nicht die Milchprodukte, sondern nur einen chemischen Zusatz zum Milchprodukt, nämlich das sogenannte „Proteinpulver" hergestellt.[7] Da der Nahrungszusatz nicht zu Nahrungsmitteln, sondern zu Chemikalien zählt, hat Zhang, der Hersteller und Verkäufer

---

4 Wikipedia: Chinesischer Milchskandal: http://de.wikipedia.org/wiki/Chinesischer_Milchskandal (Stand: 15.05.2014).

5 Art. 115 Abs. 1 cnStGB: Wer durch Brandstiftung, Deichbruch, Herbeiführen einer Explosion, Vergiftung oder mit anderen gefährlichen Mitteln eine schwere Verletzung oder den Tod eines Menschen herbeiführt oder bewirkt, dass gravierende Verluste an öffentlichem oder privatem Eigentum eintreten, wird mit zeitiger Freiheitsstrafe von mindestens zehn Jahren, mit lebenslanger Freiheitsstrafe oder mit dem Tode bestraft. (Übersetzung nach *Strupp*, cnStGB [Fn. 2], S. 134).

6 The Associated Press: "China executes Zhang Yujun, Geng Jinping for roles in deadly tainted milk powder scandal", http://www.nydailynews.com/news/world/china-executes-zhang-yujun-geng-jinping-roles-deadly-tainted-milk-powder-scandal-article-1.415167 (Stand: 15.05.2014).

7 Vgl. *Wu Renbi*, Journal of Southwest University of Politics Science & Law (China) 2012, 12 f.

des Zusatzstoffs, sich nicht nach Art. 144 cnStGB strafbar gemacht, denn er hat weder schädliche Rohsubstanzen in Lebensmittel eingemischt noch problematische Lebensmittel verkauft. Konsequent ist es daher, Art. 115 cnStGB heranzuziehen, da Zhang auch durch die Herstellung und den Verkauf des schädlichen Nahrungszusatzes einen schwerwiegenden Schadenserfolg (Schaden an Leben und Gesundheit bei einer unbestimmten Zahl von Menschen) heraufbeschworen hat. Die Tatbestandsmerkmale der Gefährdung der öffentlichen Sicherheit (Art. 115 cnStGB) wurden durch ihn verwirklicht.

Bei dem Angeklagten Geng war die Situation anders: Geng hat ohne Zweifel die giftigen chemischen Stoffe in die Milchprodukte eingemischt und die kontaminierten Lebensmittel an die weiteren Molkereifirmen verkauft, das heißt, was Geng hergestellt hat, befand sich noch in der Reichweite des Tatbestandsmerkmals von Art. 144 cnStGB. Dabei bleibt aber eine Frage offen: Warum wurde Geng nicht wegen Art. 115 cnStGB (Gefährdung der öffentlichen Sicherheit) verurteilt, da seine Handlung (Herstellung und Verkauf der giftigen Milchprodukte) ebenfalls die öffentliche Sicherheit (Gesundheit und Leben der Kinder) gefährdet hat? Hieran lässt sich das Konkurrenzverhältnis zwischen Art. 144 cnStGB und Art. 115 cnStGB erkennen.

Der Angeklagte Geng hat zwar beide Tatbestände verwirklicht. Jedoch könnte Art. 144 cnStGB als *lex specialis* gelten und daher Art. 115 cnStGB verdrängen. Dazu muss noch gefragt werden, ob es sich um einen wirklichen Fall der Spezialität (im Sinne der Konkurrenz mehrerer Rechtssätze) handelt. Dies setzt voraus, dass „der Tatbestand der spezielleren Norm alle Merkmale der allgemeineren Norm und darüber hinaus noch mindestens ein zusätzliches Merkmal enthält", sofern „die Rechtsfolgen der konkurrierenden Rechtssätze miteinander [nicht] verträglich sind".[8] Ob der Tatbestand von Art. 144 cnStGB alle Merkmale von Art. 115 cnStGB enthält, ist indes fragwürdig. So handelt es sich bei Art. 144 cnStGB zwar um ein Vorsatzdelikt. Allerdings ist es nicht notwendig, dass dieser Vorsatz identisch mit dem des Art. 115 cnStGB ist: Wer mit Wissen und Wollen in Lebensmittel giftige Rohsubstanzen mischt oder die Lebensmittel in Kenntnis dessen, dass sie mit giftigen oder schädlichen Rohsubstanzen vermischt sind, verkauft, weiß oder will nicht immer, dass der „Erfolg" im Sinne von Art. 115 cnStGB, d. h. eine tatsächliche Verletzung der Gesundheit oder des Lebens einer unbestimmten Zahl von Menschen, durch seine Handlung herbeigeführt wird. Hieraus lässt sich ersehen, dass das Verhältnis der Spezialität zwischen Art. 115 cnStGB und Art. 144 cnStGB nicht überzeugend ist.

8 *Larenz,* Methodenlehre der Rechtswissenschaft, 6. Aufl. 1991, S. 267 f.

Es stellt sich im Anschluss daran die Frage, ob sich an dieser Beurteilung etwas ändert, wenn der Täter in seinen Vorsatz einen „Tatbestandserfolg“ im Sinne des Art. 115 cnStGB aufgenommen hat. Hier lässt sich ein Spezialitätsverhältnis annehmen. Da der Täter diesmal den Erfolg des Art. 115 cnStGB, nämlich die tatsächliche Verletzung der Gesundheit und des Lebens einer unbestimmten Zahl von Menschen, mit Wissen und Wollen bewirkt hat und die Herstellung bzw. das Feilbieten des Lebensmittels auch als „ein zusätzliches Merkmal“ gegenüber Art. 115 cnStGB verstanden werden kann, spricht nichts dagegen, dass man bei diesem Fall eines logischen Verhältnisses der Spezialität gewahr wird. Danach müsste Art. 144 cnStGB den Art. 115 cnStGB verdrängen, weil der erstere einen Fall von *lex specialis* bilden würde. Gerade dieses Ergebnis wird in der Rechtspraxis in China nicht akzeptiert. Hingegen findet oft in einer solchen Fallkonstellation Art. 115 cnStGB Anwendung, denn wenn die Motivation des Täters die Tötung mehrerer Menschen anstatt der wirtschaftlichen Bereicherung ist, strebt er normalerweise auch absichtlich danach, die Gesundheit bzw. das Leben der Bevölkerung zu verletzen, das heißt, der Täter hat mit dolus directus in Bezug auf den Tatbestandserfolg von Art. 115 cnStGB, aber zugleich nur noch mit Eventualvorsatz im Sinne von Art. 144 cnStGB gehandelt.[9] Es ist deshalb klar, dass es sich bei diesem Fall nicht um Gesetzeskonkurrenz handelt, denn bei der Spezialität im engeren logischen Sinne müsste die *lex specialis* (hier nämlich Art. 144 cnStGB) angewendet werden, sonst wäre die „zusätzliche Berücksichtigung“ des generellen Tatbestandes (hier nämlich Art. 115 cnStGB) ein Fall von Doppelverwertung.[10]

Vor diesem Hintergrund ist eine andere Lösungsmöglichkeit heranzuziehen, die versucht, das Verhältnis zwischen Art. 144 cnStGB und Art. 115 cnStGB im Rahmen der Idealkonkurrenz zu erläutern.[11] Wenn der Täter mit Vorsatz im Sinne von Art. 115 cnStGB und zugleich mit Eventualvorsatz im Sinne von Art. 144 cnStGB die objektiven Tatbestandsmerkmale von Letzterem verwirklicht (z. B. giftige Lebensmittel verkauft), kann Tateinheit angenommen werden. Das Problem spitzt sich nun auf die Ermittlung eines einheitlichen Strafrahmens zu. Da nur die Fälle mit schwerwiegenden Folgen hier diskutiert werden, sind die Höchststrafen von Art. 115 und Art. 144 cnStGB bei diesem Fall gleich: Beide Tatbestände sehen Todesstrafe vor. Die höchsten Mindeststrafen sind ebenfalls gleich, nämlich Freiheitsstrafe von zehn Jahren. In der Folge kann ein

9 Vgl. *Wang Zuofu,* Forschung zur Praxis des Besonderen Teils des Strafrechts (Forschung BT), (Xingfa Fenze Shiwu Yanjiu), 5. Aufl. 2013, S. 206 f.

10 *Puppe,* Idealkonkurrenz und Einzelverbrechen, 1979, S. 314 f.

11 Vgl. *Zhang Mingkai,* Strafrecht (Strafrecht), (Xingfaxue), 4. Aufl. 2011, S. 653.

Kombinationsstrafrahmen festgelegt werden, der Freiheitsstrafe von zehn Jahren bis zur Todesstrafe vorsieht. Was den Strafrahmen bei der Konkurrenz betrifft, wird das Problem „auf die deutsche Weise" gelöst.[12]

Es fällt im chinesischen Strafrecht jedoch schwer, einen spezifischen Tatbestand für die Konstellation der Idealkonkurrenz festzulegen: Art. 115 oder Art. 144 cnStGB? Die (deutsche) Lehre der Idealkonkurrenz gibt keine Antwort darauf, da die Feststellung des anzuwendenden Strafrahmens keine Auswahl des Tatbestands bedeutet. Die von der chinesischen Lehre gegebene Antwort ist allerdings problematisch: Die Strafe solle nach dem Straftatbestand bestimmt werden, der unter den hier durch die Straftat betroffenen Tatbeständen am strengsten sei.[13] Aber gerade wenn die Höchststrafen der Tatbestände einander entsprechen, kann der „strengste" Tatbestand nicht durch die gesetzliche Strafe bestimmt werden; dann müsste der strengere Tatbestand nach seiner „Natur" – wie etwa der Schwere der Sozialschädlichkeit – ermittelt werden, obwohl dieses Kriterium so vage ist, dass in der Tat beliebige Faktoren – darunter sogar die „persönliche Wertanschauung" des zur Entscheidung Berufenen – dazu einen Beitrag leisten könnten.[14] In dieser Hinsicht könnten zwei Antithesen gleichzeitig akzeptiert werden, da das Kriterium der Bestimmung des „strengeren" Tatbestandes inexakt und diffus ist. Auf der einen Seite könnte Art. 144 cnStGB „nach seiner Natur" als strengerer Tatbestand gelten, weil es sich bei diesem Artikel um ein abstraktes Gefährdungsdelikt handelt, während Art. 115 cnStGB ein konkretes Gefährdungsdelikt ist.[15] Sofern also eine Handlung noch keine konkrete Gefährdung des Rechtsguts der öffentlichen Sicherheit mit sich bringt, und daher nicht unter Art. 115 cnStGB fallen kann, existiert noch die Möglichkeit, dass sie als abstrakte Gefährdung angesehen wird, und daher schon unter Art. 144 cnStGB fällt. In diesem Sinne wäre der Anwendungsbereich des Art. 144 cnStGB deutlich größer als der von Art. 115 cnStGB hinsichtlich einer vergleichbaren Handlung. Folglich wäre Art. 144 cnStGB insoweit strenger. Parallel könnte man aber auch behaupten, dass das umgekehrte Ergebnis seinerseits richtig wäre, wenn man daran denkt, dass im chinesischen Strafgesetzbuch die Reihenfolge der Deliktsgruppen oft Hinweis auf die Schwere der Sozialschädlichkeit gibt:[16]

---

12 v. *Heintschel-Heinegg*, in: Münchener Kommentar zum StGB (MünchKommStGB), 2. Aufl. 2012, § 52 Rn. 118 ff.

13 Vgl. z. B. *Gao Mingxuan/Ma Kechang*, Strafrecht (StR), (Xingfaxue), 5. Aufl. 2011, S. 186.

14 *Lin Yagang*, Strafrechtsdogmatik (Xingfaxue Jiaoyi), 2014, S. 552 f.

15 S. z. B. *Zhang Mingkai*, Strafrecht, S. 604–610, 653.

16 S. z. B. *Gao Mingxuan/Ma Kechang*, StR (Fn. 13), S. 319 ff.

Art. 115 gehört zu Kapitel 2 des Besonderen Teils des Strafgesetzbuchs, während sich Art. 144 im 3. Kapitel des Strafgesetzbuchs befindet. Dies besagt, dass der Grad der Schädlichkeit von Art. 115 cnStGB höher als der von Art. 144 cnStGB sei. Ausnahmen kommen vor, wenn das Delikt in den Kapiteln mit kleineren Ordinalzahlen ein fahrlässiges Delikt ist, während das Delikt in den Kapiteln mit größeren Ordinalzahlen ein vorsätzliches Delikt ist.[17] In dieser Hinsicht müsste man annehmen, dass Art. 115 cnStGB den strengeren Tatbestand bildet, da beide Delikte, Art. 115 und Art. 144 cnStGB, Vorsatzdelikte sind.

Aus den genannten Erwägungen ist die Bestimmung des „strengeren" Tatbestands fast undenkbar, wenn man keine anderen Kriterien einführt. Eine Möglichkeit besteht noch darin, dass man nicht die Tatbestandsmerkmale beider Delikte, sondern das Motiv zum Fokus macht. Es wird häufig vertreten, dass Art. 144 cnStGB ein spezielles Motiv verlangt, nämlich das Motiv, Gewinn zu erzielen,[18] während Art. 115 cnStGB kein solches Motiv erfordert. In diesem Zusammenhang könnte gesagt werden, dass Art. 144 und Art. 115 cnStGB gemeinsam einen Vorsatz verlangen, aber nur das Sondermotiv der Gewinnerzielung Art. 144 cnStGB kennzeichnet. Durch dieses Kriterium würde das Problem beinahe gelöst, wenn man nicht daran dächte, dass das Motiv der Gewinnerzielung nicht vom Tatbestand des Art. 144 cnStGB verlangt wird. Mit anderen Worten bildet der außertatbestandliche Faktor zwar ein entscheidendes Kriterium, aber es wird nicht erklärt, warum ein außertatbestandlicher Faktor für das Thema der Bestimmung des „strengeren" Tatbestandes von Bedeutung ist. Das „Motiv" ist demnach keine Lösung der Problematik.[19]

Zusammenfassend lässt sich sagen, dass das „innere" Verhältnis der Schutzgüter der Allgemeinheit, die durch Art. 144 und Art. 115 cnStGB erfasst werden, noch ein offenes Problem in der chinesischen Strafrechtstheorie bleibt. Wenn man anerkennt, dass die beiden Tatbestände im Verhältnis der Gesetzeskonkurrenz zueinander stehen, dann müsste dem Art. 144 cnStGB immer der Vorrang eingeräumt werden, was aber mit der Rechtsprechung nicht im Einklang steht. Wenn man anerkennt, dass die beiden Tatbestände im Verhältnis der Idealkonkurrenz zueinander stehen, dann wäre es eine fast unmögliche Aufgabe, nach

---

17 *Gao Mingxuan/Ma Kechang,* StR (Fn. 13), S. 320.

18 S. z. B. *Xiao Zhonghua,* Handbuch der Rechtspraxis im Bereich der Delikte der Herstellung und Feilbietung der verfälschten Waren (Handbuch der Rechtspraxis), (Shengchan Xiaoshou Weilie Shangpin Zui Ban An Yibentong), 2007, S. 152.

19 Vgl. *Zhang Mingkai,* Strafrecht, S. 437. *Zhang* lehnt ab, dass der strengere Tatbestand nach der „Zielhandlung" bestimmt werden sollte. Mit „Zielhandlung" wird die Handlung mit einem besonderen Zweck oder Motiv gemeint.

der in China vorherrschenden Lehre den „strengeren" Tatbestand widerspruchsfrei zu bestimmen.

2. Die Typen der „Schutzmodelle"

Die unterschiedlichen Kategorien der Schutzgüter bringen die mit den im chinesischen StGB enthaltenen Vorschriften zur Produktverantwortlichkeit einhergehenden Schwierigkeiten nicht abschließend zum Ausdruck. Z. B. ist es noch unklar, wie man im Rahmen der herrschenden Meinung in der chinesischen Strafrechtslehre das in Einzelfällen zerstörte Leben bzw. die verletzte Gesundheit der betroffenen Opfer bewerten soll. Aus Sicht des Verletzten ist ein Täter, der durch die Herstellung und das Feilbieten des bedenklichen Lebensmittels sein Leben bzw. seine Gesundheit verletzt, genauso wie ein anderer Täter, der mittels eines „normalen" Instruments – wie etwa einer Schusswaffe – sein Leben bzw. seine Gesundheit verletzt, zu beurteilen. Die Bedeutung der betroffenen Individualrechtsgüter darf daher nicht übersehen werden.

Aus dem bislang Gesagten folgt, dass die Vorschriften Art. 115 und Art. 144 cnStGB Universalrechtsgüter schützen. Daneben sind im chinesischen StGB Delikte enthalten, die den Schutz von Individualrechtsgütern intendieren. Von diesen sei hier beispielhaft Art. 232 cnStGB (Totschlag) herangezogen. Hier können mithin zwei Modelle unterschieden werden. Als Modell 1 sollen die Vorschriften gelten, die eine unbestimmte Zahl an Menschen schützen sollen. Demgegenüber dient Art. 232 cnStGB als Beispiel für Modell 2, das den Schutz persönlicher Rechtsgütern verfolgt.

Das Modell 1 stellt in der Anwendung der darin einzuordnenden Delikte eine Vereinfachung gegenüber dem Modell 2 dar. Der Grund dafür ist, dass im Modell 1 die mit Strafe bewehrte Handlung im Gesetzeswortlaut aufgenommen ist (Herstellung). Demgegenüber ist der Totschlag ein Erfolgsdelikt – die eigentliche Handlung in Gestalt des Tötens kann allein durch Subsumtion festgestellt werden. Erfolgsdelikte verlangen keine spezifischen Verhaltensweisen.[20] Dies macht das Modell 2 für den Rechtsanwender komplizierter als das erste Modell.[21] In diesem Zusammenhang ist zu berücksichtigen, dass in der chinesischen Rechtspraxis das Modell 1 völlig die Oberhand über das Modell 2 gewonnen hat: In der Rechtsprechung findet das Modell 2 kaum Anwendung. Freilich liegt der

---

20 S. z. B. *Frister*, Strafrecht Allgemeiner Teil (AT), 5. Aufl. 2011, Rn. 18/19.

21 Vgl. *Kühne*, NJW 1997, 1951, 1951: „Die Subsumtion von Tötungs- bzw. Körperverletzungsdelikten [...] wirft auf fast jeder Ebene strafrechtlicher Prüfung massive Probleme auf."

Grund dafür nicht in dem hier aufgezeigten Vorteil des ersten Modells, sondern in theoretischen Schwierigkeiten, die nachfolgend aufgeführt werden.

III. Das Monopol von Modell 1 in der chinesischen und deutschen Strafrechtsdogmatik

1. Die Rechtsvergleichung mit dem deutschen Strafrecht im Allgemeinen

Die Einbeziehung der Situation im deutschen Strafrecht hinsichtlich dieses Bereichs als Vergleichsparallele hat für unser Thema zwei Bedeutungen. An erster Stelle ist zu erwähnen, dass das deutsche Strafrecht (sowohl das Gesetzbuch selbst als auch die Rechtsdogmatik) seit langer Zeit ein „Vorbild" für das chinesische Strafrecht gewesen ist und heute noch als eine der wichtigsten gedanklichen „Quellen" der modernen chinesischen allgemeinen Strafrechtstheorie gilt. Zudem ist zu beachten, dass das moderne deutsche Strafrecht erhebliche Gemeinsamkeiten mit dem chinesischen Strafrecht aufweist.[22] Die (oft fortgeschrittenen) Erfahrungen in einem bestimmten Bereich aus Deutschland sind daher von großer Bedeutung für den Schutz der Verbraucher in China. An zweiter Stelle fällt ins Gewicht, dass das „Monopol" von Modell 1, das, wie oben dargestellt, in der chinesischen Rechtspraxis überall zu beobachten ist, jedoch in der deutschen Strafjustiz nicht vorgefunden werden kann. Selbstverständlich existiert keine „Gegenüberstellung" von Schutzmodellen im deutschen Strafrecht. Gemeint ist hier die Tatsache, dass in Deutschland das „Modell 2" (also die Anwendung der Tatbestände, die Rechtsgüter eines bestimmten Individuums schützen sollen) nicht unberücksichtigt gelassen wird. Ganz im Gegenteil greift die deutsche Rechtsprechung „auf die vorhandenen Straftatbestände zurück, wobei im Rahmen der strafrechtlichen Produktverantwortung die Verfahren überwiegend wegen Körperverletzung oder fahrlässiger Tötung eingeleitet werden".[23]

Hierdurch wird ein Schlaglicht auf den größten und wichtigsten Unterschied zwischen beiden Ländern geworfen: Für dieselbe Sachlage kommt es auf gänzlich unterschiedliche Lösungen an. Die bei den Produktverantwortungsfällen in

---

22 Vgl. *Chen Xingliang,* Die wissenschaftliche Umwandlung des Strafrechts: Dogmengeschichte (Xingfa De Zhishi Zhuanxing: Xueshushi), 2012, S. 31 ff. et passim; *Qi Xiong,* Comparative Law Review (Japan) 2012 (vol. 46–2), 247, 249 Fn. 4.

23 *Bauer,* u. a., Produkthaftung (Produkthaftung), 1994, S. 133; s. auch *Mayer,* Strafrechtliche Produktverantwortung bei Arzneimittelschäden (Produktverantwortung), 2008, S. 119.

Deutschland vor allem anzuwendenden Tatbestände, nämlich die (vorsätzliche oder fahrlässige) Tötung, Körperverletzung usw., schützen vorwiegend individuelle Rechtsgüter wie Leben und Gesundheit des Einzelnen. Im chinesischen Verständnis stützt sich jedoch das ausschließlich anwendbare Modell 1 auf die Überzeugung, dass die betroffenen Rechtsgüter nicht dem Einzelnen, sondern einer abstrakten Allgemeinheit zustehen. Dann spitzt sich die weitere Diskussion auf das folgende Problem zu: Warum kann beispielsweise der Verkauf giftiger Lebens- bzw. Arzneimittel in China nicht, aber in Deutschland gleichwohl als Tötung bzw. Körperverletzung betrachtet werden? Was hindert daran, dass das chinesische Strafrecht die deutsche Lösung akzeptiert? Ebenfalls kann man auch umgekehrt fragen: Wäre es möglich, dass das deutsche Strafrecht die chinesische Lösung annähme?

Wenn man die Unterscheidung von „Schutzmodellen" auch auf das deutsche Strafrecht überträgt, bedeutet dies, die Heranziehung der Tatbestände in Bezug auf die individuellen Rechtsgüter als „Modell 2" zu benennen, und die Anwendung von Tatbeständen in Bezug auf das überindividuelle Rechtsgut als „Modell 1" einzuordnen. Hier zeichnet sich folgender Befund ab: Im Kernstrafrecht weist das deutsche Strafrecht eine Tendenz zu Modell 2 auf, während das Nebenstrafrecht in Richtung Modell 1 tendiert.

Um das zu erkennen, muss man zunächst den Unterschied zwischen den folgenden zwei Fällen näher verdeutlichen, nämlich zwischen dem Fall einerseits, dass das deutsche Strafrecht das Modell 2 akzeptieren würde, und dem Fall andererseits, dass das deutsche Strafrecht das Modell 1 ausschließen würde. Würde man diese zwei Fälle voreilig gleichsetzen, wäre das Modell 1 vom deutschen Strafrecht völlig auszunehmen. Dies scheint *prima facie* mit der Rechtswirklichkeit in Deutschland übereinzustimmen: Die Tatbestände der §§ 211 ff., 223 ff. deStGB stehen tatsächlich im Mittelpunkt der strafrechtlichen Rechtsprechung im Bereich der Produktverantwortung. Ferner wird manchmal behauptet, dass der Grund dieser „Bevorzugung" des Modells 2 darin liegen könnte, dass das deutsche Strafgesetzbuch „keinen eigenständigen Straftatbestand [enthält], der das Inverkehrbringen fehlerhafter Produkte unter Strafe stellt".[24] Dieser Aussage ist insoweit schon nicht beizupflichten, als man nur daran zu denken braucht, dass §§ 95 ff. deAMG auch Straftatbestände enthalten, die es erfassen, wenn entgegen bestimmten verwaltungsrechtlichen Vorschriften problematische Produkte (Arzneimittel) in den Verkehr gebracht werden.[25] Aber wenn man den

24 *Bauer*, Produkthaftung (Fn. 23), S. 133.
25 *Mayer*, Produktverantwortung (Fn. 23), S. 100 ff.

Blickwinkel auf das Kernstrafrecht beschränkt, hat diese Behauptung auf die unterschiedliche Gesetzgebungstechnik zwischen Deutschland und China hinzuweisen. Da Straftatbestände nicht unbedingt im Strafgesetzbuch niedergelegt werden müssen, sondern auch nebenstrafrechtlichen Regelungen entnommen werden können, kann man den Schluss ziehen, dass das deutsche Strafrecht zwar Modell 2 (hauptsächlich im Kernstrafrecht) anwendet, aber Modell 1 (hauptsächlich im Nebenstrafrecht) auch nicht ausschließt. Das Verhältnis von beiden Schutzmodellen ist ein „Sowohl-als-auch": Z. B. kann der Verkauf bedenklicher Arzneimittel sowohl als eine strafbare „Körperverletzung" als auch als ein strafbares „Inverkehrbringen" in Frage kommen, je nach den weiteren Umständen. Zusammenfassend lässt sich sagen, dass das deutsche Strafrecht die chinesische Lösung (Anwendungsmöglichkeit von Modell 1) bereits einschließt, indem das Modell 1 gegebenenfalls auch mitberücksichtigt werden kann.

Demgegenüber stehen beide Modelle im chinesischen Strafrecht im Verhältnis eines „Entweder-oder". Das Modell 2 findet – wie oben dargestellt – nicht nur in der Rechtspraxis keine Berücksichtigung, sondern wird auch in der Strafrechtstheorie als sinnlos betrachtet. Mit anderen Worten: Wer beispielsweise giftige Lebensmittel verkauft und dadurch den Tod des Opfers verursacht, wird nur wegen „Feilbietens giftiger Lebensmittel" bestraft. Die Strafbarkeit des Totschlags ist theoretisch also irrelevant. In dieser Hinsicht kann man sogar von einem „Monopol" von Modell 1 sprechen. Dazu muss man fragen: Warum muss die Herbeiführung des Todes im Bereich der Produktverantwortung in China auf jeden Fall anders beurteilt werden? Dies führt zurück zur unterschiedlichen Lehre vom Verbrechensobjekt bzw. Rechtsgut in beiden Ländern.

2. Die Gegenüberstellung der Schutzmodelle in der chinesischen und deutschen Strafrechtsdogmatik

a. Das „Entweder-oder"-Verhältnis von Schutzmodellen als herrschende Meinung in China

Im deutschen Schrifttum wird selten darüber diskutiert, warum die Verhaltensweisen wie Verkauf, Herstellung usw. auch als Körperverletzung bzw. Tötung interpretiert werden können, denn es gilt schon als unausgesprochener „Konsens" der Juristen, dass bei einem solchen Fall das individuelle Rechtsgut wie Leben, körperliche Unversehrtheit und Gesundheit beeinträchtigt wird, ohne Rücksicht darauf, dass der Rechtsgutsträger nicht von vornherein konkretisierbar ist. Obwohl die Individualisierung des Opfers bei der Feststellung der Kausalkette wichtig sein kann, muss nur der Täter, nicht dagegen das Opfer individualisiert werden.[26] Das betroffene Rechtsgut bleibt unverändert, gleich ob es um die Tötung eines bestimmten Opfers oder von mehreren Personen geht, die *ex ante* nicht näher bestimmt werden können.[27]

Demgegenüber entfaltet gerade dieser Umstand im chinesischen Strafrecht Bedeutung. Mit anderen Worten: Die Rechtsgüter wie Leben, Gesundheit oder körperliche Unversehrtheit sind nur dann individuelle Rechtsgüter, wenn ihre Träger einzelne Individuen sind. Oder: Nur das Leben von einem bestimmten Menschen oder von einer *ex ante* bestimmbaren Menschengruppe ist ein individuelles Rechtsgut. Wenn es sich um das Leben einer unbestimmten Vielzahl von Menschen handelt, dann ist das hier betroffene Rechtsgut nicht mehr das einfache „Leben", sondern „die allgemeine Sicherheit".[28] Daher sind die Tötungstatbestände in diesem Zusammenhang nicht geeignet: In China sieht der Konsens über diese Problematik anders aus.

Bei dieser Darstellung bleibt noch ein Punkt unberücksichtigt: Wenn man akzeptiert, dass aus der Überlagerung von mehreren einzelnen individuellen Rechtsgütern ein neues überindividuelles Rechtsgut entstehen kann, wird das Verhältnis zwischen diesen zwei Arten von Rechtsgütern immer noch nicht abschließend geklärt. Sie könnten miteinander kompatibel sein; sie könnten sich auch gegenseitig ausschließen. Aus der ersten Variante kann hergeleitet werden, dass das Delikt gegen das überindividuelle Rechtsgut und das Delikt gegen das individuelle Rechtsgut in einem Verhältnis der Gesetzeskonkurrenz stehen, denn das überindividuelle Rechtsgut beinhaltet in diesem Zusammenhang mehrere einfache individuelle Rechtsgüter. Mit anderen Worten: Wenn das überindividuelle Rechtsgut „allgemeine Sicherheit" im Sinne der Brandstiftungsdelikte (Art. 114, 115 cnStGB) verletzt wird und der Tod mehrerer Menschen verursacht worden ist, hat der Täter zugleich auch mehrfach das einfache individuelle Rechtsgut „Leben" beeinträchtigt. Deshalb ist der Tatbestand der Brandstiftung im Vergleich zum Tatbestand des Totschlags „vollständiger", denn der erstere enthält alle Unrechtselemente des letzteren.[29] Wenn es sich

26 *Tiedemann,* NJW 1990, 2051, 2052.

27 Z. B. wenn der Täter mehrere unbekannte Menschen vorsätzlich tötet, ist er nach dem deutschen Strafrecht immer noch wegen Totschlags strafbar; in China könnte ein anderes Delikt (Gefährdung der allgemeinen Sicherheit im Sinne von Art. 114, 115 cnStGB) wegen der unbestimmten Zahl der Opfer herangezogen werden. Vgl. *Schneider,* in: Münchener Kommentar zum StGB, Band IV, Aufl. 2012, § 212 Rn. 90; *Gao Mingxuan/Ma Kechang,* StR (Fn. 13), S. 339 ff.

28 Vgl. nur *Gao Mingxuan/Ma Kechang,* StR (Fn. 13), S. 338–339.

29 *Zhou Guangquan,* China Legal Science 2010 (vol. 3), 158, 162 f.

bei dieser Betrachtungsweise um die herrschende Meinung in China handelt,[30] sollten unsere zwei „Schutzmodelle“ dann miteinander in einem kompatiblen Verhältnis stehen, das heißt, das Modell 1 könnte zwar bevorzugt werden, aber nicht das Modell 2 völlig verdrängen, da das erstere einen „vollständigeren“ Tatbestand enthält und deswegen das letztere umfasst. Das hier angesprochene Verhältnis zwischen beiden Modellen kann zwar nicht als „Sowohl-als-auch“ bezeichnet werden, ist aber auch kein „Entweder-oder“. Dies hätte die Feststellung dieser Arbeit, dass sich in China beide Modelle gegenseitig ausschließen, in Frage gestellt. Indessen sind die Voraussetzungen dieser Argumentation selbst fragwürdig.

Zunächst ist unklar, ob diese auf der „tatbestandlichen Vollständigkeit“ basierende Gesetzeskonkurrenz wirklich im Einklang mit der jetzigen chinesischen herrschenden Meinung steht.[31] Tatsächlich wird im klassischen Schrifttum häufig als Beispiel genannt, dass beim Verkehrsunfall die fahrlässige Tötung (Art. 233 cnStGB[32]) durch das Verkehrsunfallsdelikt (Art. 133 cnStGB[33]) verdrängt wird, um zu veranschaulichen, dass es sich hier um ein im Gesetz ausdrücklich geregeltes Verhältnis von Spezialität handele.[34] Bei diesem Beispiel scheint die Heranziehung des Tatbestands der fahrlässigen Tötung immer noch eine eigenständige Wahl zu sein, die nur noch wegen der Gesetzeskonkurrenz am Ende keine Anwendung findet, auch wenn es sich nun um die Rechtsgüter einer unbestimmten Anzahl von Menschen handelt. Daraus lässt sich aber nicht folgern, dass das individuelle Rechtsgut (hier: das Leben im Sinne von Art. 233

30 So *Zhou Guangquan,* China Legal Science 2010 (vol. 3), 158, 162.

31 Vgl. *Zhang Mingkai,* Strafrecht, S. 420 Fn. 12.

32 Art. 233 cnStGB: Wer durch Fahrlässigkeit den Tod eines Menschen verursacht, wird mit zeitiger Freiheitsstrafe von drei Jahren bis zu sieben Jahren bestraft; sind die Tatumstände von verhältnismäßig leichtem Gewicht, ergeht zeitige Freiheitsstrafe bis zu drei Jahren. Falls im vorliegenden Gesetz anderweitige Bestimmungen vorgesehen sind, wird gemäß der entsprechenden anderen Bestimmung verfahren. (Übersetzung nach *Strupp,* cnStGB [Fn. 2], S. 180.)

33 Art. 133 cnStGB: Wenn jemand gegen Gesetze und Vorschriften zur Regelung von Verkehr und Transport verstößt und als Folge hiervon ein gravierendes Unglück geschieht, wodurch eine schwere Verletzung oder der Tod eines Menschen herbeigeführt oder bewirkt wird, dass gravierende Verluste an öffentlichem oder privatem Eigentum eintreten, so wird der Verursacher mit zeitiger Freiheitsstrafe bis zu drei Jahren oder mit Gewahrsam bestraft […] (Übersetzung nach *Strupp,* cnStGB [Fn. 2], S. 138–139.)

34 Vgl. z. B. *Ma Kechang,* Grundriss der Verbrechenslehre (Grundriss), (Fanzui Tonglun), 3. Aufl. 1999, S. 632 f.

cnStGB) immer neben dem überindividuellen Rechtsgut des „vollständigeren“ Tatbestands (hier: die Straßenverkehrssicherheit im Sinne von Art. 133 cnStGB) als eine eigenständige Möglichkeit berücksichtigt werden könnte. Vielmehr wird hervorgehoben, dass diese zwei Arten von Rechtsgütern von vornherein durch ihre unterschiedlichen Eigenschaften deutlich voneinander zu trennen seien.[35] In demselben klassischen Werk wird ebenfalls als Beispiel genannt, dass Brandstiftung und Totschlag niemals im Verhältnis von Gesetzeskonkurrenz zueinander stehen könnten,[36] obgleich die Beziehung von Brandstiftung zu Totschlag ähnlich wie die von Verkehrsunfallsdelikten zu fahrlässiger Tötung sein sollte. Die Kompliziertheit der Konstellation könnte allerdings einen Hinweis darauf geben, dass die herrschende Meinung in China zu dieser Problematik zunehmend schwankt. Aber für unser Thema ist ohne Zweifel, dass ein eindeutiger Trennungsstrich zwischen beiden Kategorien der Rechtsgüter besteht. Zusammenfassend lässt sich sagen, dass das Verhältnis von beiden Schutzmodellen in der vorherrschenden chinesischen Lehre apodiktisch ein „Entweder-oder“ ist. Dass man gegebenenfalls behaupten kann, dass das überindividuelle Rechtsgut das individuelle beinhalten könne, bedeutet nicht, dass der eine Tatbestand den anderen, wie im Verhältnis von Gesetzeskonkurrenz, beinhalten könnte.

Zweitens ist zu beachten, dass den überindividuellen Rechtsgütern immer der Vorrang gewährt wird. Das „Entweder-oder“-Verhältnis besagt nur, dass zwischen den Modellen nur eins am Ende Anwendung finden wird, hat jedoch nicht bestimmt, welchem Modell der Vorrang eingeräumt wird. Die chinesische Rechtskultur und Strafrechtstradition haben die Antwort gegeben. Die kollektivistische Wertanschauung gehört im heutigen China immer noch zur offiziell anerkannten Ideologie, wonach die Interessen des Kollektivs deutlich höher zu gewichten seien als die Interessen des Individuums.[37] Man denke nur daran: Auch „Kinder in China werden von früh auf mit der Vorstellung des Kollektivs vertraut gemacht [...] [sie] wachsen [...] in dem Bewusstsein auf, zum Kollektiv zu gehören.“[38] Vor diesem Hintergrund wundert es nicht, dass dem kollektiven Rechtsgut der höhere Rang im chinesischen Strafrecht eingeräumt wird. Die Reihenfolge des Kapitels im Besonderen Teil des chinesischen Strafgesetzbuchs hat dies auch bewiesen: Schutzmodell 1 betrifft die Tatbestände, die zu Kapitel 2 oder 3 gehören, während Schutzmodell 2 nur die Tatbestände betrifft, die zu

35 *Ma Kechang,* Grundriss (Fn. 34), S. 634–635.
36 *Ma Kechang,* Grundriss (Fn. 34), S. 634.
37 Vgl. *Nauhauser,* Führungskräfteentwicklung zur Entsendung ins Ausland, 2007, S. 13.
38 *Reese,* Neue Wege (Band 77), 1977, S. 182, 183.

Kapitel 4 gehören. Das wichtigste Schutzgut von Kapitel 2 ist die allgemeine Sicherheit; das wichtigste Schutzgut von Kapitel 3 ist die Ordnung der sozialistischen Marktwirtschaft: Beide sind überindividuelle Rechtsgüter.

b. Das „Entweder-oder"-Verhältnis aus Sicht der (deutschen) Rechtsgutslehre

Die obige Analyse beruht einerseits auf dem geltenden chinesischen Strafrecht, andererseits auf der vorherrschenden Strafrechtstheorie, die sich wiederum auf das geltende Strafrecht stützt. Wenn man an die Reihenfolge der Delikte im Besonderen Teil des Strafgesetzbuchs oder an die Gestaltungen einzelner Tatbestände denkt, wird man verstehen, dass sich die theoretischen Erläuterungen an der Rechtswirklichkeit orientieren müssten, soweit sie als hermeneutische Erkenntnisse dienen. Das ist ein Blickwinkel *de lege lata*. Aber wenn etwas in einem System von vornherein falsch ist, ist es kaum möglich, dies herauszufinden, wenn man sich nur der Instrumente bedient, die zu demselben System gehören. Ein neuer Blickwinkel außerhalb dieses Systems ist daher von großer Bedeutung. Hierin liegt der Sinn der Rechtsvergleichung. Das „Entweder-oder"-Verhältnis von Schutzmodellen basiert hauptsächlich auf der Annahme, dass die Unterscheidung der Kategorien der Schutzgüter hinter dem jeweiligen Schutzmodell eine zentrale Rolle spiele. Ob sie auch aus der Sicht der deutschen Strafrechtstheorie oder besonders aus der Sicht der deutschen Rechtsgutslehre immer noch haltbar ist, ist aber fraglich.

Zuvörderst ist klarzustellen, dass die „öffentliche (allgemeine) Sicherheit" der deutschen Strafrechtsordnung als Schutzgut nicht unbekannt ist. Der Schutz der allgemeinen Sicherheit ist natürlich keine Erfindung des chinesischen Strafrechts. Erwähnenswert ist jedoch, dass im 28. Abschnitt des deutschen Strafgesetzbuchs, dessen Titel „gemeingefährliche Straftaten" lautet, die meisten Delikte konkrete und abstrakte Gefährdungsdelikte sind,[39] während im 2. und 3. Kapitel des Besonderen Teils des chinesischen Strafgesetzbuchs viele wichtige Delikte nach der herkömmlichen Systematisierung der Kategorie der Verletzungsdelikte zugeordnet werden. Diese Unterschiedlichkeit könnte für unser Thema von erheblicher Bedeutung sein, denn vom deutschen Standpunkt aus wäre es nicht unmöglich, einerseits zuzugeben, dass „der Gesetzgeber in dem 28. Abschnitt Straftatbestände eingestellt hat, die jeweils einen Bezug zu der Allgemeinheit und nicht lediglich zu einem einzelnen Rechtsgutsträger aufweisen", andererseits

---

39 *Radtke*, in: Münchener Kommentar zum StGB (MünchKommStGB), Band V, 2. Aufl. 2014, Vor § 306 Rn. 4.

zugleich zu verneinen, dass es sich hier um ein anderes Rechtsgut als Leben, Gesundheit, Eigentum etc. handelte: Daher könnte die Besonderheit des 28. Abschnitts deStGB darin liegen, dass es hier zwar um „eine unbestimmte Vielzahl individuell unbestimmter Rechtsgüter (bzw. Rechtsgutsträger)" geht, diese aber nicht „automatisch" zu einem neuen „abstrakten" oder „kollektiven" Rechtsgut umqualifiziert wird.[40] Da dieser Gedankengang unten noch ausführlich behandelt wird, richten wir zunächst die Aufmerksamkeit auf eine andere Möglichkeit. Warum handelt es sich im 28. Abschnitt nicht direkt um überindividuelle Rechtsgüter – wie etwa „Sicherheit"[41] oder „öffentlicher Frieden"[42] als solche –, so dass es damit vergleichbar wäre, wie man die Delikte in Kapitel 2 und 3 im Besonderen Teil des chinesischen Strafgesetzbuchs behandelt?

aa. Dualistische Rechtsgutslehre und ihre Bedeutung für die Gegenüberstellung der Schutzmodelle

Die Unterscheidung leitet über zu der dualistischen Lehre vom Rechtsgut, die Rechtsgüter in individuelle und kollektive unterteilt. Nach der dualistischen Lehre vom Rechtsgut zählen die „klassischen" Rechtsgüter wie Leben, Gesundheit, Freiheit, Ehre usw. problemlos zu den individuellen Rechtsgütern, während die Rechtsgüter „von den staatlichen und gesellschaftlichen Institutionen, die sich gegenüber dem Individuum [...] verselbständigen", als Gesamtrechtsgüter (überindividuelle Rechtsgüter) bezeichnet werden sollten.[43] Die dualistische Lehre sieht die überindividuellen Rechtsgüter daher als die von jeweils individuellen Einzelinteressen abgelösten Interessen einer „Gesamtperson" an.[44] Diese Unterscheidung erinnert uns an die Unterscheidung zwischen den Schutzgütern in China: „Dient ein Rechtsgut den Interessen einer Person oder einer bestimmten Personengruppe, wird es Individualrechtsgut, dient es den Interessen beliebig vieler Personen – der Allgemeinheit –, wird es Kollektiv- oder Universalrechtsgut genannt."[45] Gerade diese Unterscheidung wird auch im chinesischen Strafrecht

---

40 MünchKommStGB/*Radtke*, Band V (Fn. 39), Vor § 306 Rn. 2–3; § 306a Rn. 4: Hier werden die Schutzgüter deutlich als „Individualrechtsgüter Leben und Gesundheit von Menschen" genannt. Dies ist die herrschende Meinung in Deutschland. Ähnlich auch SK-StGB/*Wolters*, 2011, § 306a Rn. 3.

41 *Kindhäuser*, Gefährdung als Straftat, 1989, S. 280 f.

42 *Maurach/Schroeder/Maiwald*, Strafrecht Besonderer Teil II, 9. Aufl. 2005, Rn. 51/14.

43 *Hassemer*, Theorie und Soziologie des Verbrechens (Theorie und Soziologie), 1973, S. 71 f.

44 *Hassemer*, Theorie und Soziologie (Fn. 43), S. 71.

45 *Hefendehl*, Kollektive Rechtsgüter im Strafrecht (Kollektive Rechtsgüter), 2002, S. 19.

anerkannt: Das Schutzgut „allgemeine (oder öffentliche) Sicherheit“ ist nichts anderes als die Sicherheit von Leben, Gesundheit und (wertvollem) Eigentum einer unbestimmten Zahl von Menschen.[46] In einem solchen Verständnis ist die Gegenüberstellung von Schutzmodellen gerechtfertigt: Zum einen basiert Modell 1 auf dem Rechtsgut der Allgemeinheit und Modell 2 auf dem Rechtsgut des Einzelnen; zum anderen wird das Rechtsgut der Allgemeinheit mit dem Rechtsgut des Einzelnen auf die gleiche Stufe gestellt, d. h. die Gegenüberstellung der zwei Typen des Rechtsguts (und daher von zwei Schutzmodellen) ist nicht nur erdacht – sie stützt sich auf die dualistische Lehre vom Rechtsgut.

Die zentrale Frage der überindividuellen Rechtsgüter liegt nicht darin, ob sie, wie etwa die Schutzgüter der Gesellschaft, des Staats usw., existieren, denn dies ist kaum zu bestreiten,[47] sondern darin, warum das bloße Vermehren der Zahl der Opfer bzw. die Änderung der Bestimmbarkeit des Opferkreises das individuelle Rechtsgut zum überindividuellen Rechtsgut soll machen können. Der Grund könnte darin liegen, dass das Universalrechtsgut eine völlig andere Eigenschaft als die des Individualrechtsguts besitzt und gerade die Vergrößerung des möglichen Opferkreises diese Eigenschaft zum Ausdruck bringt: „Poison dropped in a city's water supply would cause public harm in this sense, not necessarily causing injury to everyone in the city, but causing a 'common danger' to all“.[48] In diesem Sinne ist das Universalrechtsgut (wie etwa die allgemeine Gefährdung durch die Vergiftung des städtischen Wasserverteilungssystems) abstrakt und vom Lebenszustand der betroffenen Einzelnen (wie etwa der Gesundheit eines bestimmten Bürgers) abzulösen. Auf die gleiche Weise wäre man imstande, einen Trennungsstrich zwischen Modell 1 (bei dem das Schutzgut abstrakt ist) und Modell 2 zu ziehen. Die Bevorzugung und das Monopol des Modells 1 wären dann nicht verwunderlich.

Durch diese Betrachtungsweise könnte man jedoch wichtige Punkte übersehen. Dies betrifft zunächst die Möglichkeit, dass das hier angesprochene Universalrechtsgut in irgendeiner Form mit dem einschlägigen Individualrechtsgut kompatibel sein könnte. Dies würde das Ausschlussverhältnis beider Modelle in Frage stellen. Mit anderen Worten: Die dualistische Lehre vom Rechtsgut besagt nur, dass die Individual- und Universalrechtsgüter auf der gleichen Stufe zueinander eigenständig bestehen und unterschiedliche Ursprünge haben können. Nicht zum Ausdruck gebracht wird jedoch, dass sich diese zwei voneinander

---

46 *Wang Zuofu*, Forschung BT, S. 35 f.

47 *Hassemer*, in: Alternativkommentare zum StGB (AK-StGB), 1990, Vor § 1 Rn. 270.

48 *Feinberg*, Harm to Others, 1984, S. 223.

unabhängigen Rechtsgutstypen im konkreten Fall auch gegenseitig ausschließen. Denkbar wäre es nämlich, das Universalrechtsgut als „Zwischenrechtsgut“[49] zu verstehen. Durch ein solches Zwischenrechtsgut kann man nur nach dem Ziel streben, ein dahinter stehendes Individualrechtsgut zu schützen. Es steht daher überhaupt nicht im Weg, wenn jemand z. B. bei einem konkreten Tatbestand sowohl das individuelle als auch das überindividuelle Rechtsgut für relevant hält[50] oder wenn der Schutz eines Universalrechtsguts als der Schutz von mehreren (potentiellen) Individualrechtsgütern verstanden wird.[51] Dieser Gedankengang hilft aber nicht viel bei unserem Thema: Das größte Problem, das im chinesischen Produktstrafrecht auftritt, liegt darin, dass die für Produktverantwortung relevanten Tatbestände (z. B. Art. 144 cnStGB oder Art. 115 cnStGB) nur in Kap. 2 und 3 des Besonderen Teils des Strafgesetzbuchs zu finden sind, weshalb es sich um eine sogenannte Monopolsituation handelt. Auch wenn ein Tatbestand aus Kap. 2 oder 3 gleichzeitig ein Individual- und Universalrechtsgut erfasst (z. B. das Menschenleben zusammen mit der allgemeinen Sicherheit), würde das Problem immer noch dasselbe bleiben, solange nur dieser Tatbestand bei der Rechtsanwendung zu berücksichtigen ist, weil es beispielsweise immer noch keine Chance für die Anwendung des Art. 232 ff. cnStGB gibt.

Nicht übersehen werden sollte außerdem die Möglichkeit der Mischform zwischen Individual- und Universalrechtsgütern. Denkbar erscheint, dass Rechtsgüter wie die Volksgesundheit, die Sicherheit des Verkehrs usw. allein aus traditionellen Gründen als Kollektivrechtsgüter eingeordnet werden.[52] Auf diese Weise wird eine eindeutige Antwort auf die oben aufgeworfene Frage gegeben, „warum das Vermehren der Opferzahl die Eigenschaft bzw. Systematisierung des Rechtsguts beeinflussen könnte“: „Ein Rechtsgut bzw. Interesse [wird] dann nicht zu einem öffentlichen bzw. kollektiven, wenn es um gleichartige Interessen einer großen Zahl von Personen geht“. Vor diesem Hintergrund wird auch klar, dass die unbestimmte Vielzahl der geschützten Personen nur der Ausscheidung des Ausschlusses der Tatbestandsverwirklichung durch Einwilligung dient.[53] Als Instrument, die Anwendbarkeit eines wegen des Schutzes desselben Rechtsguts konkurrierenden Tatbestands auszuschließen, ist das Kriterium der „unbestimmten Zahl“ nicht geeignet.

49 *Schünemann,* JA 1975, 787, 798.

50 Vgl. *Herzog,* in: Nomos Kommentar zum StGB, 3. Aufl. 2010, § 306a Rn. 13.

51 Vgl. *Kuhlen,* GA 1994, 347, 367.

52 *Hefendehl,* Kollektive Rechtsgüter (Fn. 45), S. 139 ff.

53 *Hefendehl,* Kollektive Rechtsgüter (Fn. 45), S. 141–142.

Nach dem Gesagten bestehen erhebliche Zweifel, ob Universalrechtsgüter tatsächlich gegenüber Individualrechtsgütern als gleichrangig eingestuft werden können. Die Frage lässt sich ebenso im umgekehrten Sinne formulieren. Eine Antwort darauf gibt die monistische Lehre vom Rechtsgut.

bb. Monistische Rechtsgutslehre und ihre Bedeutung für die Gegenüberstellung der Schutzmodelle

Die monistische Rechtsgutslehre sieht bei der Differenzierung von Universal- und Individualrechtsgütern einen gemeinsamen Ursprung: Entweder entstehen „die Interessen der Allgemeinheit von den Interessen der Person her“ oder werden „die [personalen] Rechtsgüter vom Staat her konzipiert“.[54] Nach einer liberalen Staatskonzeption sind die überindividuellen Rechtsgüter nur insoweit legitimierbar, „als sie – vermittelt – auch Interessen von Personen sind“.[55] Das heißt, ohne den Bezug auf das Individualrechtsgut existiert ein Kollektivrechtsgut nicht oder ist dessen Existenz sinnlos. In diesem Sinne stellt sich die Frage, ob die Rechtsgüter des Schutzmodells 1 (das wegen der Monopolsituation als die einzige Anwendungsmöglichkeit bleibt) eigenständig existieren können. Offensichtlich wäre hier keine andere Möglichkeit als eine verneinende Antwort zu geben, denn die Ermittlung des Bezugs auf Individualrechtsgüter ist überflüssig, da der Ausgangspunkt schon das „Entweder-oder“-Verhältnis ist. Beispielsweise wird in China häufig vertreten, dass die Schutzgüter von Art. 141 cnStGB (Herstellung und Feilbieten verfälschter Arzneimittel) sowohl die Ordnung der staatlichen Kontrolle über Arzneimittel als auch das Leben bzw. die Gesundheit einer unbestimmten Zahl von Menschen sind, darunter kann auch die „Volksgesundheit“ genannt werden.[56] Die Diskussion spitzt sich dann auf die Überlegung zu, ob die Volksgesundheit als Rechtsgut existiert oder legitimierbar ist.

Die Problematik ist dem deutschen Strafrechtskreis nicht fremd. Das durch das deBtMG geschützte Rechtsgut „Volksgesundheit“ wird seit jeher von vielen Seiten beanstandet. Eine einfache aber prägnante Kritik ist die folgende: „Da das ‘Volk’ keinen realen Körper hat, kann es so etwas wie ‘Volksgesundheit’ im strikten Sinne des Wortes nicht geben“.[57] Auf dieser Basis wird die Gegenüberstellung von Schutzmodellen im oben genannten Sinne aufgehoben, indem die sich gegenseitig ausschließenden Kategorien von Rechtsgütern nicht als nebeneinander

54 AK-StGB/*Hassemer*, Vor § 1 Rn. 271–275.

55 AK-StGB/*Hassemer*, Vor § 1 Rn. 276 f.

56 Vgl. z. B. *Ma Kechang*, Strafrechtstheorie von 100 einzelnen Delikten (Bai Zui Tonglun), 2014, S. 185.

57 *Roxin*, Strafrecht Allgemeiner Teil I, 4. Aufl. 2006, Rn. 2/46.

real existent angesehen werden. Das Bestehen einer überindividuellen Rechtsgutskategorie wird negiert.

Der Vorrang von Modell 1 im chinesischen Strafrecht lässt sich damit allenfalls noch auf eine staatsorientierte monistische Rechtsgutslehre stützen. Weil der Staat „letzten Endes das Objekt aller Verbrechen" sei, und das Strafrecht einen publizistischen Charakter habe, diene das Strafrecht dementsprechend ausschließlich „[den] Interessen der Gesamtheit [...], denen gegenüber die Interessen der einzelnen als quantité négligeable erscheinen".[58] Wen dies überzeugt, der kann die Bevorzugung von Universalrechtsgütern erklären. Diese könnten dann gerade auf dem „publizistischen Charakter" des Strafrechts basieren. Ob dieser Gedankengang politisch richtig oder haltbar ist, steht auf einem anderen Blatt.[59] Wenn man sich darauf einließe, würde die Diskussion im Bereich der politisch-philosophischen anstatt der rechtswissenschaftlichen Fragen kulminieren. Eine solche Diskussion ist nicht die Aufgabe dieses Aufsatzes. Nichtsdestoweniger kann man zumindest das „Entweder-oder"-Verhältnis zwischen den Kategorien der Schutzgüter in Zweifel ziehen, da mit der staatsorientierten Theorie zwar die Favorisierung der Rechtsgüter wie „Volksgesundheit", „Ordnung der Marktwirtschaft" oder „allgemeine Sicherheit" erklärt werden könnte, es aber selbst dann noch immer nicht ersichtlich ist, warum die individuellen Rechtsgüter bei angenommener Nachrangigkeit gegenüber den Allgemeingütern von den Tatbeständen wie Art. 141, 144 cnStGB „ausgeschlossen" sein sollten.

IV. Die dogmatischen und praktischen Konsequenzen des Monopols von Schutzmodell 1

Die obige Analyse hat gezeigt, dass die Gegenüberstellung von Schutzmodellen im chinesischen Produktstrafrecht in der Theorie Probleme aufwirft. Allerdings bedeutet dies nicht zwangsläufig, dass die Rechtspraxis auch davon betroffen werden müsste. Ob dies der Fall ist, muss anhand von Einzelfällen analysiert werden.

Das begehungsgleiche („unechte") Unterlassungsdelikt könnte ein typischer Bereich sein, in dem der chinesischen Rechtsprechung Probleme im oben genannten Sinne begegnen. Als Beispiel soll hier der Lederspray-Fall[60] herangezogen werden: Hier traten durch Anwendung eines Ledersprays Gesundheitsschäden auf. Trotz mehrfacher Schadensmeldungen wurde von Seiten der

---

58 *Honig*, Die Einwilligung des Verletzten, 1919, S. 115.

59 „Nicht akademisch", so AK-StGB/*Hassemer*, Vor § 1 Rn. 280.

60 BGHSt 37, 106.

Hersteller kein Produktionsstop herbeigeführt. Darüber hinaus wurden erst verspätet Rückruf- und Warnaktionen veranlasst. Der BGH verurteilte die Leitenden der Firmen für die vor der Sondersitzung eingetretenen Gesundheitsschäden wegen fahrlässiger Körperverletzung und für die danach eingetreten Gesundheitsbeeinträchtigungen wegen gefährlicher Körperverletzung.[61] Die Besonderheit dieses Falls ist die Tatsache, dass die Herstellung des Ledersprays anfangs rechtlich nicht zu beanstanden war. Zu einem Zeitpunkt, in dem „die Gefährlichkeitsvermutung [sich] noch [nicht] verdichtet oder zur Gewissheit wird", rechnet niemand mit einer Gefahr, und es muss auch niemand mit ihr rechnen:[62] *Lex non cogit ad impossibilia.*

Eine Strafbarkeit des Herstellers kam hier mithin allein wegen Unterlassens in Betracht. Anknüpfungspunkt kann im Lederspray-Fall die unterlassene Rückrufaktion sein. Eine nach dem Inverkehrbringen noch „fortbestehende Sonderverantwortlichkeit" verlangt, dass der Hersteller von jetzt an durch richtiges Verhalten mögliche Schädigungen anderer an Leib oder Leben zu vermeiden hat.[63] Die Annahme einer Ingerenzverantwortlichkeit in dieser Konstellation wirft allerdings sowohl im deutschen als auch im chinesischen Strafrecht weitere Fragen auf.

1. Das Problem aus Sicht der deutschen Strafrechtsdogmatik

Es wird oft vertreten, dass eine Garantenstellung aus Ingerenz nur existiert, wenn der Unterlassende zuvor in pflichtwidriger Weise eine Gefahr geschaffen hat, indem er die Norm verletzt, die gerade dem Schutz des betroffenen Rechtsguts dient.[64] Nach dieser Ansicht wäre es schwierig, den oben erwähnten im Nachhinein unterlassenden Hersteller wegen des Unterlassungsdelikts zu bestrafen, da sein Vorverhalten rechtlich nicht vorwerfbar ist. Zwar ließe sich die Behauptung aufstellen, dass der Betreffende immerhin nach einer „objektiven" Betrachtungsweise eine Gefahr geschaffen hat. Erforderlich ist aber, dass er gegen eine einschlägige rechtliche Verhaltensnorm verstoßen hat, was beim Inverkehrbringen eines bis dahin unbedenklichen Produkts nicht der Fall ist.

---

61 *Arslan,* http://iys.inonu.edu.tr/webpanel/dosyalar/261/file/m_arslan.pdf (Stand: 15.05.2014).

62 *Hassemer,* Produktverantwortung im modernen Strafrecht (Produktverantwortung), 1994, S. 52.

63 MünchKommStGB/*Freund,* Band I (Fn. 2), § 13 Rn. 123.

64 S. z. B. *Jescheck,* in: Leipziger Kommentar zum StGB, 11. Aufl. 2003, § 13 Rn. 33.

Vor diesem Hintergrund könnte eine Gefahrabwendungspflicht auf den Gedanken gestützt werden, dass das hier in Rede stehende Vorverhalten gegenüber dem alltäglichen Verhalten ein höheres Risiko aufweist.[65] Wenn man in diesem Kriterium keine negative Bewertung sieht, muss man anerkennen, dass Ingerenz nicht mit dem „vorangegangenen Fehlverhalten" gleichzustellen ist.[66] Der Hersteller hat durch sein Verhalten eine „qualifiziert riskante Tätigkeit" ausgeübt, weshalb ihn die Sonderverantwortung trifft, die von dem hergestellten Produkt herrührenden Risiken abzuwenden.[67] Diese Pflicht richtet sich erst an ihn, wenn er von den Gefahren Kenntnis erlangt. Das Problem kann auf diese Weise gelöst werden, obwohl es der herrschenden Meinung nicht entspricht.[68] Insoweit ist der Begründung des BGH auch nicht zuzustimmen, der ein eigenes Kriterium aufgestellt hat, indem er die Rückrufpflicht darauf stützte, dass die Gefährlichkeit des Sprays jedenfalls zum Urteilszeitpunkt erkennbar war.[69]

2. Die Probleme aus Sicht der chinesischen Strafrechtsdogmatik

a. Die Problematik der traditionellen chinesischen Medizin

Die oben dargestellten deutschen Erfahrungen, besonders die neueren Lehren, könnten für die heutige rechtspraktische Situation in China sehr aufschlussreich sein. Einer der wichtigsten Gründe liegt in der strafrechtlichen Beurteilung der Sicherheit bzw. Gefährlichkeit der chinesisch-medizinischen Produkte. Die traditionelle chinesische Medizin ist die Heilkunde, die sich in China seit mehr als 2000 Jahren entwickelt hat. Trotz dieser langen Dauer ist nicht ausgeschlossen, dass manche traditionellen chinesischen medizinischen Kenntnisse bzw. Techniken, darunter die verschiedensten Arten von Heilkräutern, noch nicht oder nicht vollständig durch die moderne Medizinwissenschaft geprüft wurden. Auf der einen Seite ist noch unklar, ob die tausend Arten von Heilkräutern gefährlich oder giftig sind,[70] auf der anderen Seite hat China in den letzten Jahrzehnten eine Serie von Gesetzen über Arzneimittel erlassen. Es könnte daher zu einer widersprüchlichen Situation führen, dass einerseits die Herstellung eines bestimmten auf der traditionellen Medizin beruhenden Arzneimittels „objektiv gesehen" gefährlich ist, andererseits diese aber als „gesetzmäßig" zu bewerten ist. Mit anderen Worten

---

65 *Hassemer,* Produktverantwortung (Fn. 62), S. 53.
66 MünchKommStGB/*Freund,* Band I (Fn. 2), § 13 Rn. 121.
67 MünchKommStGB/*Freund,* Band I (Fn. 2), § 13 Rn. 119, 122 f.
68 Vgl. *Meier,* NJW 1992, 3193, 3196.
69 *Meier,* NJW 1992, 3196 f.
70 Vgl. *Ma Yanqiu,* Journal of Suihua University (China), 2010, 187, 188.

werden die Fälle, die die gleiche Struktur haben wie der Lederspray-Fall, in absehbarer Zukunft wiederholt in China auftauchen. Die neuesten deutschen Erfahrungen haben gezeigt, dass bei solchen Fällen einerseits die Garantenpflicht aus Ingerenz nicht ohne Weiteres mit Blick auf eine Verwaltungsgenehmigung verneint werden kann, andererseits die Bestrafung des Herstellers nicht dazu zwingt, dass man das Herstellungsverhalten auf jeden Fall beanstanden müsste, auch wenn es zu jenem Zeitpunkt einwandfrei war. Die chinesische Rechtsprechung zeichnet zu diesen Fragen kein zufriedenstellendes Bild.

b. Schutzmodell 1 als das strafrechtsdogmatische Hindernis

Das Lernen von deutschen Erfahrungen setzt jedoch voraus, dass die deutsche Lösung auf das chinesische Strafrecht übertragbar ist. Dies ist aber nicht der Fall, da das Monopol von Schutzmodell 1 dies nicht erlaubt. Man denke nur daran, dass § 13 deStGB verlangt, dass das Unterlassen der Verwirklichung des gesetzlichen Tatbestandes durch ein Tun entspricht. Da es kein „Monopol" des Schutzmodells im deutschen Strafrecht gibt, das heißt im Bereich der Produktverantwortung die Tatbestände in Bezug auf die individuellen Rechtsgüter auch (oder genauer gesagt: vor allem) anzuwenden sind, handelt es sich um die „normalen" Tötungs- oder Körperverletzungsdelikte. Das bedeutet, dass die Entsprechungsklausel einem Verständnis des Unterlassens als tatbestandsmäßige Tötung oder Körperverletzung nicht entgegensteht. Im chinesischen Strafrecht fällt die Lösung indes erheblich schwerer. Dies lässt sich anhand eines Beispiels belegen, das in der Struktur dem Lederspray-Fall ähnelt, aber im Bereich der Arzneimittel angesiedelt ist: Das betreffende Unternehmen unterlässt es, rechtzeitig ein problematisches Arzneimittel (anstatt des Ledersprays) zurückzurufen. Wenn der Fall in China stattfände, wäre es kaum vorstellbar, dass die Unternehmensführenden wegen (fahrlässiger) Körperverletzung angeklagt oder gar verurteilt würden, da das Monopol von Schutzmodell 1, nämlich die ausschließliche Anwendbarkeit der Tatbestände in Kap. 2 und 3 des Besonderen Teils des Strafgesetzbuchs, es verbietet, die Tatbestände heranzuziehen, die etwas mit dem Schutz der Individualrechtsgüter zu tun haben. Infolgedessen ist, wie oben dargestellt, z. B. die Herstellung eines Arzneimittels (im Sinne von Art. 144 cnStGB) niemals als Tötung bzw. Körperverletzung zu interpretieren. Anknüpfungspunkt für den Verhaltensvorwurf im Lederspray-Fall ist aber das Unterlassen des Produktrückrufs. Der Wortlaut lässt es nicht zu, ein solches Unterlassen als „Herstellung" bzw. „Feilbieten" auszulegen. Weil allein das Schutzmodell 1 Anwendung findet und dieses keine Unterlassungsstrafbarkeit vorsieht, ist die Problematik für das chinesische Strafrecht „unlösbar".

V. Schlussbetrachtung: Die Kombinationsmöglichkeiten von Schutzmodellen im chinesischen und deutschen (Produkt-)Strafrecht

Die Anwendung von Tatbeständen wie Tötung und Körperverletzung bei den Produktverantwortungsfällen könnte der größte Unterschied zwischen dem chinesischen und deutschen Strafrecht in diesem Bereich sein. Für einen deutschen Juristen wäre es schwierig nachzuvollziehen, warum im chinesischen Strafrecht die Verursachung des Todes durch Herstellung von giftigen Lebensmitteln nicht zur Tötung zählen sollte. Für einen chinesischen Juristen wäre es umgekehrt auch außergewöhnlich, dass man in Deutschland bei einem solchen Fall die „normalen" Tötungsdelikte heranziehen könnte. Der Grund liegt darin, dass die herrschenden Lehren in beiden Ländern unterschiedliche Einstellungen zu den Rechtsgütern und konsequenterweise zu den entsprechenden Schutzmodellen haben. Das chinesische Strafrecht sieht ein Ausschlussverhältnis („Entweder-oder") zwischen Individual- und Universalrechtsgütern vor und orientiert daran seine Schutzmodelle sowie die spezifische Gesetzgebungstechnik. Dieser Vorgang hat sowohl theoretische als auch praktische Folgen, zu denen auch eine unlösbare Problematik zählt.

Gerade weil nach der mehrheitlich vertretenen Auffassung in Deutschland das Verhältnis zwischen Individual- und Universalrechtsgütern kein sich gegenseitig ausschließendes ist, ist es vorstellbar, dass die beiden Schutzmodelle, die ursprünglich auf der Differenzierung zweier Arten von Schutzgütern beruhen, miteinander kompatibel sind. Dies ist für die strafrechtlich relevanten Produkte von großer Bedeutung, da auch in Deutschland eigenständige Tatbestände, die die Herstellung bzw. das Inverkehrbringen fehlerhafter Produkte unter Strafe stellen, vorzufinden sind (ähnlich Schutzmodell 1). Hier stellt sich die Frage: Welche Rechtsgüter schützen solche Straftatbestände? Nach der personalen monistischen Lehre vom Rechtsgut existieren die meisten Universalrechtsgüter nicht eigenständig: Sie sind in der Regel als Anhäufung mehrerer Individualrechtsgüter zu verstehen. In diesem Zusammenhang sollte hinterfragt werden, was der Unterschied zwischen etwa §§ 95 ff. deAMG und §§ 223 ff. deStGB ist, wenn sowohl die erstere als auch die letztere Tatbestandsgruppe dasselbe Rechtsgut, wie etwa die menschliche Gesundheit[71] (Leib und Leben), schützt? Die Antwort aus der deutschen Strafrechtstheorie ermöglicht, solche Tatbestände

71 *Freund*, in: Münchener Kommentar zum StGB (MünchKommStGB), Band VI, Nebenstrafrecht I, 2. Aufl. 2013, Vor § 95 AMG Rn. 10; *Mayer*, Produktverantwortung (Fn. 23), S. 103.

miteinander rational zu kombinieren: „Es kommt in den §§ 95 ff. deAMG ersichtlich nicht auf im Einzelfall nachweislich eingetretene Rechtsgutsbeeinträchtigungen an, sondern es genügt die bloße Gefährdung einer unbestimmten Vielzahl von Menschen" – oder anders ausgedrückt: Das abstrakte Gefährdungsdelikt und das Verletzungsdelikt können zugleich dasselbe (Individual-)Rechtsgut schützen. Der einzige Unterschied besteht darin, dass das erstere dem letzteren in Bezug auf den Zeitpunkt des strafrechtlichen Eingreifens vorgelagert ist.[72] Ein ähnliches Beispiel ist das Verhältnis von Umweltdelikten und den (echten) Verletzungsdelikten, wobei die beiden Deliktsgruppen dasselbe Rechtsgut (Gesundheit und Leben) schützen.[73]

Im Vergleich dazu ist das Verhältnis zwischen den Schutzmodellen nach der chinesischen Strafrechtstheorie ziemlich chaotisch. Da die zwei Kategorien von Rechtsgütern klar zu trennen sind, gibt es keine Möglichkeit mehr, die auf den Rechtsgüterkategorien basierenden Schutzmodelle zu kombinieren. Daher sind die „normalen" Tatbestände wie ihre deutschen Vergleichsparallelen immer noch Verletzungsdelikte. Aber die „speziellen" oder „eigenständigen" Tatbestände, die etwas mit den „abstrakten" Rechtsgütern wie Volksgesundheit, Ordnung der Marktwirtschaft, allgemeiner Sicherheit usw. zu tun haben, können in beliebiger Form vorkommen, denn sie brauchen nicht auf Gefährdungsdelikte beschränkt zu sein, da es keine Notwendigkeit gibt, sie mit den anderen Tatbeständen in Einklang zu bringen. Mit anderen Worten: Die Möglichkeit, dass bei Eintritt eines Verletzungserfolgs solche Tatbestände mit „normalen" Tatbeständen in Bezug auf das Individualrechtsgut konkurrieren müssen, wird zunächst im Rahmen der Strafrechtsdogmatik berücksichtigt. Wenn dies in der Rechtspraxis relevant wird und man auch in diesem Bereich zu der Einsicht kommt, dass eine solche Konkurrenz unvermeidbar ist, ist es bereits zu spät für eine konsequente theoretische Lösung. So müsste das „Entweder-oder"-Verhältnis eingeführt werden, um diese theoretischen Lücken auf der praktischen Ebene zu schließen.

---

72 *Mayer*, Produktverantwortung (Fn. 23), S. 103–104.
73 AK-STGB/*Hassemer*, Vor § 1 Rn. 280.

Autorenverzeichnis

Prof. Dr. Dr. Liching Chang, National University of Kaohsiung/Taiwan

Prof. Dr. Jacobo Dopico Gómez-Aller, Fac. CC. Sociales y Juridicas, Univ. Carlos III de Madrid/Spanien

Prof. Dr. Dr. h.c. Georg Freund, Institut für Kriminalwissenschaften, Philipps-Universität Marburg

Prof. em. Dr. Dr. h.c. Wolfgang Frisch, Institut für Strafrecht und Strafprozessrecht, Albert-Ludwigs-Universität Freiburg

Prof. Dr. Dr. Eric Hilgendorf, Juristische Fakultät, Julius-Maximilians-Universität Würzburg

Prof. Dr. Yasuhiro Kanrei, Faculty of Law, Okayama University/Japan

Dr. Frauke Rostalski, Wiss. Mitarbeiterin, Institut für Kriminalwissenschaften, Philipps-Universität Marburg

Prof. Dr. Kanako Takayama, Faculty of Law, Kyoto University/Japan

Prof. Dr. Dehua Tong, School of Justice, Zhongnan University of Economics and Law/VR China

Prof. Dr. Qi Xiong LL.M., Law School of Wuhan University/VR China

Prof. Dr. Ali Kemal Yıldız, Juristische Fakultät, İstanbul Ticaret Universität/Türkei

Teilnehmerverzeichnis

Prof. Dr. Tomoko Adachi, Faculty of Law, Seijo-University/Japan

Prof. Dr. Dr. Hauke Brettel, Institut für Kriminalwissenschaften, Philipps-Universität Marburg

Prof. Dr. Dr. Liching Chang, National University of Kaohsiung/Taiwan

Wen-Chin Chen LL.M., Doktorandin, Institut für Kriminalwissenschaften, Philipps-Universität Marburg

Kasushinge Doi M.A., Doktorand, Institut für Kriminalwissenschaften Philipps-Universität Marburg

Prof. Dr. Jacobo Dopico Gómez-Aller, Facultad de Ciencias Sociales y Jurídicas, Universidad Carlos III de Madrid/Spanien

Prof. Dr. Dr. h.c. Georg Freund, Institut für Kriminalwissenschaften, Philipps-Universität Marburg

Prof. em. Dr. Dr. h.c. Wolfgang Frisch, Institut für Strafrecht und Strafprozessrecht, Albert-Ludwigs-Universität Freiburg

Prof. Dr. Dr. h.c. mult. Gilbert Gornig, Institut für Öffentliches Recht, Philipps-Universität Marburg

Sebastian Haase, Wiss. Mitarbeiter, Institut für Verfahrensrecht, Philipps-Universität Marburg

Julia Heinrich, Wiss. Mitarbeiterin, Institut für Kriminalwissenschaften, Philipps-Universität Marburg

Prof. Dr. Dr. Eric Hilgendorf, Juristische Fakultät, Julius-Maximilians-Universität Würzburg

Prof. Dr. Hans-Detlef Horn, Dekan des Fachbereichs Rechtswissenschaften, Institut für Öffentliches Recht, Philipps-Universität Marburg

Prof. Dr. Yasuhiro Kanrei, Faculty of Law, Okayama University/Japan

Ri. LG Dr. Heino Kirchner, Bundesministerium der Justiz

Prof. Dr. Michael Kling, Institut für Handels-, Wirtschafts- und Arbeitsrecht, Philipps-Universität Marburg

Dr. Thomas Kröger, Wiss. Mitarbeiter, Institut für Kriminalwissenschaften, Philipps-Universität Marburg

Prof. Dr. Chenchung Ku, National Cheng-Kung University in Tainan/Taiwan

Wanshan Lin M.A., Faculty of Law, Kyoto University/Japan

Prof. Dr. Heinrich Menkhaus, Juristische Fakultät, Universität Meiji, Tokyo/Japan

RAin Dr. Katharina Reus, v. Boetticher Hasse Lohmann, Frankfurt

Dr. Frauke Rostalski, Wiss. Mitarbeiterin, Institut für Kriminalwissenschaften, Philipps-Universität Marburg

Prof. Dr. Christoph Safferling LL.M. (LSE), Institut für Kriminalwissenschaften und Institut für Rechtsvergleichung, Philipps-Universität Marburg

Dr. Lisa Kathrin Sander, Hessisches Ministerium der Justiz

Prof. Dr. Dehua Tong, School of Justice, Zhongnan University of Economics and Law/VR China

Prof. Dr. Kanako Takayama, Faculty of Law, Kyoto University/Japan

Prof. Dr. Qi Xiong LL.M., Law School of Wuhan University/VR China

Prof. Dr. Ali Kemal Yıldız, Juristische Fakultät, İstanbul Ticaret Universität/Türkei

Zhengyu Zhang M.A., Doktorand, Institut für Kriminalwissenschaften, Philipps-Universität Marburg

Hao Zheng B.A., Magisterstudent, Institut für Kriminalwissenschaften, Philipps-Universität Marburg